Ausbauhäuser

Eigenleistung im Fertighausbau
Spartipps, Praxisberichte, Beispielhäuser

Oliver Gerst

Ausbauhäuser

Eigenleistung im Fertighausbau
Spartipps, Praxisberichte, Beispielhäuser

Blottner Fachverlag

Inhalt

Eigenleistung als Schlüssel zum Haus

Man muss kein Prophet sein, um vorauszusagen, dass das Ausbauhaus auch in den kommenden Jahren ein Bestseller bleiben wird. Die Gründe sind bekannt:

Der Stellenwert des eigenen Hauses, als zusätzliche Absicherung fürs Alter, wird künftig höher angesetzt werden müssen. Bei den hohen Handwerkerkosten ist keine Entwarnung in Sicht – die Schattenwirtschaft, gemeint ist die Schwarzarbeit, legt auf allen Ebenen noch immer kräftig zu. Die angebotenen Baustoffe und -systeme werden auch für Laien immer einfacher zu verarbeiten, das Angebot in den Baumärkten ist kaum noch überschaubar und auch der Gesetzgeber wird die Weichen letztlich für mehr Eigenleistung stellen.

Das Thema Subventionen steht nach wie vor auf dem Programm – und wird dort noch lange stehen. Mit einer drastischen Kürzung der staatlichen Fördermaßnahmen im Baubereich darf mittelfristig also gerechnet werden. Viele Familien, die jedoch nur mit einer Grundförderung bauen können, werden somit ausweichen müssen. In eine höhere Verschuldung oder in (mehr) Eigenleistung. Der Verschuldung sind Grenzen gesetzt, also geht's über die Muskelhypothek.

Nicht nur die Baumärkte auf der grünen Wiese sind dafür gut gerüstet. Auch die Haushersteller haben sich in der Vergangenheit einiges einfallen lassen, um den Selbermachern unter die Arme zu greifen. Sie haben erkannt, dass Eigenleistung kein starres Instrument sein kann, um den Wunsch vom Eigenheim zu verwirklichen. Flexibilität ist angesagt: Nach oben bildet das schlüsselfertige Haus die Grenze, nach unten gibt's kein Limit, Eigenleistung ist heute in jeglicher Form möglich. Wer bereits beim Keller oder beim nackten Fachwerk mitmachen möchte – alles ist möglich!

Das Ausbauhaus ist damit eine zu bewältigende Herausforderung, zeitlich überschaubar und für (fast) alle Baufamilien machbar – mit einem kalkulierbaren Spareffekt und ohne Risiko.

Die Mehrheit der Bauinteressenten beschäftigt sich im Moment mit den so genannten Malerarbeiten, Bodenbelägen und soweiter – da kann man schon so manchen Schein sparen, ohne dass der Fahrplan aus dem Ruder läuft. Ob sich der Anteil der Hardliner, also derjenigen, die das ganze Haus in Eigenreige ausbauen, noch vergrößern wird – man darf angesichts der sich verändernden Bedingungen gespannt sein!

Das Ziel bleibt freilich das eigene Haus und nicht die Eigenleistung. Um dieses Ziel jedoch mit bestem Ergebnis und hoher Effizienz der eingesetzten Mittel zu erreichen, sind hier die wichtigsten Punkte in Sachen Ausbauhaus und Eigenleistung zusammengefasst – eine Bestandsaufnahme!

Was ist ein Ausbauhaus?

Dass einer schlichten Beantwortung dieser schlichten Frage schnell Grenzen gesetzt sind, merkt spätestens, wer sich einmal auf dem Markt umsieht. Dort herrscht eher Verwirrung als Klarheit!

Grundsätzlich würden indes drei Begriffe zur Klassifizierung von Hausangeboten vollauf genügen: Bausatzhaus, Ausbauhaus und schlüsselfertiges Haus.

Es könnte so einfach sein ...

Beim Bausatz kommt das Haus in Einzelteilen auf die Baustelle: Schalungs-/Steine, Ziegel, oder Holz-Blockbohlen für die Wände und sogenannte Material-„Pakete" für Dämmung, Wandbekleidung, Türen, Fenster, Fussbodenaufbau, Heizungs-, Sanitär- und Elektrogewerk. Solch ein Haus wird vor Ort vom Bauherren und dessen Helfern Stein auf Stein oder Bohle auf Bohle in Eigenleistung erstellt – quasi aus dem Nichts. Beim Ausbauhaus stellt dagegen in jedem Fall der Haushersteller die Haushülle (Stein auf Stein, Leichtbetonfertigteile, Massivholz, Holzverbundkonstruktion) auf die Baustelle, die dann – je nach Fähigkeiten und möglichem Zeitaufwand – vom Eigenleister ausgebaut wird. Der Umfang der Ausbaumaßnahmen wird vertraglich detailliert festgelegt, so dass der Spareffekt rechnerisch nachvollziehbar ist. Die auszuführenden Arbeiten können dabei von der Dämmung der Außenwände und deren Beplankung (von innen) über die Hausinstallationen bis zum Kleben der Tapeten reichen. Im schlüsselfertigen Haus gibt's gar keine Eigenleistungen.

So weit die wünschenswerte Transparenz bei den Hausangeboten, die Realität sieht jedoch leider nicht immer so einfach aus. In der Praxis ist zusätzlich zum Ausbauhaus der Begriff des Rohbauhauses etabliert, das im Falle einer Holzverbundkonstruktion, wie im Fertigbau üblich, ohne Dämmung und innere Beplankung der Außenwände, ohne Fussboden und teilweise auch ohne Fenster und Haustüre geliefert wird. Die Übergänge zwischen Roh- und Ausbauhaus sind fließend, erst der Blick in die Bauleistungsbeschreibung bringt hier definitive Klarheit. „Mit Bezeichnungen wie „für Malerarbeiten vorbereitet", „fast fertig" und „bezugsfertig" wird genau

genommen die „höchste Ausbaustufe" von Ausbauhäusern (nur Boden- und Wandbeläge in Eigenleistung) umschrieben. Es scheint jedoch Kalkül von einigen Hausherstellern zu sein, dass insbesondere „bezugsfertig" bei Bauherren für Verwirrung sorgt. Diese verwechseln den Begriff gerne mit schlüsselfertig und freuen sich über scheinbar günstige Quadratmeterpreise.

Gängige Hauskategorien und ihre (Be-)Deutungen

Übersicht über die gängigen Begriffe für Haus-Kategorien (bezüglich Lieferumfang) und deren (Be-)Deutungen.

■ **Bausatzhaus:** Es kommt in Form von „Paketen" (Steine, Ziegel oder Holzblockbohlen für die Wände, Pakete für Dämmung, Wandbekleidung, Heizung, Elektro, Sanitär) auf die Baustelle und wird dort vom Bauherrn (und Helfern) komplett erstellt.

■ **Rohbauhaus:** Der Haushersteller liefert die Haushülle. Den gesamten Innenausbau (Installationen, Dämmung, Beplankung usw.) erledigt der Bauherr.

■ **Ausbauhaus:** Auch Selbstbau- oder Mitbauhaus. Diffuser Übergang vom Rohbauhaus. Es sind verschiedene Ausbaustufen (mit und ohne Haustechnik) oder stufenlose Eigenleistungen möglich.

■ **Nur Dachgeschossausbau:** Unten schlüsselfertig einziehen mit Wohnraumreserve unterm Dach. Entweder „ausbaufähig" oder „zum Ausbau vorbereitet" (dann mit Geschosstreppe und bereits nach oben verlegten Versorgungsleitungen).

■ Für **Malerarbeiten vorbereitet:** Ausbauhaus mit Minimalanforderung an Bauherren: Nur Tapeten, Farbe, Wand- und Bodenbeläge als Bauherrensache.

■ **Fast fertig:** Wenig aussagekräftig. In der Regel wie malerfertig, teilweise fehlen aber Innentüren, Fenstersimse und Sanitärobjekte.

■ **Bezugsfertig:** Wie malerfertig und fast fertig, jedoch irreführend, da ein Haus ohne Bodenbeläge nicht bezugsfähig ist.

■ **Schlüsselfertig:** Der Bauherr bekommt ein komplettes Haus, in das er direkt einziehen kann. Vereinzelte Firmen verwässern den Schlüsselfertig-Begriff jedoch in Richtung bezugsfertig.

Lohnkosten **sparen** ist das Ziel!

Wenn's um Eigenleistung geht, dann ist in erster Linie das Ausbauhaus gemeint. Kein Wunder, denn sein Konzept ist vielseitig und variabel!

Das Ausbauhaus gehört heute zu den Bestsellern im Fertigbau. Was nicht überrascht, denn (fast) jeder Haushersteller bietet diese Lösung an. Einige haben sich sogar ausschließlich auf dieses Segment spezialisiert. Dabei kommt es auf die Baufamilie an, was sie in Eigenleistung erledigen will und kann. Danach richtet sich dann exakt der Lieferumfang des Herstellers und natürlich der Preis. Wobei klar ist: Je höher der Muskeleinsatz, desto größer die Kostenersparnis!

Die komplette Haushülle als Basis
Ausgangsbasis ist meist die komplette Haushülle. Also inklusive Fenster, Türen, Fassade und Dach. So kann man trockenen Fußes das Haus innen ausbauen und die Materialien sicher lagern. Zweifellos zwei wichtige Pluspunkte, die den späteren Ablauf wesentlich vereinfachen.

Abweichungen je nach Hersteller
Aber auch der Begriff der „kompletten Haushülle" wird von einigen Herstellern sehr unterschiedlich verstanden. Nicht immer sind die Wände innen durchgehend beplankt und abgeschlossen, manchmal fehlt sogar außen die Fassade. Dann muss wie zum Beispiel bei Allkauf Haus das Haus in Eigenleistung verklinkert oder dieses Gewerk bauseits in Auftrag gegeben werden. Auch bei den Wänden kann es zu erheblichen Abweichungen kommen. Das Einbringen der Dämmung und die Beplankung sollte man besser dem Hersteller überlassen. Der sichere Weg ist zweifellos der Start mit dem Verspachteln der Gipsplatten. Keine Bange, beim Ausbauhaus bleibt dennoch genügend zu tun. Angefangen bei der Haustechnik (Elektro, Heizkörper usw.) über den Einbau der Innentüren, das Anbringen der Sanitärobjekte bis hin zu den Maler- und Oberflächenverkleidungen (Fußböden, Decken, Wände) – da kann sich die Familie richtig austoben. Außerdem bietet der Keller ja noch ein weites Betätigungsfeld ...

Der einfache Weg: Ausbaupakete
Innenausbau bedeutet, dass die benötigten Materialien im Baumarkt dazu gekauft werden müssen. Oder man greift auf konfektionierte Ausbaupakete zurück, die von den Hausherstellern angeboten werden. Oft in Zusammenarbeit mit Baumärkten und auf jeden Fall immer abgestimmt auf das entsprechende Haus. Das verhindert Leerlauf, unnötige Kosten und die kaum vermeidbaren Fehlkäufe. Ausbaupakete gibt's in aller Regel gegen Aufpreis, bei einigen Anbietern sind die Pakete allerdings bereits im Hauspreis enthalten, andere wiederum verzichten gänzlich darauf.

Es lohnt sich daher, vorab zu klären, ob solche Pakete überhaupt erhältlich sind, bevor ein Vertrag unterschrieben wird. Besonders dann, wenn die Familie nicht über allzuviel (handwerkliches) Know-how verfügt. Dies gilt auch für die weitere Betreuung. Eine Hotline ist zwar Standard bei den Herstellern, außerdem werden schriftliche Anleitungen zum Ausbau angeboten, doch nicht immer werden diese den unterschiedlichen Anforderungen gerecht. Also auch hier sollte man vorsichtig sein!

Was ist drin, was fehlt?
In diesem Zusammenhang spielt auch die Bau- und Leistungsbeschreibung des Hauses eine wichtige Rolle. Nicht immer ist für den Laien erkennbar, welche Arbeiten denn nun auf die Selbermacher zukommen. Im Klartext bedeutet das: Der Haushersteller listet zwar seine Leistungen auf. Was fehlt, muss die Baufamilie jedoch unter Umständen mit viel Aufwand klären. Einfacher ist es, wenn der Baubeschreibung klar und deutlich zu entnehmen ist, was an Restarbeit für die Baufamilie und ihre Helfer noch zu tun bleibt. Im Zweifelsfall sollte man sich eine solche Aufstellung vom Hersteller anfertigen lassen.

Das Ausbauhaus verfügt meist über komplett geschlossene, im Werk vorgefertigte Wände.

Wenn der Innenausbau von der Bauherrschaft erledigt wird, ist die Montage eines Ausbauhauses vom Bautrupp innerhalb weniger Tage erledigt.

Rechnet sich das Ausbauhaus?

Die wichtigste Frage beim Ausbauhaus lautet: Was bringt die Muskelhypothek? Die Preisdifferenz zwischen Ausbauhaus und schlüsselfertiger Ausführung ist nicht gleichzusetzen mit dem Spareffekt. Es fallen noch Kosten an für Materialien, Abnahme (Haustechnik), Versicherung usw.! Bei den Materialkosten ergeben sich kaum Einspareffekte. Der „Gewinn" entsteht fast ausschließlich durch eingesparte Lohnkosten. Hier gilt es, realistisch zu planen. Der Profi benötigt weniger, der Laie mehr Stunden, um die gleiche Arbeit auszuführen. Unter Berücksichtigung all dieser Faktoren sind 10 Prozent Spareffekt (bezogen auf den Schlüsselfertig-Preis) beim Ausbauhaus immer möglich. Eine Quote, die auch problemlos von den Banken akzeptiert wird. Es können auch bis zu 15 Prozent sein. Darüber hinaus wird jedoch die Luft ziemlich dünn und die Banken verlangen dann eine solide Qualifikation (Handwerker!) beziehungsweise entsprechende Nachweise.

Wer vorsichtig kalkuliert, befindet sich auf der sicheren Seite. Wenn unterm Strich später mehr herausspringen sollte, dann wird die Freude umso größer sein!

Kräftig auf der Kostenbremse

Preiswert bauen ist und bleibt angesagt. Dazu gehört auch: Schon auf dem Weg zum Eigenheim bei jedem Schritt spürbar sparen.

Ein Haus zu bauen, kostet Geld. Viel Geld. Für Otto Normalverdiener erscheint das Vorhaben – insbesondere in Gegenden, wo das Bauland extrem teuer ist – fast unerschwinglich, wenn das Haus allein schon 350 000 bis 500 000 Euro kostet. Doch allzu schnell sollte man die Flinte nicht ins Korn werfen. Denn es gibt auch preisgünstigere Häuser, zum Beispiel von der Fertighausbranche. Und wenn, wie wohl bei den meisten Bauwilligen, der Euro nicht zu locker sitzt, kann man in jeder Phase des Bauvorhabens den Rotstift ansetzen. Nicht beliebig, versteht sich, doch es geht durchaus sinnvoll und effektiv. Fünf große Spar-Schritte sind es, die die Bauherrschaft dem Ziel eines kostengünstigen Fertighauses systematisch näher bringen: Finanzierung, Grundstückskauf, Planung, Bemusterung und der Hausbau selbst.

Sparen bei der Finanzierung

Hierbei geht es ums richtige Timing und eine gute Portion Verhandlungsgeschick bei den Gesprächen mit den Banken. Natürlich ist der Interessent nicht in der Lage, ein echtes Zinstief herbeizuverhandeln. Doch die Vergangenheit hat gezeigt, dass sich der durchschnittliche Zinssatz für Baugeld in Wellen auf und ab bewegt. Das bedeutet: Wer den Hausbau langfristig plant, kann durchaus einen (zins-) günstigen Moment abwarten und dann zuschlagen.

Um den besten Zinssatz fürs Baugeld zu bekommen, lohnt es sich auf jeden Fall, mehrere Angebote einzuholen beziehungsweise mit den jeweiligen Kreditanbietern hart und zäh zu verhandeln. Am Ende kann selbst ein halber Prozentpunkt hinter dem Komma über die Jahre einiges ausmachen. Dennoch sollte man nicht allein das Hundertstel hinterm Komma zum Maß aller Dinge machen. Denn neben der Zinshöhe sind andere Darlehensmodalitäten wie die Finanzierungsnebenkosten, die Kosten für eine Bankbürgschaft, die Abrufungspraxis von Teildarlehen und insbesondere die Möglichkeit

für Sondertilgungen zu berücksichtigen. Unbedingt zu denken ist auch an Fördertöpfe, die es auszuschöpfen gilt. Das im selben Verlag erschienene Buch „Bau-Finanzierung leicht gemacht" gibt wertvolle Tipps und Hilfestellung rund um die vielseitigen Möglichkeiten einer günstigen und soliden Baufinanzierung. Von Bedeutung sind auch die Zahlungsmodalitäten an den Haushersteller, genannt Zahlungsplan. Die meisten Firmen lassen sich „scheibchenweise" entsprechend der jeweils erbrachten Leistung bezahlen. Doch es gibt auch einzelne, die verlangen 95 Prozent oder sogar die ganzen Hauskosten erst nach Fertigstellung. Tipp: Die Zeit der Doppelbelastung durch Miete und Bauzeitzinsen sollte immer möglichst kurz gehalten werden. Ein Fertighausbau bietet dafür die besten Chancen.

Sparen beim Grundstückskauf

Den zweiten Schritt zum preisgünstigen Bauen geht man mit dem Kauf eines knapp bemessenen und somit preisgünstigen Baugrundstücks. Außerdem sollte es möglichst eben sein. Denn es mag auf den ersten Blick vielleicht keinen Unterschied machen, ob ein Hanggrundstück oder ein ebener Platz bebaut werden soll. Doch wer genau hinschaut, erkennt, dass das Bauen am Hang in aller Regel wesentlich teurer ausfallen wird. Denn hier kostet alles richtig Geld. Das beginnt schon bei der Planung des Gebäudes mit dem teilweise aus dem Boden heraus ragenden Untergeschoss, gefolgt von dem oft aufwändigeren Keller- und Hausaufbau am Hang. Dazu kommen die notwendigen Außen-Wege und Treppen samt Terrassenaufbau sowie am Schluss das Anlegen des Gartens. Auch hierzu ein Tipp: Ein naturnaher Garten lässt sich kostengünstiger anlegen, als besonders gestaltete Außenanlagen mit Steinterrassen und Treppen. Unter Umständen kann man sogar den Erdaushub zur Modellierung des Grundstücks verwenden, und somit eine Menge Abfuhr- und Deponiekosten sparen.

Schon einfache architektonische Spielereien, wie zum Beispiel ein Fassadenrücksprung (links), kosten zusätzliches Geld. Am günstigsten ist ein Baukörper ohne überflüssigen Schnick-Schnack (rechts).

Sparen bei der Planung

Wenn man auf den Keller verzichtet, fällt bereits ein dicker Finanzierungsbrocken weg. Allerdings muss man in diesem Fall – weil's das Fertighaus zunächst normalerweise „ab Oberkante Bodenplatte" gibt – eben diese Bodenplatte mit einkalkulieren. Daneben sind Kellerersatzräume im oder ums Haus einzuplanen. Wer sich nach einem echten Kostenvergleich für den Bau eines Untergeschosses entscheidet, kann unter Umständen günstiger wegkommen, wenn er Haus und Keller aus einer Hand (von einer Firma kauft), denn dann entsteht weniger Abstimmungsaufwand und es bedarf keiner doppelten Planungsleistung. Bei der Planung des Baukörpers gilt: Am preisgünstigsten ist eine kompakte quadratische oder rechteckige Hausform mit „glatter" Fassade. Alle Vor- und Rücksprünge sowie Einschnitte verschlingen Baugeld und wegen höherer Wärmeverluste, durch die größere Umhüllungsfläche, später mehr Heizenergie. Das gilt analog für herausragende An- und Aufbauten wie Erker und Gauben. Ein Erker mit meist bescheidenem Zusatznutzen kann leicht 5 000 Euro und mehr kosten, und auch eine große Gaube schlägt oft mit 5 000 bis 7 500 Euro zu Buche. Und wenn schon eine Gaube sein muss, so weisen breite Schleppgauben ein wesentlich besseres Preis-Leitungsverhältnis auf als putzige Satteldach- oder gar Spitzgauben. Die Frage ist auch, ob ein Balkon sein muss (ab rund 4 000 Euro).

Wie beim möglichst schnörkellosen Baukörper gilt auch bei der Grundrissgestaltung die Regel: Je einfacher und klarer, desto geringer die Baukosten. Dabei reduziert ein offenes Wohnkonzept die Kosten gleich mehrfach. Weil der offene Bereich für Kochen, Essen und Wohnen im Erdgeschoss eine kleinere Grundfläche des Hauses ermöglicht. Zusätzlich fallen vielleicht ein paar Fenster, zumindest aber einige Meter Wände sowie Türen samt Klinken weg. Und man kann die Verkehrsflächen, also Diele, Flure und Galerien aufs absolute

Minimalmaß beschränken beziehungsweise geschickter in Doppelfunktion als Wohn- und Verkehrsfläche benutzen. Selbst die Treppe lässt sich dabei oft funktional und optisch ansprechend in den Wohnraum integrieren. Daneben kann man sich fragen, wie wichtig einem ein separates Gäste-WC ist, ob man wirklich eine Speisekammer oder eine Ankleide braucht. All diese Sparregeln verwirklichen die meisten Fertighaushersteller in Form von so genannten Typenhäusern, die sie neben mondänen Individual-Entwürfen im Programm haben. Dabei handelt es sich um standardisierte Entwürfe, was übrigens nichts Schlechtes sein muss! Denn die echten Preisbrecher mit einfachem Gebäudekonzept ohne allzu üppige Wohnfläche können ein hervorragendes Preis-Leistungs-Verhältnis bieten. Die Typisierung ermöglicht große Kostenvorteile in Produktion und Abwicklung.

Dabei sind bei den meisten Entwürfen individuelle Anpassungen ans vorhandene Grundstück und die eigenen Vorstellungen durchaus möglich. Das so genannte Spiegeln des Grundrisses oder das Verschieben einzelner Wände kostet normalerweise keinen Aufpreis. Oder solche Änderungen laufen in der Abteilung „Verhandlungsspielraum"... ! Wichtig auch: Bei einem Typenhaus kann die Bauherrschaft recht sicher sein, dass sie ein funktionales Haus bekommt, das seine Tauglichkeit in der täglichen Wohnpraxis bereits unter Beweis gestellt hat. Das ist ein großes Plus, das leider manch frei geplantes Einfamilienhaus nicht bietet.

Sparen bei der Bemusterung

Ob Typenhaus oder frei geplant: Sparen kann man auch bei der Bemusterung, wie beim Fertigbau die gesamte äußere und innere Ausstattung des Hauses genannt wird. Beispiele: Betonstein statt glasierte Tondachziegel, Dachrinnen verzinkt statt aus Kupfer, einfacher Putz statt Spezialputz oder Fassadenverklinkerung. Mehrkosten fallen auch an für Son-

Spartipp Ausstattung: Sprossenfenster treiben den Hauspreis in die Höhe.

Spartipp Eigenleistung: Auch wer nur so genannte Finish-Arbeiten selbst erledigt, kann einen deutlichen Preisvorteil erzielen.

derfarben an Außenbauteilen, aufwändige Balkongeländer, Sprossenfenster, bodentiefe Fenster und anderes mehr. Wer mit ganz spitzem Bleistift rechnen muss, kann sogar über den Verzicht auf Rollläden im Dachgeschoss nachdenken. Auch bei der Innenausstattung geht's darum, in der bunten Welt der Bemusterungszentren den Blick fürs Wesentliche zu behalten. Das beginnt bei der Auswahl der Haustechnik – etwa Fußbodenheizung statt Heizkörper – und reicht über die Wand- und Bodenbeläge bis hin zu Wasserhähnen und Türklinken.

Allerdings sollte nicht um jeden Preis gespart werden. Denn solide Qualität macht sich auf lange Sicht durchaus bezahlt. Und man kann, so widersprüchlich sich das zunächst anhören mag, durch die Entscheidung für einen höheren Standard langfristig sogar sparen; weil sich manche Investition wie etwa eine Super-Wärmedämmung durch dauerhaft niedrigere Heizkosten auszahlt. Architektonischer Schnickschnack und überflüssiger Luxus dagegen rechnen sich nie.

Sparen durch Eigenleistung

In die letzte Sparrunde geht's beim eigentlichen Hausbau, indem die Bauherrschaft selbst Hand anlegt. Der Erdaushub in Eigenregie, das Bausatzhaus zum selbst Hochmauern, die Fenster und Rollläden für den Selbsteinbau: Das sind Arbeiten, mit denen viele Baulaien überfordert sein dürften. Anders sieht es dagegen beim Innenausbau eines Fertighauses aus. Denn mit ihren Leichtbauwänden und dem fast reinen Trockenausbau gelten Fertighäuser zu Recht als eigenleistungsfreundlich.

Der Eigenleistungs-Klassiker im Fertigbau ist das „malerfertige" Ausbauhaus, in dem „nur" noch die Finish-Arbeiten zu erledigen sind. Aber gerade diese sind es, die sich besonders lohnen. Denn die höchsten Einspareffekte ergeben sich dort,

wo die Materialkosten niedrig und die Lohnkosten hoch sind. Entsprechend fällt auch die Eigenleister-Hitliste aus: 1. Tapezieren und Streichen. 2. Decken dämmen und beplanken, 3. Innenfensterbänke setzen, 4. Innentüren einbauen, 5. Teppich- und PVC-Boden verlegen, 6. Wände und Decken spachteln.

Spartipps im Überblick

■ **Finanzierung:** Lassen Sie sich von ihrem Banker eine Liste mit all den Zusatzkosten aufstellen, die angefangen bei den Objekt-Schätzkosten rund um die Finanzierung anfallen werden – und fragen Sie nach öffentlichen Fördermöglichkeiten.

■ **Bauplatzkauf:** Informieren Sie sich bei der Gemeinde darüber, ob es nicht preiswerte Bauplätze für bestimmte Personengruppen gibt, zu denen Sie zählen. Um solche kann man sich dann normalerweise bewerben.

■ **Planung:** Planen Sie Ihr Haus mit möglichst hohem Kniestock und steilem Dach. Das bringt relativ kostengünstig mehr Wohnraum – ideal wäre, das ist die andere Variante, ein flach geneigtes Pultdach auf Zwei-Meter-Kniestock für nahezu ein zweites Vollgeschoss.

■ **Bemusterung:** Setzen Sie bei Dingen, die sich später leicht ergänzen beziehungsweise ersetzen lassen, den Rotstift an. Beispiel Solar- oder Regenwassernutzungsanlage. Einfache Vorinstallationen wie Leerrohre erleichtern die Nachrüstung.

■ **Eigenleistung:** Krempeln Sie beim Bauen selbst die Ärmel hoch. Im eigenleistungsfreundlichen Ausbauhaus lassen sich leicht zehn Prozent der Baukosten sparen. Für handwerklich sehr versierte Selbermacher liegen sogar 15 bis 20 Prozent drin.

■ **„Littek" lesen:** Weitere ausführliche Informationen mit vielen Spartipps enthalten diese beiden im selben Verlag erschienenen Bücher von Frank Littek: „Bau-Finanzierung leicht gemacht (Der clevere Ratgeber, damit der Traum vom eigenen Heim nicht zum Albtraum wird)" ISBN 3-89367-103-X und „Richtig sparen beim Bauen (Der clevere Ratgeber für den preisgünstigen Hausbau)" ISBN 3-89367-102-1.

Geldbeutel und Nerven schonen

Das Spektrum des Ausbauhauses reicht von der wetterfesten Hülle ohne Innenleben bis kurz vors schlüsselfertige Haus. In jedem Fall kann man mit Eigenleistung Geld sparen, aber nicht unbedingt Nerven. Wie man richtig plant und effektiv spart zeigt unser Beitrag.

Praktisch alle Haushersteller im Fertigbau bieten neben dem kompletten Haus auch Varianten an, bei denen der Bauherr seine Muskeln spielen lassen kann. Bevor sich der potenzielle Selbermacher für eine bestimmte Version entscheidet – das heißt also vor Vertragsunterzeichnung – sollte er sich die folgenden vier zentralen Fragen stellen.

1. Welche Arbeiten kann ich mir zutrauen?

Generell gilt der Trockenbau unter Dach als ausgesprochen eigenleistungsfreundlich. Man kann leicht stundenweise arbeiten, braucht aufs Wetter keine Rücksicht zu nehmen und die im Massivbau berüchtigten, weil schweren und staubigen Stemmarbeiten entfallen. Installationen lassen sich in den Holzständerwänden leicht verlegen, und alle Wände und Decken weisen meist rechte Winkel sowie planebene Flächen auf. Dennoch sollte sich zumindest derjenige, der weder einen Handwerksberuf erlernt noch Erfahrung am Bau besitzt, genau nach der Unterstützung durch den Haushersteller erkundigen. Beim Service gibt es nämlich gravierende Unterschiede. Renommierte Hersteller bieten eine Anzahl kostenloser Beratungsgespräche auf der Baustelle beziehungsweise eine telefonische Hotline an. Darüber hinaus sollte eine speziell aufs Haus zugeschnittene, detaillierte Ausbauanleitung, die notwendigen Baustoffe, Materialien und auch einzelne Arbeitsgänge beschreiben. Hilfreich kann auch eine Videoanleitung sein, wie sie einzelne Firmen gratis mit dem Haus liefern. Wenn Unterlagen und Betreuung gut sind, können sich selbst Baulaien mit handwerklichem Geschick ins Selbstbau-Abenteuer stürzen – und unter Umständen sogar anspruchsvollere haustechnische Gewerke bewältigen. Das Material für Elektro-, Heizungs- und Sanitäranlage wird – wie andere Ausbaupakete auch – entweder direkt beim Haushersteller geordert (inklusive Einweisung, Inbetriebnahme und Endabnahme). Alternativ gibt´s das Material im Baumarkt zu kaufen. Oder man findet vor Ort einen Handwerks-fachbetrieb, der Haustechnik-Bausätze für die Installation in Form der „betreuten Eigenleistung" anbietet. Auch in diesem Fall plant der Profi die Anlage, weist den Eigenleister ein und nimmt am Ende die Anlage in Betrieb. Gas- oder Stromanschlüsse darf nur der Fachmann ausführen! Wichtig ist nach der Montage eine Abnahmebescheinigung, die dem Eigenleister bestätigt, dass die Anlage zu 100 Prozent betriebsbereit ist. Wer solche Aufgaben angeht, sollte sich absolut sicher sein, dass er sie auch bewältigt. Denn wer auf halber Strecke aufgibt und bestimmte Arbeiten doch noch vom Handwerker vor Ort ausführen lassen muss, den kann es teuer zu stehen kommen. Und zwar so teuer, dass man am Ende trotz eigenem Einsatz noch drauflegt.

2. Welche Arbeiten lohnen sich überhaupt?

Zunächst kann pauschal festgehalten werden: Im Ausbauhaus lassen sich durch Eigenleistung bis zu 20 Prozent der Baukosten sparen. In der Regel geht es jedoch um einen Sparumfang bis zehn Prozent. Bei aller Vorsicht lassen sich folgende Richtwerte als Spareffekt angeben: Bei Teppichböden bis zu 40 Prozent der Gesamtkosten, bei Holzfußböden sowie Fliesenarbeiten 50 Prozent und bei Malerarbeiten 70 Prozent. Damit weiß man natürlich noch nicht, wie viel man im Einzelfall konkret sparen kann. Absolute Klarheit gibt es jedoch nur dann, wenn der Haushersteller definitiv sagt, wie hoch Material- und Lohnkostenanteil bei einem bestimmten Gewerk oder einer definierten Ausbaustufe sind. Wie so etwas aussehen kann, soll ein Beispiel zeigen: Für einen „Fußbodenaufbau in Trockenbauweise" werden Gesamtkosten von 10 000 Euro ausgewiesen, davon als reine Materialkosten (Ausbaupaket) 2 500 Euro und 7 500 Euro als Montagekosten. Ergebnis: Wer alles selber einbaut, spart in diesem Fall die kompletten Montagekosten, also 7 500 Euro. Wenn ein Haushersteller freilich nur Komplettpreise nennt, wird die Sache wesentlich komplizierter.

Die Arbeiten im Ausbauhaus erfordern unterschiedliche Fertigkeiten und Kenntnisse. Während für das Einsetzen von Türen und bei der Montage von Drempelwänden viele Hersteller entsprechende Einweisungen anbieten, funktioniert das Verlegen von Teppichböden ohne Anleitung!

Auch dazu ein Beispiel: Ein Haus kostet in seiner Basisversion 75 000 Euro, schlüsselfertig 150 000 Euro. Dazwischen liegen drei Ausbaustufen mit Einzelgewerken wie zum Beispiel die „komplette Heizungsanlage mit Heizkörpern" samt „Sanitärgrundinstallation in den Wänden" für insgesamt 15 000 Euro. Weil es das Material aber nicht ohne Einbau gibt, hat der angehende Bauherr zunächst keine Ahnung, wie viel er sparen kann, wenn er die Installationen selbst ausführen will. Er wird sich also erst einmal in einem Baumarkt oder in einem Fachbetrieb nach den Preisen für vergleichbare(!) Produkte erkundigen müssen.

3. Stehen Aufwand & Spareffekt in vernünftigem Verhältnis?

Auch hier fällt die Antwort nicht leicht, und jeder muss das für sich selbst entscheiden. Denn erstens kann die Hausfirma einzelne Posten mitunter so günstig anbieten, dass derjenige, der das Material in kleiner Menge selbst einkauft, trotz Selbsteinbau unterm Strich kaum etwas spart (Beispiel Fliesen oder Sanitärobjekte). Zweitens sind eingespielte Bau-Profis beim ideal geplanten Fertighaus-Ausbau so schnell, dass ihre Lohnkosten vergleichsweise bescheiden sind (Beispiel Spachtelarbeiten, Heizrohrverlegung). Und drittens lassen sich manche Arbeiten im Werk so rationell ausführen, dass man auf der Baustelle fürs gleiche Ergebnis unverhältnismäßig viel länger braucht. So gehört die Dämmung der Dachflächen samt Einziehen der Dampfbremsfolie zwar zu den beliebtesten Eigenleistungen im Fertigbau. Doch der Sparfaktor ist oft weit geringer als man annehmen möchte, und der Spaßfaktor dieser Tätigkeit liegt bei Null. Als Laie geht man das Risiko einer lückenhaften Wärmedämmung oder mangelnden Luftdichtigkeit der Außenhaut ein, was zu Problemen bis hin zu echten Bauschäden führen kann. Auch wer die anspruchsvollen haustechnischen Gewerke mit Bausätzen in Angriff nimmt, muss sich natürlich fragen, ob er den Zeitaufwand an der richtigen Stelle einsetzt.

4. Steht mir wirklich genügend Zeit zur Verfügung?

Es ist leicht vorstellbar, dass sich der Ausbau eines Hauses, bei dem der Hersteller nur die Hülle auf der Baustelle platziert, über viele Monate hinzieht. Manche brauchen Jahre, bis sie wirklich ganz fertig sind. Auch in ein „fast fertiges" Ausbauhaus muss man oft schon mindestens seinen Jahresurlaub investieren. Zum Arbeitsaufwand ein paar konkrete Zahlen: Wer die Zwischendecke in einem 100-Quadratmeter-Haus mit Gipskartonplatten verkleiden, spachteln und streichen möchte, muss dafür rund 100 Arbeitsstunden ansetzen. Die gleiche Fläche mit Nut-und-Feder-Profilbrettern verschalt, bedeuten eher 200 Stunden Arbeit. Am Boden schlägt ein Trockenestrich mit gut 50 Stunden zu Buche. Die Fliesenarbeiten in einem Badezimmer mit zwölf Quadratmetern Grundfläche plus Fliesen in Küche und Windfang werden rund 100 Stunden kosten. Wenn ansonsten Holzdielen oder Fertigparkett verlegt werden, kommen dafür nochmals 100 Stunden dazu. Und dann noch das Tapezieren, das schon gut von der Hand gehen muss, wenn man pro Tag ein Zimmer schaffen will.

Wer unterm Strich in einer Größenordnung um die 25 000 Euro sparen möchte, muss sich Folgendes klar machen: Bei einem angenommenen Handwerker-Stundensatz von 35 Euro pro Stunde sind von vornherein gut 750 Stunden auf der Baustelle zu kalkulieren. Wenn man für eine Handwerker-Stunde 1,3 Selbermacher-Stunden ansetzt, weil man einfach langsamer ist als der Profi, werden es vielleicht sogar 1 000 Stunden werden. Das bedeutet für ein Ehepaar: Je Ehepartner etwa vier Wochen Arbeitsurlaub auf dem Bau mit je sechs Wochenarbeitstagen à acht Stunden. Plus zwölf Wochen lang je drei Stunden Baustelle nach jedem Feierabend und weitere jeweils zehn Stunden Bau an jedem der zwölf Samstage. Dazu kommt die Zeit für Materialsuche, Auswahl, Kauf und Fahrzeit Wohnung – Baustelle und zurück.

Die richtigen Ausbaumaterialien sind „die halbe Miete": zum Beispiel beim Trockenestrich (meist im Dachgeschoss eingesetzt) oder bei der Verlegung von Fliesen und Parkett!

Fazit: Nichts für blauäugige Enthusiasten

Mit Eigenleistung lässt sich kräftig sparen, was manchem Normalverdiener den Eigenheimbau überhaupt erst möglich macht. Doch das Unterfangen ist nichts für blauäugige Enthusiasten und vorschnelle Entschlüsse. Gefragt sind stattdessen kühle Rechner, die überlegt und ruhig zu Werke gehen. Wichtig dabei ist: Realistische Teilziele setzen, um nicht mittendrin vom großen Frust überrollt zu werden …!

Warum sich Ausbaupakete lohnen:

Renommierte Fertighaushersteller bieten zum Ausbauhaus so genannte „Ausbaupakete". Selbst wenn die Materialien etwas teurer sein sollten, als irgendwo im Baumarkt, bieten sie doch handfeste Vorteile:

■ Man kann sicher sein, dass die Qualität stimmt und sie optimal zu Konstruktion und Bauweise des Hauses passen.

■ Weil sie perfekt maßgeschneidert vorkonfektioniert werden, erspart man sich viel Zeit für Auswahl, Aufmaß, Einkauf und Transport. Darüber hinaus kauft man nichts Falsches, nicht zu viel und nicht zu wenig ein.

■ Außerdem kann der Aufbautrupp der Firma mit Hilfe des dabei obligatorischen Autokrans die Ausbaupakete während der Hausmontage gleich ins Dachgeschoss verfrachten – das Tüpfelchen aufs „i" einer perfekten Ausbau-Vorbereitung!

Aufwand und Spareffekt

Wer durch Eigenleistung Geld sparen will, muss auch die nötige Freizeit haben. Zeitdruck und Stress fordern einiges an Einschränkungen von der Familie.

Tätigkeit	Schwierigkeit	Aufwand	Einsparung
Dachisolierung und Schräge verkleiden	leicht	220 Std.	2 200 €
Decken verkleiden	leicht/mittel	150 Std.	2 000 €
Türen setzen	mittel/hoch	80 Std.	600 €
Treppe mit Geländer: je Geschoss	mittel/hoch	50 Std.	400 €
Fliesen (Küche, Bad, WC)	mittel	300 Std.	2 500 €
Bodenbeläge verlegen: Fertig-Parkett	leicht/mittel	150 Std.	1 500 €
Teppichboden	leicht	30 Std.	300 €
Tapezieren und Malerarbeiten im gesamten Haus	leicht	375 €	300 €

Das Haus steht auf Papier

Bevor ein Fertighaus gebaut wird, muss ganz genau festgeschrieben werden, wie es beschaffen sein soll und was beide Vertragsparteien zu tun und zu erwarten haben.

Die Zeiten, in denen Ehrenmänner alle wichtigen Vereinbarungen per Handschlag geschlossen haben, scheinen allgemein vorbei. Speziell für den Hauskauf wäre dieses Modell auch nicht tauglich. Denn beim komplexen Projekt Hausbau sind so viele Details zu klären, dass man sie zwangsläufig niederschreiben muss. Streng genommen wird zum Zweck des Hausbaus gar kein Kaufvertrag, sondern ein Werkvertrag abgeschlossen. Dieser soll dem Fertighaushersteller und dem Bauherrn gleichermaßen die notwendige Sicherheit geben.

Unterschrift der Firma abwarten

Rechtsgültig wird dieses Schriftstück erst dann, wenn es von der Geschäftsleitung der Hausbaufirma schriftlich bestätigt wurde. Die Unterschrift eines Verkaufsberaters der Firma allein reicht also nicht aus! Den meisten Fertighausverträgen liegt die Verdingungsordnung für Bauleistungen, kurz VOB, zugrunde. Darauf muss der Bauherr ausdrücklich hingewiesen werden, und er hat von deren Inhalt Kenntnis zu nehmen. Ohne ausdrückliche Vereinbarung der VOB gilt automatisch das Bürgerliche Gesetzbuch (BGB) als Vertragsgrundlage. BGB-Verträge sind naturgemäß etwas allgemeiner formuliert als Verträge nach der VOB.

Hände weg von „Schmierzetteln"

Manchem so genannten Vertrag kann man bereits von weitem ansehen, dass er das Papier nicht wert ist, auf dem er geschrieben steht. Wer beispielsweise eine lieblos kopierte Textseite vorgelegt bekommt, auf der in dürren Worten das ganze Vertragswerk stehen soll, lässt am besten gleich die Finger von dem „Zettel"; und auch von der Firma. Von namhaften Fertigbauunternehmen kann der Interessent bereits im Vorfeld einen Mustervertrag anfordern, um ihn zu Hause in aller Ruhe zu studieren. Das kostet zugegebenermaßen einige Überwindung, doch es muss sein. Bei Bedarf sollte man beim Anbieter nachhaken oder sich gegebenenfalls so-

gar Rat bei einem sachkundigen Rechtsanwalt oder Bauexperten einholen. Denn jeder Vertrag kann prinzipiell geändert beziehungsweise nachgebessert werden. Das macht einem der Anbieter vielleicht etwas schwer, doch versuchen kann man es. Ein seriöser Vertrag beschreibt ausführlich den Gegenstand und die Modalitäten des Geschäfts. Dazu gehören die Rechte und Pflichten beider Parteien sowie klare Angaben über die Kosten, inklusive Festpreisgarantie und Zahlungsplan. Auch das Thema Rücktrittsrecht vom Vertrag und die damit verknüpften Bedingungen sowie ein Zeitplan mit verbindlichem Fertigstellungstermin sollten schriftlich fixiert sein.

Ein ganz entscheidender Vertragsbestandteil ist darüber hinaus die so genannte Bau- und Leistungsbeschreibung, die so oder ähnlich tituliert wird. Sie beschreibt die Leistungen und Materialien, sprich letztlich auch die Bauqualität und sollte deshalb möglichst genau sein. Selbstredend wird diese Liste bei einem Rohbauhaus, das nur eine wetterfeste Gebäudehülle umfasst, relativ kurz ausfallen. Auch beim Ausbauhaus mit mehr oder weniger umfangreichen Eigenleistungen durch die Bauherrschaft wird sie entsprechend kürzer sein, als bei einem fix und fertig ausgestatteten Haus.

Präzise Angaben sind Pflicht

Dennoch sind für das, was zu beschreiben ist, definitive Werte wie etwa Dämm- und Schallschutzeigenschaften unabdingbar. Denn unscharfe Formulierungen wie „beste Dämmwerte" oder „ausgezeichneter Schallschutz" sind tatsächlich nicht viel mehr wert, als irgendwelche mündliche Aussagen – und diese kann man, wenn es darauf ankommt natürlich komplett vergessen.

Hier gibt`s alles mit Gewähr

Wenn beim Bauen mal ein Fehler passiert, wird er in aller Regel von der Fertighausfirma behoben. Doch es gibt auch Ausnahmen...

Jede Fertighausfirma wird bemüht sein, eine mängelfreie Arbeit abzuliefern. Dennoch kann beim Hausbau immer mal etwas schief laufen. Wird der Fehler gleich entdeckt, kann man ihn umgehend beseitigen. Ein echter Mangel liegt dann vor, wenn das Haus nach dem Bau nicht die zugesicherten Eigenschaften aufweist oder mit Fehlern behaftet ist, die den Wert beziehungsweise die Tauglichkeit mindern oder gar aufheben. So heißt es offiziell. Für diesen Fall hat die Firma gegenüber dem Bauherrn eine gesetzliche Gewährleistungspflicht.

Die Bauherrschaft sollte darauf achten, dass Mängel spätestens bei der so genannten Abnahme des Hauses aufgedeckt werden. Denn vor der Abnahme muss das Unternehmen im Streitfall beweisen, dass es saubere Arbeit geleistet hat, hinterher liegt die Beweislast beim Bauherrn. Bleibt er den Beweis schuldig, kann es passieren, dass er am Ende die Zeche selbst bezahlen muss.

Aufgepasst beim Ausbauhaus
Gerade beim Ausbauhaus ist besondere Sorgfalt angebracht. Denn in diesem Fall errichten ja die Bauhandwerker das Haus und meist erledigen sie auch noch einen Teil des Innenausbaus. Danach legt erst die Bauherrschaft selbst Hand an. Falls sich später dann ein Mangel zeigt, fällt eine eindeutige Schuldzuweisung oft schwer.

Also gibt es nur eins: Bei der Hausabnahme muss der Kunde versuchen, auf alles zu achten und auch scheinbare Kleinigkeiten in einem Mängelprotokoll schriftlich festhalten lassen. Auf mündliche Zusicherungen wie etwa „das wird noch schnell erledigt" sollte man sich auf gar keinen Fall verlassen. Bis die Mängelbeseitigung abgeschlossen ist, darf der Bauherr den dreifachen Betrag dessen, was sie voraussichtlich kosten wird, einbehalten. Natürlich will der Hausanbieter nicht für spätere Mängel verantwortlich gemacht werden,

die klar auf die Kappe des Eigenleisters gehen. Doch ist es nicht zulässig, dass eine Firma generell die Gewähr für Gewerke ausschließt, die irgendwie mit Eigenleistungen zusammenhängen.

Die Zeit läuft ab der Abnahme
Ein wichtiger Punkt in jedem Vertag ist die Dauer der Gewährleistungsfrist. Denn es kann durchaus vorkommen, dass ein Mangel erst einige Zeit nach dem Bau beziehungsweise der Abnahme des Hauses sichtbar wird. Für diesen Fall gibt es einen Gewährleistungszeitraum, der allerdings je nach Vertrag unterschiedlich lang ist (siehe Kasten). Also gilt auch hierbei: Letztlich geht es immer ums Detail!

Gewährleistungsfrist

Zwar gelten für die Beseitigung von Baumängeln feste Verjährungsfristen, doch können diese unterschiedlich lang sein.

Wenn der Bauvertrag auf dem Bürgerlichen Gesetzbuch basiert, beträgt der Verjährungszeitraum, beginnend mit dem Abnahmezeitpunkt des Hauses, fünf Jahre.

Bei Verträgen nach der so genannten Verdingungsordnung für Bauleistungen (VOB/Teil 2) gelten zwei Jahre.

Wichtig:
Wie bisher auch, kann der Bauherr mit der Firma eine Fristverlängerung vereinbaren!

Das Maß aller Hauskauf-Dinge

„Bauleistungsbeschreibung": Sie ist wirklich so „trocken" wie ihr Name – doch das Schriftstück ist beim Hauskauf auch das Maß aller Dinge!

Ein Haus ohne Fundamente und Bodenplatte ist wie ein Auto ohne Räder. Und doch: Fertighäuser werden in aller Regel „ab OK" angeboten. Das soll heißen „ab Oberkante Kellerdecke" beziehungsweise Bodenplatte und bedeutet im Klartext so viel wie „ohne Unterbau". Auch andere elementare Dinge wie die Architektenleistungen oder die Wandbeläge fehlen in vielen Standard-Hausangeboten. Dazu kommen noch jede Menge Leistungen rund um das Bauvorhaben, angefangen beim „Bauwasser" und „Baustrom", wofür der Bauherr normalerweise rechtzeitig vor dem Hausaufbau selbst sorgen muss. Das Problem für den Bauwilligen besteht prinzipiell darin, dass die Bau- und Leistungsbeschreibung (oft nur kurz Bauleistungsbeschreibung genannt) dazu da ist, die Leistungen des Hausbauunternehmens sowie darüber hinaus auch die verwendeten Baustoffe, Ausbaumaterialien und Ausstattungsgegenstände zu beschreiben. Doch für den Interessenten geht es in erster Linie natürlich auch darum, zu erkennen, welche Leistungen, Arbeiten und Ausstattungen fehlen. Denn diese Dinge muss er entweder auf das Grundangebot des Hausanbieters draufsatteln, bei anderen Fachleuten in Auftrag geben oder aber in Eigenleistung erledigen. In jedem Fall hat er dafür Zeit und Geld zu investieren. Also sollte er sich vorher darüber im Klaren sein.

Damit es keine Irritationen oder gar Ärger mit potenziellen und echten Kunden gibt, haben einige Haushersteller wahre Ehrlichkeits-Offensiven gestartet. Sie wollen mit möglichst umfassender Transparenz in Sachen Ausstattung und Kosten das Vertrauen der Bauaspiranten gewinnen und sie von der Seriosität ihres Angebots überzeugen.

Vollständig und echt genau

Die Grundanforderung an jede Bauleistungsbeschreibung ist die Vollständigkeit. Das heißt, es sollte ein ganzes Haus mit all seinen Einzelteilen beschrieben werden und auch notwendige Leistungen vor und nach dem Hausbau müssten aufgeführt sein. Denn der Baulaie hat generell eben das Problem, dass er fehlende Posten zumindest nicht auf Anhieb ausmachen kann. Das geht vielleicht noch im Fall der fehlenden Bodenplatte. Doch ob er auch daran denken wird, dass man vor der Hausplanung einen Vermesser braucht, dass vor dem Kellerbau die Entwässerungsleitungen bis zum Kanalanschluss verlegt werden müssen, dass der Keller selbst einen Feuchtigkeitsschutzanstrich braucht und dass man für den Hausaufbau einen festen, also gegebenenfalls eingeschotterten und verdichteten Stellplatz für den Autokran braucht?

Wenn das Hausbauunternehmen nicht alle Dinge anbietet, ist das nicht verwerflich. Auch dass der eine oder andere Posten nicht im Grundangebot enthalten ist und nur gegen Aufpreis angeboten wird, ist im Grunde völlig legitim. Allerdings muss der Interessent darauf eindeutig hingewiesen werden. Das gilt zumindest für all die Punkte, die in jedem Fall für den Hausbau benötigt werden. Ein bekanntes Element ist der Schornstein. Er kann beim Kellerangebot drin sein, vielleicht auch beim Angebot der Hausbaufirma. Oder aber, er fehlt bei beiden! Bei der Innenausstattung des Hauses ist auf Dinge wie beispielsweise den Elektro-Verteilerschrank zu achten, der zwar in jedem Wohnhaus unabdingbar, jedoch längst nicht in jedem Hausangebot enthalten ist. Es kann auch gut passieren, dass so wichtige Elemente wie die Innentreppe nicht im Hauspreis drin sind.

So kommt man also nicht darum herum, die Bau- und Leistungsbeschreibung Punkt für Punkt durchzuackern und dabei zu versuchen, an alles zu denken. Dabei kann es sicher hilfreich sein, die Bauleistungsbeschreibungen von verschiedenen Anbietern zu vergleichen. Vielleicht hat ja der eine etwas drin, das der andere nicht hat ...! Überflüssig ist diese mühsame

In aller Regel müssen Fertigbauherren für Baustrom und Buwasser selbst sorgen. Deshalb sucht man diese Posten in der Bau- und Leistungsbeschreibung meist vergeblich!

Arbeit, wenn der Hausanbieter erstens alle seine Leistungen fein säuberlich auflistet – und zweitens alle Aufgaben zusammenschreibt, die darüber hinaus noch anfallen werden. Im Idealfall geschieht das einzelfallspezifisch zugeschnitten auf das konkrete Bauvorhaben. Denn bei jedem einzelnen sind die Voraussetzungen und damit auch die Aufgabenstellungen zumindest im Detail unterschiedlich. Selbstredend muss das Ganze noch in der Angebotsphase geschehen. Denn wenn der so genannte Werkvertrag für den Hausbau erst einmal unterschrieben ist, hat man als Auftraggeber natürlich eine deutlich schlechtere Verhandlungsposition als vorher.

Aus einer guten Bauleistungsbeschreibung und gegebenenfalls weiteren Zusatzunterlagen ersieht der Bauwillige also alles: Die Leistungen des Unternehmens sowie alle sonstigen Zusatzleistungen. Das, was der Bauherr selbst zu tun hat, sollte übrigens unter dem Punkt „die Pflichten der Bauherrschaft" zusammengefasst sein; versehen mit genauen Aufgabenbeschreibungen und präzisen Terminvorgaben.

Auch die Kosten für die notwendigen Zusatzleistungen und Zusatzausstattungen dürfen nicht fehlen. Sie können zusammen mit den oft als Nebenkosten bezeichneten Summen aufgelistet werden; im Idealfall ist alles eingeschlossen bis hin zu Ausgaben für die neue Einbauküche, die Hausnummer, die Zugangsbeleuchtung und so weiter. Nur wenn vom Anbieter wirklich möglichst alles aufgelistet wurde, ist der Kunde – wie es sich gehört – zu hundert Prozent darüber informiert, was da an Aufwand und Kosten auf ihn zukommt.

„Bauseits" kostet Zeit und Geld!
Höchste Aufmerksamkeit ist geboten, wenn es ums Stichwort Eigenleistungen geht. Insbesondere deshalb, weil diese Arbeiten, die man da mitunter stillschweigend von der Bauherrschaft erwartet, mitunter nicht mit dem Begriff „Eigen-

leistung" beim Namen genannt werden. Stattdessen ist da von „bauseitigen Leistungen" zu lesen, oder es findet sich gar nur der leicht zu übersehende Hinweis „bauseits" bei dem einen oder anderen Gewerk, das durchaus recht umfangreich sein kann. Ganz zu schweigen von mehr oder weniger hohen Materialkosten beispielsweise für die Sanitärobjekte in WC und Badezimmer.

Qualität zeigt sich im Detail
Die zweite wichtige Anforderung an die Bauleistungsbeschreibung ist, dass sie genaue und verbindliche Angaben bezüglich der eingesetzten Baumaterialien, der Bauausführung und der Ausstattung macht. Dabei ist klar: Während man die Qualität des tragenden Gebälks, der Dämmstoffe, der Fliesen und Türblätter auch als interessierter Laie einigermaßen gut einschätzen kann, sind bauphysikalische Eigenschaften wie Schall- und Wärmeschutz deutlich schwerer zu beurteilen. Denn selbst wenn in den Unterlagen zum Beispiel „Schallschutz nach DIN" angepriesen wird, bedeutet das zunächst nicht sehr viel, weil für Einfamilienhäuser kaum nennenswerte Anforderungen bestehen.

Keine Kompromisse

Wenn es um die Beschreibung des Qualitätsstandards der Hausausstattung geht, gibt es keine Kompromisse. Oder anders ausgedrückt: Falls der angehenden Bauherrschaft die Bau- und Leistungsbeschreibung nicht präzise genug erscheint, sollte sie unbedingt auf Nachbesserung drängen.

Eine genauere Beschreibung kann – sofern sich die vorliegende Standard-Beschreibung nicht ändern lassen sollte – beispielsweise in einem Anhang zum Kaufvertrag erfolgen. Darin wären dann zum Beispiel Sanitärobjekte mit Firmen- und Produktnamen aufzuführen oder Teppichböden mit Qualitätsmerkmalen und Quadratmeterpreisen klipp und klar festzuschreiben.

Bei Formulierung wie „es handelt sich durchweg um Markenprodukte" oder „Produkt XY oder ein gleichwertiges Produkt" ist Skepsis angebracht – und Nachfragen Pflicht.

Für den Ausbauhaus-Interessenten geht es bei der Bau- und Leistungsbeschreibung in erster Linie darum, zu erkennen, welche Leistungen, Arbeiten und Ausstattungen fehlen. Denn diese Dinge muss er entweder auf das Grundangebot des Hausanbieters draufsatteln, bei anderen Fachleuten in Auftrag geben oder aber in Eigenleistung erledigen. In jedem Fall hat er dafür Zeit und Geld zu investieren.

Wer also beim Studium der Bauleistungsbeschreibung Fachbegriffe nicht versteht oder sich irgendwo nicht ganz sicher ist, was gemeint ist, sollte beim Berater der Firma so lange nachhaken, bis alles geklärt ist. Dasselbe gilt natürlich, wenn etwas offensichtlich unklar formuliert wurde.

Falls es nötig erscheint, kann man auch eine Beratung oder eine Prüfung der Unterlagen durch einen unabhängigen Fachmann ins Auge fassen. Das kann zum Beispiel ein Architekt, ein Bauingenieur oder ein bauerfahrener Jurist sein. So oder so sollte am Ende stets eine eindeutige schriftliche Fixierung aller Sachverhalte stehen. Schließlich zeigt sich echte Qualität in Bauweise und Ausstattung eben oft erst im Detail. Außerdem hat, wie bei anderen Geschäften, generell nur das, was schwarz auf weiß geschrieben steht, Gültigkeit.

Die Kür

Die Pflicht des Hausanbieters ist es, alle seine Leistungen und Materialien in der Bauleistungsbeschreibung aufzulisten.

Als Kür könnte der Interessent verlangen, dass der Unternehmer zusätzlich all das aufzählt, was darüber hinaus noch zu erledigen beziehungsweise zu bezahlen ist, um das Haus wirklich bezugsfertig zu machen.

Ein Blick ins Dachgeschoss

Oft werden Fertighäuser gekauft, bei denen nur das Erdgeschoss schlüsselfertig ist. Die Frage lautet dann: Wie sieht die Grundausstattung für das ausbaufähige Dachgeschoss aus? Leider gibt es dafür keine allgemein verbindliche Regelung. Im schlechtesten Fall bedeutet es quasi null Vorleistung des Hausbauunternehmens.

Besser ist für den Bauherrn das „zum Ausbau vorbereitete" Dachgeschoss. Dazu gehört unter anderem eine Treppe nach oben sowie eine voll begehbare Zwischendecke. Außerdem sollten bereits Leitungen und Leerrohre für die Haustechnik bis mindestens Oberkante des Dachgeschoss-Fußbodens verlegt sein.

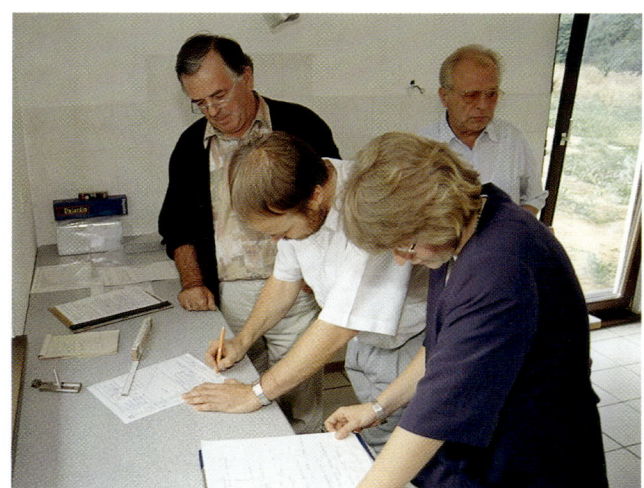

Auch wenn's schwer fällt: An dem intensiven Studium der Bau- und Leistungsbeschreibung führt vor der Vertragsunterzeichnung kein Weg vorbei. Denn nur so bekommt der Bauherr echte Sicherheit.

Besser einmal mehr gelesen

Ausbauhäuser in Holzbauweise sind „eigenleistungsfreundlich". Ohne Ausbauanleitung sollte man sich trotzdem nicht ans Werk machen.

Wer nicht die berühmten „zwei linken Hände" hat und sich selbst als mehr oder weniger versierten Heimwerker bezeichnet, kann ein in Holzbauweise vorgefertigtes Ausbauhaus locker selbst ausbauen. So lautet die frohe Botschaft der Verkaufsberater für kostenbewusste Bauherren. Auch die meisten Prospekte der Fertighausfirmen zieren Beispiele von Ausbauhäusern, die laiengerecht für den Ausbau vorbereitet sind, deren Ausbau keine einschlägigen Bauvorkenntnisse erfordert, die man innen sogar „kinderleicht" und „spielend" selbst fertigstellen kann. Spaß- und Spareffekt sollen dabei garantiert sein! Und es stimmt: Man kann richtig sparen, und die Arbeit kann auch wirklich Spaß machen, aber:

Der Ausbau ist kein Kinderspiel

Denn mit kinderleichtem Spiel hat so eine erste Arbeit wirklich nicht viel gemein, und der echte Laie am Bau wird längst nicht alle Gewerke aus dem Stand schaffen. Da mag das Spachteln, Tapezieren und Streichen von Wänden und Decke noch gut von der Hand gehen, und auch mit dem Verlegen eines Teppichbodens kommen viele Menschen gut zurecht. Doch wenn der Selbstausbauer früher einsteigt, wenn es also darum geht, Durchbrüche der Betondecke zu schließen, haustechnische Anlagen zu installieren oder Holzböden zu verlegen, wird er auf sich allein gestellt schon mächtig Schwierigkeiten bekommen.

Mit anderen Worten: Der ausbauambitionierte Laie braucht Hilfe. Das sehen offenbar leider nicht alle Hausbaufirmen so. Es werden nämlich durchaus Ausbauhäuser mit umfangreichem Eigenleistungsanteil angeboten, zu denen es keine Ausbauanleitung gibt. Da hilft auch der Hinweis kaum weiter, der Bauherr habe immerhin die Möglichkeit, bei Problemen den Bauleiter zwecks Beratung anzusprechen oder direkt in der Firma anzurufen. Auch erscheint es zu wenig, wenn von Herstellerseite statt einer schriftlichen Anleitung „eine um-

fangreiche und eingehende Instruktion anlässlich der Bemusterung" geboten wird und ansonsten „ein Ansprechpartner im Hause mit Rat und wenn nötig auch mit Tat zur Seite steht".

Die Ausbauanleitung gehört dazu

Mit anderen Worten: Zum Ausbauhaus gehört eine schriftliche Ausbauanleitung. Und zwar kein mageres Heftchen mit nur spärlichen Hinweisen selbst zu anspruchsvollen Ar-

Ein Muster mit Wert

Eine gute Ausbauanleitung zeigt nicht nur viele Bilder, sondern liefert neben weiteren Zeichnungen auch harte Fakten. Das gilt insbesondere für die einzelnen Arbeitsschritte im Ausbauhaus. Darüber hinaus sollte der Eigenleister hier weitere Informationen rund um den Hausbau finden – sonst ist das Druckwerk ein Muster ohne Wert.

Die wichtigsten Stichworte für den Inhalt lauten:

■ Auflistung der zwingend notwendigen Bau-Versicherungen.

■ Beschreibung der wesentlichen Ausbau-Aufgaben in der empfohlenen Reihenfolge.

■ Lexikon der wichtigsten Fachbegriffe fürs eigene Verständnis und gegebenenfalls für die Diskussion mit Fremd-Handwerkern.

■ Kleine Baustoffkunde, die dem Laien ein paar grundsätzliche Dinge verständlich erklärt.

■ Werkzeugberater, der Hinweise zu Bedarf und Einkauf von Werkzeugen und Maschinen enthält.

■ Einkaufsberater, der vor allem auch die benötigten Materialmengen auflistet.

■ Ausbauhelfer mit aussagekräftigen Illustrationen wie zum Beispiel Wandschnitte. Außerdem ausführliche Erläuterungstexte zu jedem einzelnen Arbeitsschritt und Gewerk.

■ Informationen zu bauphysikalisch relevanten Themen wie Statik oder Luftdichtigkeit sowie Sicherheitshinweise (z.B. Abstand zum Schornstein).

Der Türeneinbau nach Ausbauplan: Für versierte Heimwerker wirklich null Problem.

Ein Bild sagt mehr als tausend Worte: Praxis-Fotos in der Ausbauanleitung zeigen dem Baulaien, welche Arbeiten auf ihn zukommen werden.

Spezialwerkzeug zum Bodenlegen: Eine gute Ausbauanleitung enthält auch Tipps zum Einsatz von sinnvollen Werkzeugen und Geräten.

beiten, sondern ein ausführliches Druckwerk mit detaillierten Informationen rund um das Projekt Hausbau (siehe Kasten „Ein Muster mit Wert").

Weil eine gute Ausbauanleitung nicht zuletzt auch bereits als ein Kriterium für die Kaufentscheidung gelten kann, ist es übrigens schade, dass der Bauinteressent sie von manchen Anbietern erst bei Vertragsabschluss zu sehen bekommt.

Entscheidungshilfe vor dem Kauf

Der frühe Blick in die aufs potenzielle Ausbauhaus zugeschnittene Anleitung kann dem Selbermacher bei der Beurteilung der Aufgaben helfen, die da auf ihn zukommen werden.

Die Pflichtlektüre

Die Ausbauanleitung zum Fertighaus sollte der ambitionierte Baulaie nicht als unwichtiges Beiwerk, sondern als Ausbauhelfer ansehen und dementsprechend genau studieren.

Man liest sie am besten schon vor dem Hausbau zum ersten Mal durch – um sie dann später vor und während der einzelnen Arbeiten immer wieder als Ratgeber zur Hand zu nehmen. Denn Fehler am Bau lassen sich oft nur mit viel Mühe und großem Zeit- und Geldaufwand wieder ausbügeln. Im Extremfall können sogar irreparable Schäden am Baukörper die Folge sein.

Entsprechend dieser Wichtigkeit sollte der Hausanbieter das Druckwerk nicht als lästige Pflichtaufgabe sondern vielmehr als handfestes Marketinginstrument behandeln – eingesetzt vom ersten Beratungsgespräch an als waschechte Verkaufshilfe.

Die Bauaspiranten könnten so erstens von der Qualität des Gesamtproduktes Ausbauhaus überzeugt werden und zweitens die Sicherheit bekommen, dass sie auch als Laien das Lebenswerk Ausbauhaus in der Gewissheit anpacken dürfen, es zu schaffen.

Ergänzt durch ein Ausbau-Video, kostenlose Baustellenberatungen und eine Hotline kann die Anleitung den kleinen aber feinen Wettbewerbsvorteil fürs ganze Ausbauhaus ausmachen.

Auf diese Weise lässt sich sicher leichter entscheiden, ob man sich alle Arbeiten wirklich zutrauen kann oder eben nicht. Der Bauherr hat dann häufig die Möglichkeit, selbst zu bestimmen, welche Gewerke er ausführen möchte und welche er doch lieber von den Bauprofis erledigen lässt. Alternativ können bestimmte Arbeiten unter Umständen auch an örtliche Handwerker vergeben werden.

Nach dem Kauf des Ausbauhauses hilft eine gute Ausbauanleitung, sofern der Bauherr die Ausbaupakete nicht gleich mitkauft, bereits bei der Auswahl der Materialien. Eine kleine Baustoffkunde kann zum Beispiel die Unterschiede zwischen Gipskarton- und Gipsfaserplatten erklären und deren Vor- und Nachteile aufzeigen. Auch die Eigenheiten verschiedener Bodenbeläge könnten hier beschrieben werden. Gut macht sich auch ein kleines Lexikon, das alphabetisch geordnet wichtige Fachbegriffe erklärt. Denn selbst geschickte Heimwerker werden mit Begriffen wie „Spatzenbrett" oder „AKS-Matten" wenig anfangen. Hilfreich sind überdies Hinweise, welche Werkzeuge und Maschinen man beispielsweise zum Sägen harter OSB-Platten oder zum Beplanken von Wänden und Decken braucht.

Gute Infos ersparen Zeit und Ärger

Wer nicht die erwähnten Ausbaupakete direkt vom Haushersteller bezieht, wird dankbar sein über konkrete Angaben zu den jeweils benötigten Materialmengen. Das erspart dem Eigenleister viel Zeit des Messens sowie Ärger mit zu wenig oder zu viel gekauften Materialien. Der wirkliche Wert einer Ausbauanleitung zeigt sich schließlich in der Vollständigkeit und der detaillierten Beschreibung aller notwendigen Arbeiten. Selbst wenn die Bauherrschaft das eine oder andere Gewerk zur Ausführung an einen Handwerker vergibt, sind ein paar Erläuterungen und Hinweise ganz sicher kein Fehler. Und zwar, weil in Holzhäusern mit ihren Leichtbauwänden

Etwas wild kann's im Ausbauhaus zwar manchmal aussehen: Doch mit klaren Vorgaben zu den einzelnen Arbeitsschritten lässt sich ein Chaos auf der Baustelle ganz leicht vermeiden – und die Bauherrschaft behält den Überblick!

Welcher Fliesenkleber? Fliesenkreuze ja oder nein? Die gute Ausbauanleitung beantwortet Fragen im Detail.

im Detail ganz andere Kriterien als im Massivbau gelten. Diese dürften auch manchen gestandenen Handwerker interessieren, der diese spezielle Materie noch nicht in der täglichen Praxis kennengelernt hat.

Nicht nur Text, auch Bilder helfen

Auch falls sich der Handwerker unter Umständen zunächst einmal als harter Diskussionspartner in Sachen Detaillösung gebärdert, wird es dem Bauherrn helfen, die wesentlichen Rahmenbedingungen und Vorgaben zum Fertighausausbau schwarz auf weiß in der Hand zu haben. Ansonsten hat man als Laie, auch wenn man doch der Auftraggeber ist, erfahrungsgemäß einen schweren Stand.

Für den Eigenleister ist neben Detailhinweisen in erster Linie eine ausführliche und genaue Beschreibung des jeweiligen Arbeitsablaufs unabdingbar. Beispiel Fassadenverblendung. Weil das Vormauern einer Ziegelwand wahrscheinlich nicht jedermanns Sache ist, gehört dazu ein gute Anleitung mit Zeichnungen und erläuterndem Text.

Denn wer zu so anspruchsvollen Arbeiten unzureichende Informationen bekommt, wird wohl die Hände davon lassen und die Arbeit zwangsläufig teuer vergeben müssen. Eine gute Anleitung enthält also einen ausführlichen Textteil, der alle Ausbau-Arbeiten anspricht und möglichst detailliert beschreibt. Und weil ein Bild oft mehr sagt als tausend Worte, sollten daneben auch anschauliche Illustrationen sowie laiengerechte Zeichnungen mit Maßangaben fürs bessere Verständnis nicht fehlen. Gleichwohl kann auch die beste Ausbauanleitung eine fachkundige Beratung nicht vollständig ersetzen. Weil sich nicht jedes Detail, jede Möglichkeit, jedes Problem im Voraus darstellen lässt, sollten also ein paar weitere Serviceleistungen das kundenfreundliche Komplett-Angebot zum Ausbauhaus ergänzen.

Vor-Ort-Beratung und Soforthilfe

Zum guten Ton gehört bei renommierten Anbietern eine bestimmte Zahl kostenloser Beratungstermine durch den Bauleiter vor Ort. Unter Umständen wird dieser Service nicht in Form einer festgelegten Anzahl von Besuchen, sondern je nach Bedarf angeboten. Fast unabdingbar ist daneben eine telefonische Hotline, die auch abends und am Samstag zur Verfügung steht. Denn manche Frage taucht während der Arbeit spontan auf und bedarf dann meist einer raschen Beantwortung. Man darf getrost davon ausgehen, dass auch nach dem reinen Innenausbau noch die eine oder andere Frage rund ums Haus auftauchen wird.

Das gilt für die Hausherrschaft ebenso, wie für später anrückende Handwerker; wenn zum Beispiel ein schwerer Schrank an eine Leichtbauwand gehängt werden soll oder wenn man nachträglich Fliegengitter in den Fensterlaibungen montieren möchte oder wenn es gilt, eine Markise an der Hauswand sachgerecht festzuschrauben.

Zusatzinfos für die Zukunft

Das heißt also: In der Ausbauanleitung sollten last but not least auch weiterführende Informationen beispielsweise über Konstruktion und Innenleben der Wände zu finden sein. Hilfreich wären in diesem Zusammenhang sicherlich auch weitere Detailinformationen, zum Beispiel für den Einsatz spezieller Dübel.

Keine Angst vor Baumängeln

Niemand ist ohne Fehler – auch die beste Hausfirma nicht. Bauherren sollten deshalb ihr neues Heim unter die Lupe nehmen und Mängel dokumentieren. Danach werden sie sehen, ob sie mit einer guten Firma gebaut haben. Die erkennt man daran, dass sie ihre Fehler kulant behebt.

Bedenkt man die lange Phase der Entscheidungsfindung für das Haus, zu dem man sich entschieden hat, versteht man die Ungeduld des Bauherrn, endlich das neu geschaffene Heim auch beziehen zu können. Und winkt der Fertighaushersteller mit dem Hausschlüssel und dem Hinweis auf die Fertigstellung des Hauses, liegt es nur zu nahe, dass der Hauskäufer sofort mit dem Möbelwagen anrückt, um sein Eigentum in Besitz zu nehmen. Doch ist Vorsicht angebracht.

Stunde der Wahrheit: Die Bauabnahme

Mit dem Einzug hätte er bereits ein folgenschweres Eigentor geschossen und – soweit nicht Gegenteiliges schriftlich vereinbart – eine ordnungsgemäße Bauleistung mit dem Einzug stillschweigend anerkannt. Doch wo gehobelt wird, da fallen Späne. Das gilt auch beim Fertighausbau, auch wenn hier erfahrungsgemäß die Mängellisten meist sehr viel kürzer sind als bei konventionell gebauten Häusern. Um nun ein stillschweigendes Anerkenntnis mängelfreier Bauleistung zu vermeiden, bedarf es einer formellen Abnahme des Hauses, mit dem erkannte Mängel gemeinsam festgestellt werden – mit dem Ziel anschließender Behebung oder einer Kaufpreisminderung.

Mangelsuche und die Mängelliste

Nicht jeder kleine Schönheitsfehler ist auch schon ein Mangel. So beispielsweise wenn die Decke des Wohnzimmers an einem Ende um einen Zentimeter niedriger hängt als am anderen Ende. Wohl aber, wenn sich eine Tür nur mit großer Kraftanstrengung öffnen oder schließen lässt. Die gefundenen Baumängel sind genau zu beschreiben, so dass auch ein Außenstehender sie anhand der Mängelliste unschwer finden kann. Verallgemeinernde Anmerkungen wie etwa „Putz mangelhaft" genügen nicht. Andererseits braucht man die Mängelursachen nicht darzulegen. Um eine seriöse Bauabnahme sicherzustellen, sollte man frühzeitig einen Architekten oder Bauingenieur des eigenen (!) Vertrauens in die Mängelsuche, und später in die Abnahme einbeziehen. Sofern Einigkeit über das Bestehen bestimmter Mängel herrscht, sind diese vollständig entsprechend zu protokollieren und das Protokoll beiderseits mit Orts- und Datumsangabe zu unterzeichnen – eine Ausfertigung für den Bauherrn und eine für das Fertighausunternehmen. Im Protokoll sollte gleichzeitig ein genauer Termin, innerhalb dessen die Mängel zu beseitigen sind, festgelegt sein; er muss der Mängelbeseitigung zeitlich angemessen sein (so kann z. B. ein beschädigtes Waschbecken nicht binnen drei Tagen ersetzt werden).

Einigt man sich über bestimmte Mängel jedoch nicht, sollten Fotos angefertigt werden, um sie notfalls später als Beweismittel einsetzen zu können. Weiter ist zu überlegen, ob man über ein Beweissicherungsverfahren das Bestehen von Mängeln gerichtlich feststellen lassen sollte. Der Ausgang eines solchen Verfahrens ist meist ungewiss, und der Verlierer hat auf jeden Fall die (nicht unerheblichen) Verfahrenskosten zu tragen, zumal die gewöhnliche Rechtsschutzversicherung Baustreitigkeiten ausschließt und eine Ausweitung des Versicherungsschutzes nicht bereits ab dem nächsten Tag wirkt. Darüber hinaus sind teilweise Klageabweisungen recht häufig, so dass die anteiligen eigenen Verfahrenskosten oftmals sogar über dem erstrittenen (Teil-) Erfolg liegen.

Unabhängig davon dauern Bauprozesse meist mehrere Jahre und schmälern allein dadurch den Erfolg eines möglichen „Gewinners". Deshalb empfiehlt sich – schon um die eigenen Nerven zu schonen – regelmäßig ein Vergleich mit dem Baupartner auf außergerichtlicher Ebene. Falls der Bauherr im Prozess als Kläger auftritt, hat er schließlich nicht nur die Prozesskosten vorzustrecken, sondern seine Ansprüche zu beweisen – eine gerade im Baubereich recht schwierige Angelegenheit.

Es muss nicht immer gleich der ganze Balkon sein, der mit Mann und Maus untergeht. Aber auch kleinere Mängel können zum großen und damit teuren Ärgernis werden. Deshalb gilt: Das Mängel-Protokoll bei der Hausübergabe ist Pflicht!

Der Fertighausaufsteller darf gegen den Willen des Bauherrn Mängelbeseitigungsansprüche gegen Subunternehmer nicht etwa an den Bauherrn abtreten, um sich elegant seinen einschlägigen Verpflichtungen zu entziehen.

Einbehalte wegen Mängeln

Der Bauherr darf einen Betrag bis zur dreifachen Höhe der voraussichtlichen Beseitigungskosten gegenseitig oder rechtskräftig anerkannter Mängel zurückbehalten, das heißt von noch offenen Fertighaushersteller-Rechnungen bis zur durchgeführten Mängelbeseitigung abziehen. Hat die Baufamilie allerdings im Rahmen des Kaufvertrags eine Bankbürgschaft unterzeichnet, ist ein solcher Einbehalt praktisch ausgeschlossen. Bei einer solchen Bürgschaft garantiert die Bank die Zahlung nach Baufortschritt, bucht also den geforderten Betrag automatisch vom Konto der Baufamilie ab, sobald er von der Hausfirma abgerufen wird.

Da die Bank sich in der Regel aus dem Rechtsstreit zwischen Auftraggeber und Hausfirma heraushält, wird sie auch dann zahlen, wenn der Bauherr bei Übergabe des Hauses Mängel reklamiert. Dem Bauherrn bleibt dann nur der Weg, im Nachhinein auf Mangelbeseitigung zu klagen – mit der unerwünschten Nebenwirkung, dass sich die Beweislast umkehrt: Jetzt muss nämlich der Bauherr nachweisen, dass Mängel bestehen und dass die Hausfirma dafür verantwortlich ist, während bei Einbehalt der Restzahlung die Hausfirma Klage führen und die Beweislast tragen müsste.

Wer trotz Bankbürgschaft einen Teil der Zahlungen einbehalten möchte, kann sofort nach Feststellung des Mangels bei Gericht einen Antrag auf einstweilige Verfügung stellen. Die Erfolgsaussichten sind allerdings ungewiss, weshalb sich vor Unterzeichnung einer Bankbürgschaft eine Bankauskunft über die betreffende Hausfirma empfiehlt. Grund: Eine Firma mit hoher Bonität und Ansehen produziert nicht nur seltener Mängel als eine Firma mit wirtschaftlichen Schwierigkeiten, sie ist in der Regel auch an einer schnellen und perfekten Mangelbeseitigung interessiert. Schließlich hat sie einen guten Ruf zu verlieren.

Schlussabrechnung als Fußangel

Ist zwischen den Vertragspartnern die Verdingungsordnung für Bauleistungen (VOB) vereinbart, gilt die Bauabnahme als erfolgt, wenn der Bauherr gegen die Schlussrechnung nicht binnen 12 Tagen widersprochen hat. Um die Rechtsfolgen nicht rechtzeitigen Widerspruchs zu vermeiden, ist der Fertighaushersteller innerhalb dieser Frist nachweisbar (Einschreiben mit Rückschein) zur förmlichen Bauabnahme aufzufordern.

Gewährleistungsansprüche des Bauherrn

Nach den Bestimmungen des Bürgerlichen Gesetzbuches verjähren die Gewährleistungsansprüche des Bauherrn grundsätzlich fünf Jahre nach der Bauabnahme; war die VOB vereinbart, verkürzt sich diese Frist auf zwei Jahre. Eine solche Verjährung wird vereitelt, wenn die Hausfirma die beanstandeten Mängel anerkennt oder die Baufamilie Klage bei Gericht einreicht.

Später auftretende Mängel

Treten nach Bauabnahme bislang noch nicht erkannte Mängel auf, gilt es zunächst, die Mängel exakt – möglichst mit Fotos – zu dokumentieren. Zweckmäßig ist es außerdem, sie nicht nur von einem Architekten oder Bauingenieur vorab begutachten zu lassen, sondern sich auch um Zeugen (Nachbarn usw.) zu bemühen, von denen man sicher sein kann, dass diese im Ernstfall auch vor Gericht ihre Erkenntnisse bezeugen werden. Anschließend ist der Fertighaushersteller nachweisbar (das heißt durch Einschreiben mit Rückschein) zur Mängelbeseitigung innerhalb einer angemessenen, klar

Vorsicht Umzug

Ein Vorteil schlüsselfertiger Holzhäuser ist die schnelle Fertigstellung mit kurzer Doppelbelastung durch Kredit und Miete. Allzu eilig sollte man es mit dem Einzug aber nicht haben: Wer sein neues Heim ohne Abnahme bezieht, erkennt damit stillschweigend an, dass es mangelfrei ist.

Auch wenn die Mängelliste im Fertigbau meist nicht sehr lang ist, kann das zum kapitalen Eigentor werden.

Der Beweis zählt

Grundlage jeder Reklamation ist eine ordnungsgemäße Hausabnahme. Dabei wird eine Mängelliste erstellt, in der Baumängel genau beschrieben werden. Erkennt die Hausfirma die Mängel an, sollte man sich das per Unterschrift bestätigen lassen.

Andernfalls sollte man beweiskräftige Fotos von den Mängeln machen, eventuell auch ein Beweissicherungsverfahren beantragen.

definierten Frist aufzufordern mit dem Hinweis, dass der Bauherr bei erfolgloser Reklamation ein anderes Unternehmen seiner Wahl auf Kosten des Fertighausproduzenten mit der Mängelbeseitigung beauftragen wird.

Verstreicht die Frist erfolglos, muss man sich überlegen, ob man den dornigen Rechtsweg beschreiten will. Dazu sollte man nicht nur einen Bausachverständigen konsultieren, sondern auch einen im Baurecht erfahrenen Anwalt. Meist wird sich ein außergerichtlicher, auf einer Abstandszahlung basierender Vergleich als am wenigsten nachteilhaft erweisen.

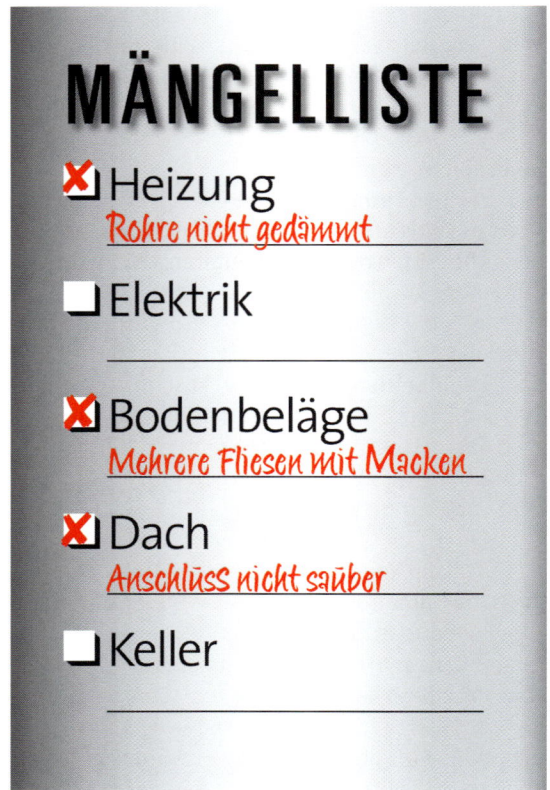

Der Bauherr darf einen Betrag bis zur dreifachen Höhe der voraussichtlichen Beseitigungskosten (gegenseitig oder rechtskräftig) anerkannter Mängel zurückbehalten. Das heißt: Er kann sie von noch offenen Fertighaushersteller-Rechnungen bis zur Mängelbeseitigung abziehen. Hat die Baufamilie im Rahmen des Kaufvertrags eine Bankbürgschaft unterzeichnet, ist ein solcher Einbehalt ausgeschlossen!

Sofern Einigkeit über das Bestehen bestimmter Mängel besteht, sind diese vollständig entsprechend zu protokollieren und das Protokoll beiderseits mit Orts- und Datumsangabe zu unterzeichnen – eine Ausfertigung für den Bauherrn und eine für das Fertighausunternehmen. Im Protokoll sollte gleichzeitig ein genauer Termin festgeschrieben sein, bis zu dem alle Mängel beseitigt werden.

Stille Reserve unterm Dach

„Unten wohnen, oben ausbauen", lautet ein klassisches Konzept im Fertigbau. Ideal ist es, den (späteren) Dachgeschossausbau bereits bei der Planung und dem Hausbau gut vorzubereiten.

Es hat sich schon bei Tausenden von Fertighäusern bestens bewährt, beim Hausbau zunächst nur das Erdgeschoss vom Anbieter fast oder ganz schlüsselfertig errichten zu lassen. Das Dachgeschoss kann man dann gleich im Anschluss in Eigenleistung oder aber erst in ein paar Jahren je nach Bedarf ausbauen. Dieses Baukonzept bietet gleich mehrere Vorteile: Die Baufamilie kann sehr schnell ins neue Eigenheim einziehen, die anfänglichen Baukosten, sprich die Investitionssumme, lassen sich deutlich senken und den weiteren Ausbau bringt man erst dann über die Bühne, wenn der Wohnraumbedarf (mit wachsender Familie) steigt oder man ganz einfach wieder mehr Geld zur Verfügung hat. Damit diese Rechnung aufgeht, müssen bereits bei der Planung und auch beim Hausbau notwendige Voraussetzungen für einen späteren Ausbau des Dachgeschosses geschaffen werden.

Unten gut bewohnbar, oben ausbaufähig

Die erste ist natürlich, dass das Erdgeschoss als voll funktionierende Wohneinheit konzipiert wird; also mit ausreichend Wohn- und Schlafräumen sowie allen Funktionsräumen von der Diele über die Küche bis zum Badezimmer. Falls dieser Zustand mindestens mehrere Jahre andauern wird, sollte man realistisch groß planen!

Darüber hinaus muss das Dachgeschoss selbstredend überhaupt ausbaufähig sein. Das heißt, es müssen zumindest die gültigen Vorschriften zur Statik und für „Wohnraum" wie zum Beispiel Mindestgeschosshöhe oder ausreichende Belichtung erfüllt beziehungsweise beim Ausbau erfüllbar sein. Falls man vor hat, unterm Dach vielleicht mal eine separate Einliegerwohnung unterzubringen, sind weitere Vorgaben einzuhalten. Auch diese sollte die angehende Bauherrschaft mit ihrem Haushersteller bereits in der Planungsphase genau besprechen. Ein weiterer scheinbar kleiner, aber wichtiger Punkt ist ein bauphysikalischer. Weil für eine gewisse Zeit das

Erdgeschoss beheizt werden wird, während das Dachgeschoss kalt bleibt, ist unbedingt eine so genannte thermische Trennung erforderlich. Das bedeutet, die Erdgeschossdecke beziehungsweise die Estrichebene darüber, muss ausreichend wärmegedämmt werden. Wie das im Einzelfall auszusehen hat, weiß die Fertigbaufirma.

Dachgeschoss zum Ausbau vorbereitet

Dass das Dachgeschoss ausbaufähig ist, das ist die Pflicht, die von allen namhaften Hausherstellern erfüllt wird. Darüber hinaus bieten diese Firmen auch die Kür: das „zum Ausbau vorbereitete" Dachgeschoss. Das wird bei manchen speziellen Ausbauhausangeboten automatisch so sein, falls nicht, wird die Vorbereitung auf Wunsch des Bauherrn gegen Aufpreis geschehen. Der Umfang dieser Ausbau-Vorbereitungen ist durchaus unterschiedlich. Sehr empfehlenswert ist in jedem

Diskussionsstoff Dachdämmung: Für die einen ist es die klassische Eigenleistung beim Dachgeschossausbau. Für die anderen ein mühseliges Geschäft, bei welchem man zudem sehr genau arbeiten muss, damit keine Wärmebrücken entstehen. Diese können im schlimmsten Fall sogar zu Bauschäden führen.

Ein beruhigendes Gefühl, im Dachgeschoss noch eine Ausbaureserve für mehr Wohnraum zu besitzen! Bis dahin muss jedoch das Erdgeschoss eine voll funktionierende Wohneinheit bilden.

Fall eine Treppe hoch ins Dachgeschoss. Wenn es aus optischen Gründen in Ordnung ist, können die empfindlichen Stufen sogar bis zum Abschluss der (zeitnahen) Ausbauarbeiten zum Schutz verpackt bleiben.

Dachfenster, Heizrohre & Co.

Dachflächenfenster sollten, sofern es das Baubudget zulässt, gleich mit eingebaut oder wenigstens mit so genannten „Wechseln" im Gebälk vorbereitet werden. Dachgauben, die neben Licht auch mehr Wohnraum bringen, lassen sich hinterher nur schwer nachrüsten! Ideal ist es, wenn die Firmenhandwerker gleich beim Erdgeschossausbau die später nötigen Heiz- und Sanitärrohre (fürs DG-Bad) bis hinauf ins Dachgeschoss verlegen. „Bis Oberkante Estrich", sagt der Fachmann, sollten diese reichen, damit der spätere Ausbau wesentlich einfacher über die Bühne gehen kann. Gut vorbereiten lässt sich auch die Elektroinstallation mit vorsorglichem Konzept und eingezogenen Leitungen oder Leerrohren (siehe Kasten Seite 29).

Beim Ausbau eines Dachgeschosses machen die Zwischenwände sowie die Kehlbalkendecken, also die Ebene zwischen Räumen und Dachspitz, einen dicken Arbeitsbrocken aus. Es ist also durchaus zu überlegen, ob man das Gebälk und die rohen Wände (mit/ohne Dämmung/Beplankung) nicht besser gleich von den Profis einziehen lässt. Ansonsten sollte die angehende Bauherrschaft zumindest darauf bestehen, dass der Planer den DG-Grundriss oder sogar mehrere mögliche Aufteilungsvarianten zeichnet. Denn wenn man als Laie später in einem gänzlich leeren Dachgeschoss steht, kann eine sinnvolle und gleichzeitig gefällige Aufteilung ganz schön schwer fallen. Außerdem werden bei der gedanklichen Vorplanung des Ausbaus auf Papier vielleicht potenzielle Probleme im Großen wie im Kleinen sichtbar, die man im Planungsstadium noch ganz einfach lösen kann.

Sparrendämmung selber machen?

Auch in punkto Dämmung der Dachflächen sollte man sich bereits vor dem Hauskauf ausreichend Gedanken machen. Denn diese Arbeit einschließlich dem durchgängigen Einziehen der Dampfbremsfolie gehört zwar nach wie vor zu den beliebtesten Eigenleistungen beim Fertighausausbau. Doch der Sparfaktor ist unter Umständen weit geringer als man vielleicht annehmen könnte, und der Spaßfaktor dieser Tätigkeit tendiert gegen Null.

Den meisten Heimwerkern wird es schon reichen, die Dachflächen mit Gipskarton- oder Gipsfaserplatten zu beplanken und zu tapezieren beziehungsweise mit Nut- und Federbrettern oder Paneelen zu schließen. Denn da kommen unterm Strich jede Menge Quadratmeter zusammen.

Zudem geht man als Baulaie das Risiko einer lückenhaften Wärmedämmung oder mangelnden Luftdichtigkeit der Gebäudeaußenhülle ein, was letzten Endes zu Zugerscheinungen und Wärmeverlusten bis hin zu langfristigen Bauschäden führen kann! Insbesondere wenn die Hausbaufirma das Dach aus fertigen Elementen in „Sandwich-Bauweise" anbieten kann, sollte man dieses Angebot im eigenen Interesse vielleicht wirklich annehmen.

Materialpakete für den Ausbau

Beim tatsächlichen Ausbau stehen dann Aufgaben wie Elektro-, Heizungs- und Sanitärinstallation, Estricheinbau, Wände, Türen, Boden-, Wand und Deckenbeläge sowie Fliesenarbeiten im Bad an. Wenn man damit keine Handwerker beauftragt, hat man sich zwangsläufig mit der Auswahl von Baustoffen und Materialien, deren jeweiligen Maßen und Mengen auseinanderzusetzen. Wesentlich einfacher geht es mit den bereits erwähnten „Ausbaupaketen". Es ist ein dickes Plus vieler Fertighausanbieter, dass sie zu ihren Ausbau-

„Zum Ausbau vorbereitet" ist ein Dachgeschoss laut Fertigbau-Jargon unter anderem durch eine Treppe, die gleich beim Hausbau mit eingebaut wird. Und dies ist – im Unterschied zu einer provisorischen Treppe – auch die optisch ansprechendere Lösung für die Jahre bis zum nachträglichen Dachgeschoss-Ausbau!

häusern Materialpakete mit anbieten; im Idealfall sogar vorkonfektioniert, also maßgeschneidert fürs einzelne konkrete Haus zusammengestellt. Die Vorteile für den Eigenleister: Er spart viel Zeit, kauft nichts Falsches, nicht zu viel oder zu wenig ein. Dazu noch der besondere Tipp zum Schluss: Wer es sich zum Zeitpunkt des Hauskaufs finanziell leisten kann, ordert die Ausbaupakete gleich mit und lässt sie während des Aufbaus per Autokran ins Dachgeschoss verfrachten – das Tüpfelchen aufs „I" einer perfekten Ausbau-Vorbereitung!

Elektro leicht gemacht

Fürs Dachgeschoss braucht man in jedem Fall Strom. Die Elektroinstallation dafür lässt sich während des Hausbaus mit geringem Aufwand optimal vorbereiten. Das beginnt damit, dass im Hauptstromverteilerkasten des Hauses ein separater „Strang" fürs Dachgeschoss vorgesehen wird (gegebenenfalls auch ein extra Zählerplatz).

Ideal ist darüber hinaus eine zunächst natürlich nicht angeschlossene Zuleitung hinauf und/oder mindestens ein dickes Leerrohr. Ein zusätzliches Leerrohr empfiehlt sich auch zwischen Erd- und Dachgeschoss. Dazu kommen vorsorglich Leerrohre für Telefonkabel und andere Datenleitungen.

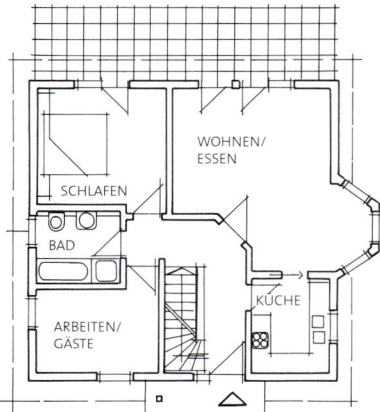

Wohnen im Erdgeschoss: Solch eine Grundrissgestaltung bietet ausreichend Wohnraum für ein kinderloses Paar (Arbeits- oder Gästezimmer inklusive) oder für eine dreiköpfige junge Familie.

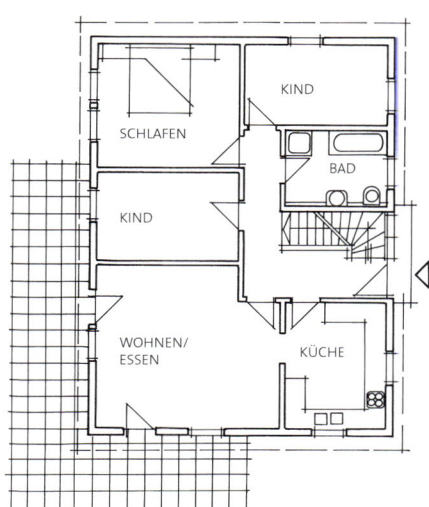

Mit dieser Grundrisslösung können Eltern und zwei Kinder zunächst gut leben. Sobald das Dachgeschoss ausgebaut ist, lässt sich beispielsweise eine Wand entfernen, um das Wohn-/Esszimmer zu vergrößern.

Kalt oder **warm?**

Mehr als drei Viertel aller Bauherren wollen laut Umfrage nicht auf ein Untergeschoss verzichten. Und das aus unterschiedlichen Gründen. Denn zur Wahl steht der Bau eines einfachen, kalten Nutzkellers oder eines komfortablen, warmen Wohnkellers. Doch für wen ist welcher Keller geeignet?

Wer an den Kellerbau denkt, hat zuerst zu überlegen, wofür er ihn braucht. In erster Linie kommen folgende Möglichkeiten in Betracht: Man hat hier einen Haustechnikraum plus Brennstofflager, einen Raum zum Wäsche waschen inklusive Trocknungsraum sowie allgemeine Lagerflächen. Vielleicht möchte man ein Zimmer zusätzlich als gelegentliche Heimwerkstatt oder Fitnessbereich nutzen. In diesem Fall spricht man vom Nutzkeller. Dieser muss eigentlich nur frostfrei und garantiert trocken sein. Für Frostfreiheit sorgt das umgebende Erdreich automatisch. Dafür, dass der Keller dauerhaft trocken bleibt, muss man schon mehr tun. Das

heißt, der Keller ist von außen bis hinunter zur Sohle mit einem lückenlosen Feuchteschutz zu versehen. Falls der Grundwasserspiegel hoch liegt oder in Hanglage Schichtenwasser droht, braucht es eine spezielle Abdichtung „gegen drückendes Wasser", wie der Fachmann sagt. Für zusätzliche Dichtigkeit sorgen herkömmliche Verfahren in Form einer so genannten Schwarzen oder Weißen Wanne. Neu und bislang auch einzigartig auf dem Markt ist ein System namens „Aqua-Safe-Keller" von Hersteller Glatthaar. Dieser spezielle Fertigkeller wird als monolithischer Baukörper „fugenlos am Stück" ausbetoniert.

Nutzkeller-Decke muss gedämmt sein
Weil der Nutzkeller im Gegensatz zum darüber liegenden Haus nicht beheizt wird, schreibt die Energieeinspar-Verordnung eine thermische Trennung zwischen dem „kalten" und dem beheizten „warmen" Gebäudeteil vor. Schließlich soll die wertvolle Heizwärme vom Erdgeschoss aus nicht in Richtung Keller verloren gehen. Das erreicht man mit Hilfe einer vorgeschrieben dicken Wärmedämmschicht im Bereich von Kellerdecke beziehungsweise Erdgeschossfußboden. Sie kann unter der Kellerdecke angebracht werden oder man packt sie unter den Erdgeschoss-Estrich. Innovative Fertigkellerhersteller bieten Kellerdecken an, die zumindest einen Teil der notwendigen Wärmedämmung integriert haben. Eine zusätzliche Lösung hat Schwörer-Haus in Form eines „Dämmasphalts" für den Erdgeschossboden im Programm.

Sofern eine Innentreppe ins Untergeschoss führt, sind darüber hinaus auch die Umfassungswände im Treppenbereich, der Verteilerraum im Keller und auch die Kellertür(en) wärmegedämmt auszuführen. Diese Ausführung sollte man sich gegebenenfalls vom Haus- beziehungsweise Kelleranbieter im Vertrag schriftlich zusichern lassen. In solch einem kühlen Untergeschoss stehen Kühltruhe und zweiter Kühlschrank

Kalt oder warm?

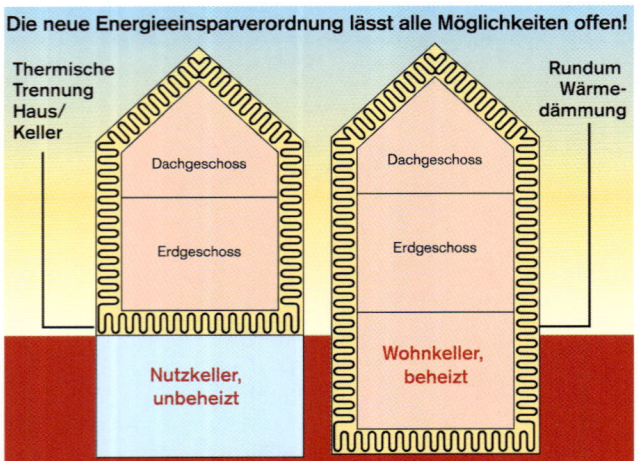

Damit bei einem **unbeheiztem Keller** keine Heizwärme vom Erdgeschoss in Richtung Keller entweicht, muss die Kellerdecke gedämmt werden – von unten oder von oben (Estrichdämmung).

Ein **Wohnkeller** dagegen ist Teil des beheizten Gesamtgebäudes, das als eine Einheit rundum bis hinunter zu den Fundamenten möglichst gleichmäßig wärmegedämmt wird.

Ein Wohn- (links) oder Nutzkeller (rechts) definiert sich nicht über seine zugewiesene Funktion. Die Bauweise – Wandaufbau, Raumhöhe, Fenster, Heizung – macht den qualitativen Unterschied!

gut. Auch Lebensmittel lassen sich hier bestens lagern. Falls man auch die Fahrräder abstellen möchte und die Gartengeräte und der Rasenmäher einen festen Platz haben sollen, ist ein separater Außenkellerabgang kein wirklicher Luxus. Selbst wenn man einen Teil der Alltags-Utensilien nur über den Winter im Keller unterstellen möchte: Je nach Erschließungssituation lassen sich unter Umständen auch Getränkekisten und ähnliches einfacher von außen nach unten schaffen.

Wohnkeller bietet sich am Hang an

Wer mehr von seinem Untergeschoss erwartet, kann hier – dank heutiger Bautechnik – Wohnraum-Qualität schaffen. Auch wenn die rustikale Kellerbar außer Mode gekommen ist, bieten sich doch viele Möglichkeiten. Ein Klassiker ist die Kellersauna, die heute gerne zum umfassenden Wellness-Bereich aufgerüstet wird; mit Schwitzkabine oder Dampfbad samt Kaltbecken, Duschtempel und Fitnessgeräten. Bei ausreichender Fläche und dem nötigen „Kleingeld" lässt sich ein komplettes Privathallenbad unterm Wohnzimmer verwirklichen.

Die nächste Nutzungsstufe wären wirkliche Wohnräume: also beispielsweise Hauswirtschaftsraum, Hobbyraum, Musik- und Spielezimmer sowie Heimbüro. Darüber hinaus können im echten Wohnkeller Gäste-, Kinder-, Jugend- Schlaf- oder zweites Wohnzimmer eingerichtet werden. Warum auch nicht eine abgeschlossene Einliegerwohnung im Untergeschoss? Die Kellerwohnung bietet sich insbesondere bei einem Hangkeller an, der ebenerdig separat erschlossen werden kann. Denn bei entsprechender Planung müssen diese Räume im Basisgeschoss den darüber liegenden in nichts nachstehen. Eine vermietete Einliegerwohnung kann in den ersten Jahren sogar helfen, das Baudarlehen abzubezahlen und später als Wohnung für erwachsen werdende Kinder oder vielleicht für die Großeltern dienen. Egal welche Vari-

Rückstausicherung

Falls es örtliche Gegebenheiten wie Muldenlage oder klein dimensionierter Entwässerungskanal notwendig erscheinen lassen, ist unbedingt eine ausreichende Rückstausicherung einzubauen. Denn steigendes (Ab-)Wasser in (Wohn-) Räumen ist ein echter Alptraum!

Es gibt Rückstauklappen in mechanischer oder elektrischer Ausführung, die im Falle eines Falles auch ein Warnsignal geben. Bei einem Rückstauverschluss mit integrierter Pumpe kann man Waschmaschine, Dusche und WC-Spülung auch während der Rückstauzeit benutzen.

ante: Ein Wohnkeller muss neben dem obligatorischen Feuchtigkeitsschutz auch guten Wärmeschutz sowie ausreichende Raumhöhe, Belichtung und Belüftung haben.

Wärmeschutz für den bewohnten Keller

In punkto Wärmeschutz sind alle gesetzlichen Vorgaben wie beim normalen Wohnhaus darüber zu erfüllen. Zu diesem Zweck gibt's den bekannten äußeren Vollwärmeschutz mit Dämmplatten. Einzelne Fertigkellerhersteller haben dafür Betonaußenwände mit so genannter Kerndämmung im Programm. Das heißt, der Dämmstoff wird bereits bei der Vorfertigung im Werk in den Zwischenraum der zweischalig aufgebauten Betonwände eingebracht. Dabei nimmt man für Wohnraumwände eher Leichtbetonelemente, die dank Blähtonanteil vom Material her schon etwas mehr dämmen als normaler Beton. Der bereits erwähnte „Aqua-Safe-Keller" von Glatthaar, der mit solch einer integrierten Dämmung auf die Baustelle kommt, wird so auch zum „Thermo-Safe"! Weil gerade unter der Erde alle Details planerisch stimmen und gewissenhaft ausgeführt sein müssen, lassen sich Fertigkeller in Wohnraumqualität zum Fertighaus durchaus empfehlen. Beispielsweise bei der Vermeidung von Wärmebrücken – die kritischen Punkte liegen im Fensterbereich, an Lichtschächten und Kragplatten – haben die durchdachten

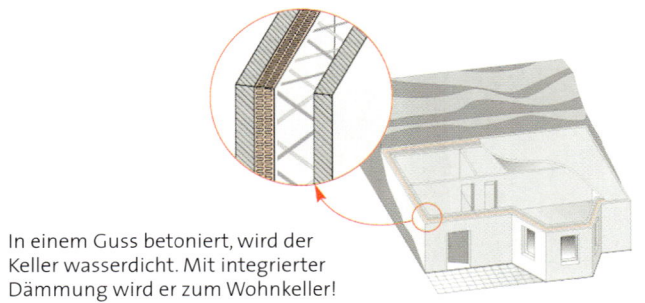

In einem Guss betoniert, wird der Keller wasserdicht. Mit integrierter Dämmung wird er zum Wohnkeller!

Wohnkeller-Vorsorge

Wer beim Hausbau sparen muss und trotzdem gerne einen Wohnkeller hätte, kann den Ausbau auch später nachholen. Wichtig ist allerdings, dass man entsprechende Vorsorge triff. Deshalb sollte das Untergeschoss gleich mit Vollwärmeschutz versehen werden, eine nachträgliche Innendämmung ist immer die zweitbeste Lösung. Auch muss bereits bei der Planung die für Wohnräume vorgeschriebene Mindestgeschosshöhe vorgesehen werden. Ideal ist es, wenn gleich beim Bau die Weichen für die später notwendige Belichtung und Belüftung der geplanten Wohnräume gestellt werden.

Systemlösungen kaum Schwachpunkte. Bauphysikalischer Hintergrund: Vor allem an durchweg gut gedämmten Kellern kann es an Stellen, die nicht ausreichend gedämmt sind, sehr schnell zu Schimmelbildung kommen. Und dieses, das Bauwerk gefährdende und nicht zuletzt die Gesundheit schädigende Problem ist hinterher, wenn überhaupt, nur mit großem (finanziellem) Aufwand in den Griff zu bekommen! Außerdem werden bei Fertigkellern üblicherweise bereits „werkseits" Vorinstallationen wie Elektro-Leerrohre und -Leerdosen für die Haustechnik eingebaut, sprich in Beton gegossen. Beim späteren Ausbau, insbesondere auch in Eigenleistung, ist das eine große Erleichterung.

Raumhöhe, Licht und Belüftung

Bezüglich der Raumhöhe, Belichtung und Belüftung machen die Landesbauordnungen der einzelnen Bundesländer und deren Ausführungsverordnungen für Aufenthaltsräume, also Wohnkeller, bestimmte Vorgaben. Das jeweilige Haus- beziehungsweise Kellerbauunternehmen weiß, was da im Einzelnen gefordert wird.

Weil der Wohnwert im Untergeschoss mit der Höhe der Räume steigt, ist in jedem Fall über mögliche Mindestmaße hinaus die gleiche Raumhöhe wie im Erd- oder Dachgeschoss empfehlenswert. Gemeint ist jeweils die so genannte lichte Höhe, also die verbleibende Höhe nach Einbau von Estrich, Bodenbelag und gegebenenfalls abgehängter Decke. Durch die Erhöhung des üblichen Standard-Rohbaumaßes sollten am Ende mindesten 2,40 bis 2,50 Meter übrig bleiben. Bei einzelnen Wohnräumen im Keller lassen sich die Anforderungen an Belichtung und Belüftung in aller Regel gut erfüllen. So müssen, um nur ein Beispiel zu nennen, die Rohbaumaße der notwendigen Fenster mindestens ein Achtel der Grundfläche der Räume umfassen. Die Bauherrschaft dürfte sich um solche Feinheiten der normgerechten Wohnkeller-

Arbeits-, Jugend- oder Gästezimmer im Keller

Auf folgende Punkte muss geachtet werden:

- Genügend große Kellerfenster für die Belüftung
- Bedienerfreundliche Wohnraumfenster
- Böschung vor dem Fenster oder ein Lichtgraben beziehungsweise ein großer Lichtschacht für natürliche Belichtung
- Unterputz-Elektroinstallation für die Beleuchtung
- Ausreichende Anzahl von Leerrohren oder Leitungen und Steckdosen; gegebenenfalls auch für Telefon, Internet und TV
- Nötige Frischwasser-/ Abwasseranschlüsse für Dusche/WC oder zumindest ein Waschbecken
- Weitere Infos – auch in Form von Broschüren und Herstellerinformationen – rund um den Kellerbau: www.prokeller.de, www.bdf-ev.de

planung normalerweise nicht zu kümmern brauchen. Dennoch sollte man mit dem Anbieter über die behördlichen Vorgaben reden, die beispielsweise im örtlichen Bebauungsplan auch Angaben dazu machen, wie hoch das umgebende Gelände über dem Untergeschoss-Fußboden liegen darf.

Auch „Kleinigkeiten" wollen geplant sein

Ebenfalls zu besprechen ist, wie Licht und Frischluft in die Räume kommen soll. Für eine Einliegerwohnung etwa durch den Bau eines Hochkellers, der vielleicht mindestens einen halben oder einen Meter über das Gelände herausragt. Oder mit Hilfe von Böschungen und/oder Lichtgräben vor den einzelnen Fenstern. Allein mit Lichtschächten ist eine vernünftige Versorgung der Räume mit Tageslicht kaum möglich. Bei einer umfassenden Wohnkellerplanung geht es nicht zuletzt um scheinbare Kleinigkeiten, die im Wohnalltag jedoch mitunter große Bedeutung bekommen. Das beginnt bei den Fenstern, die sich mit einem Dreh-Kipp-Beschlag wesentlich einfacher bedienen lassen.

Welcher **Keller** passt zu mir?

Bausatzkeller, Stein auf Stein gemauert oder Fertigkeller aus Beton? Beim Untergeschoss fürs Fertighaus gibt es viele Möglichkeiten.

Wer sein Fertighaus unterkellern möchte, hat die Qual der Wahl. Denn heutzutage bietet sich auch beim Untergeschoss eine breite Palette. Das gilt nicht nur in Bezug auf die Nutzung, vielmehr gibt es auch bei Bauweise und Baustoffen erhebliche Unterschiede! Diese machen sich im Geldbeutel einer Bauherrschaft bemerkbar und eigenen sich mehr oder weniger gut für Eigenleistungen schon weit vor dem eigentlichen Haus(aus-)bau.

Handwerklich versierte Bauherren, die viel Zeit haben und keine Arbeit scheuen, können sich einen Keller-Bausatz kaufen, den sie dann fast vollständig in Eigenleistung hochziehen. Dabei kommen die notwendigen Baumaterialien (Steine) palettenweise auf die Baustelle. Haushersteller, die den Kellerbau mit anbieten, wählen mitunter großformatige Plansteine, zum Beispiel aus Porenbeton, die mittels Kran versetzt werden müssen. Meist jedoch haben sie standardmäßig auch so genannte Fertigteilkeller im Programm, die – ähnlich wie typisierte Häuser – werkseitig vorgeplant sind.

Fertigteilkeller werden überwiegend aus zweischaligen Stahlbeton-Außenwänden zum Ausgießen mit Ortbeton sowie einschaligen Innenwänden errichtet. Zum Einsatz kommen daneben gerade bei Wohnkellern auch vorgefertigte Wandelemente aus Leichtbeton oder, das ist eine unbekanntere Variante, im Werk vorgemauerte Ziegelfertigelemente. Bausatzkeller sind kostengünstig, Fertigkeller werden rasch gebaut und bieten große Sicherheit in Sachen Termintreue, Maßhaltigkeit und Dichtigkeit.

Die Eigenschaften der einzelnen Baustoffe bezüglich Festigkeit, Schall und Wärme sind natürlich unterschiedlich. Den Alleskönner, der alle Vorteile vereint, kann es hier nicht geben. Ziegel werden wie seit jeher aus Lehm, Ton oder tonigen Massen gebrannt. Sie können das Raumklima durch Aufnahme und Abgabe von Feuchtigkeit regulieren, und sie weisen in Form von zeitgemäßen Lochziegeln mit Hohlräumen auch recht gute Wärmedämm-Werte auf. Kalksandsteine stellt man aus einer Mischung von Kalk und Quarzsand her. Sie bieten mit ihrer Masse guten Schallschutz, sind aber weniger wärmedämmend.

Aus dem gleichen Basismaterial entsteht auch Porenbeton. Doch bilden sich bei der Herstellung unter Zugabe von ein wenig Aluminium die gewünschten Luftporen. Diese sorgen für vergleichsweise hohen Wärmeschutz. Leichtbeton für Mauersteine und Fertigelemente besteht aus mineralischen Baustoffen mit porigen Zuschlägen wie Blähton oder Bims. Die Leichtbetone sind dem normalen Schwerbeton beim Wärmeschutz überlegen, aber auch teurer. Sie werden üblicherweise für Wohnkeller verwendet. Die Wahl des Baustoffs und der Bauweise richtet sich nach den jeweiligen baulichen Umständen und Vorgaben sowie nach der Nutzungsabsicht fürs Untergeschoss – und natürlich auch nach dem Preis.

Aufpassen beim Angebotsvergleich
Beim Angebots-Vergleich muss die Bauherrschaft aufpassen, dass nicht Äpfel mit Birnen verglichen werden. Stichwort Leistungs- und Ausstattungsumfang. Nicht im Angebot enthalten sind in aller Regel die Erdarbeiten, die Vermessung und andere Zusatzleistungen wie Drainage und Lichtschächte. Nicht selten fehlt beim Basis-Kellerangebot sogar die Bodenplatte (Kostengrößenordnung ab 7 500 Euro)! Auch Planungsleistungen, statische Berechnung und die notwendige Bauleitung sind oft als Extra gegen Aufpreis ausgewiesen.

Auf die Feinheiten kommt es an
Und dann sind da noch die vielen Feinheiten beim Vergleich von unterschiedlichen Bauweisen. Zwei kleine Beispiele: Bei einem zunächst vermeintlich teureren Fertigkellerangebot

12 Tipps zum Kellerbau

Kellerbau ist Vertrauenssache. Denn das Untergeschoss muss als Basis des Hauses solide und vor allem auch absolut wasserdicht ausgeführt werden. Nachbesserungen sind sehr schwierig und falls überhaupt sinnvoll machbar, dann ausgesprochen teuer. Wie also kann sich der Bauherr beim Kellerkauf absichern?

Ein Dutzend wertvolle Tipps:

1 Das RAL-Gütezeichen gibt einen ersten wichtigen Hinweis auf Seriosität und geprüfte Bauqualität.

2 Lassen Sie sich Referenzadressen geben, um vom Anbieter gebaute Keller – auch „ältere Semester" – genau unter die Lupe zu nehmen.

3 Besichtigen Sie auch das Bauunternehmen beziehungsweise beim Fertigkelleranbieter dessen Produktionswerk.

4 Führen Sie ein ausführliches Ausstattungsgespräch, nachdem alle besprochenen Details schriftlich in einem Protokoll zusammengefasst werden.

5 Prüfen und vergleichen Sie alle Angebote bis ins Detail. Dabei kann gegebenenfalls auch ein Fachmann helfen, der aber wirklich neutral sein muss.

6 Denken Sie auch an die Erd- und Erschließungsarbeiten, die gesondert beauftragt und kostenmäßig erfasst werden sollten.

7 Der Kellerbau inklusive Erd- und Erschließungsarbeiten „aus einer Hand" kann beträchtliche Erleichterungen bringen.

8 Gehen Sie bei Preisverhandlungen im eigenen Interesse nicht zu weit – es drohen Abstriche bei Leistungsumfang und Qualität.

9 Verlangen Sie eine Bonitätsauskunft bei der Bank des Anbieters.

10 Vereinbaren Sie eine förmliche Abnahme des Kellerbaus mit schriftlichem Abnahmeprotokoll.

11 Leisten Sie nur Zahlungen nach Baufortschritt, also wenn die Firma in Vorleistung gegangen ist.

12 Beherzigen Sie einfach die Kaufmannsregel: „Kaufe nie beim Allerbilligsten".

sind vielleicht schon Kosten für Elektro-Vorinstallationen in den Wänden eingerechnet, die beim gemauerten Keller hinterher noch dazu kommen. Auch braucht man bei ersterem die schalungsglatten Wände innen und die Außenwandteile oberhalb der Erde nur zu streichen, bei zweiterem kommen aufwändige Putzarbeiten dazu.

Also gibt's nur eins: Der Interessent muss das so genannte Bau- und Leistungsverzeichnis der Anbieter Punkt für Punkt bis ins letzte Detail durchackern und darüber hinaus auch die notwendigen Vor- und Folgearbeiten unbedingt mit berücksichtigen!

Bauen in der Erde – 5x anders

Beim Kellerkauf ist die Vergleichbarkeit der Angebote ein großes Problem. Um zumindest die finanziellen Größenordnungen zu zeigen, sind hier beispielhaft fünf Angebote aufgelistet. Es handelt sich um unterschiedliche Kellersysteme aus unterschiedlichen Baustoffen. Abgefragt wurde von den Anbietern der Preis für ein einfaches Beispiel-Objekt mit folgender Ausstattung: Nutzkeller, 10 x 10 Meter, Bodenplatte mit Entwässerungsleitungen bis Außenkante Bodenplatte, Außenwände, Decke und eine tragende Zwischenwand, vier Kellerfenster; inklusive Baustelleneinrichtung, Planung, Statik und Fachbauleitung. Für die Bodenplatte werden „normale" Bodenverhältnisse vorausgesetzt, was im Einzelfall zu Mehrkosten führen kann.

Alle Preise sind lediglich Anhaltswerte. Sie verstehen sich plus Außenabdichtung, die je nach Baustoff beziehungsweise Konstruktion des Kellers unterschiedlich aufwändig ist und deshalb kostenmäßig differiert. Im Preis ebenfalls nicht enthalten sind die Wärmedämmung gegen das Erdgeschoss, die Kellertreppe, der Estrich und jedweder sonstiger Innenausbau wie zum Beispiel das Einsetzen von Kellertüren.

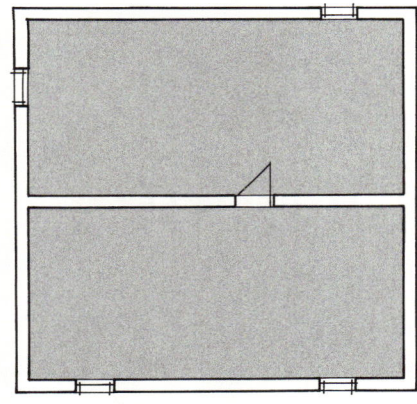

Zehn mal zehn Meter: So sieht der Musterkeller für nebenstehenden Preisvergleich aus.

Betonfertigkeller

■ **Konstruktion und Stärke**
Außenwand: 20 cm dicke Beton-Doppelwand, verfüllt mit Ortbeton, beidseitig schalungsglatt

■ **Preis**
30 800 Euro (Stand 2002)

■ **Liefergebiet**
Deutschland, Benelux, Frankreich, Schweiz und Österreich.

■ **Lieferant**
Glatthaar Fertigkeller GmbH, Im Moos 17, 78713 Schramberg-Waldmössingen, Tel. 0 74 02 / 92 94-0, www.glatthaar.com

Porenbetonkeller

■ **Konstruktion und Stärke**
Außenwand: 36,5 cm Porenbeton-Plansteine

■ **Preis**
Etwa 14 300 Euro (Stand 2002) (Keller bei Hebel nur in Verbindung mit Typenhaus)

■ **Liefergebiet**
Deutschland

■ **Lieferant**
Hebel Haus GmbH, Brentanostraße 2 A, 63755 Alzenau, Tel. 0 60 23 / 940-914 www.hebelhaus.de

Leichtbetonkeller (Bausatz)

■ **Konstruktion und Stärke**
Außenwand: 30 cm dicke Leichtbetonsteine

■ **Preis**
7 500 Euro (Stand 2002)

■ **Bausatz inklusive**
Sonderteile. Planung, Statik, Fachbauleitung und Bodenplatte als Extra

■ **Liefergebiet**
Deutschland und Beneluxländer

■ **Lieferant**
KLB-Massiv-Haus GmbH, Lohmannstraße 3, 56626 Andernach, Tel. 08 00 / 5 52 55 55, www.klb-haus.de

Kalksandsteinkeller

■ **Konstruktion und Stärke**
Außenwand: 30 cm dicke KS-Plansteine

■ **Preis**
28 888,88 Euro (Stand 2002)

■ **Preis ohne Planung**
Planung, Bauleitung und Kellerfenster

■ **Liefergebiet**
Raum Nürnberg, Fürth, Erlangen

■ **Hersteller**
Johann Müller Baugeschäft GmbH, Untere Stadtgasse 49, 90427 Nürnberg, Tel. 09 11 / 93 44 93-0

Ziegelfertigteilkeller

■ **Konstruktion und Stärke**
Außenwand: Ziegelfertigteile; 16,5 cm Ziegel plus 3,5 cm Aufbeton an der Außenseite

■ **Preis**
Etwa 48 000 Euro (Stand 2002)

■ **Liefergebiet**
Süddeutscher Raum

■ **Hersteller**
Ziegelwerk Arnach J. Schmid GmbH & Co. KG, Ziegeleistr. 1, 88410 Bad Wurzach-Arnach, Tel. 0 75 64 / 30 80, www.zwa.de

Dämmung danach

Wer einen Wohnkeller oder sogar Energiesparkeller baut, muss diesen warm einpacken. Normalerweise wird dazu rundum eine Außendämmung angebracht. Aber es gibt auch eine Alternative von innen!

Eigentlich müssen Baufamilien immer vor dem Hausbau wissen, ob sie einen eher günstigen Nutzkeller oder den teureren Wohnkeller bauen wollen. Entscheiden sie sich für die Wohn-Version, wird das notwendige „Kleingeld" gleich von Hausbaubeginn an in das Kreditvolumen einbezogen. Und das kann schmerzlich sein, denn die Außendämmung (Perimeter) und das Verputzen des sichtbaren Kellerteils treibt den Preis in die Höhe. Um diese Finanzierungs-Hürde abzubauen, hat sich Kellerbauer Knecht aus Metzingen (Schwäbische Alb) jetzt ein System zur Innendämmung ausgedacht, das nebenbei auch den Außenputz überflüssig macht.

Dieser Dämm-Bausatz („Comfort-Plus") ermöglicht dem Bauherrn noch nachdem der „nackte" Keller in der Erde vergraben worden ist, aus seinem Nutz- einen Wohnkeller zu machen – ganz nach Bedarf und zur Verfügung stehendem Geld! Der Einbau wird in Eigenleistung erledigt (siehe Bilder Seite 37) und dabei spart man erheblich Kosten. Und noch ein Vorteil: Der Bauherr kann die Räume nach und nach dämmen, so wie er sie braucht. Das System ist damit prädestiniert für den Keller unter einem Fertighaus, dessen Wanddämmung im Selbstausbau sehr ähnlich funktioniert. „Comfort-Plus" ist eine Paketlösung, die laut Knecht sogar ungeübten Heimwerkern

die Dämmarbeiten ermöglicht. Die Ausbaupakete werden nach Maß konfektioniert und dem Bauherren als Bausatz auf die Baustelle/ins Haus geliefert. Auf Wunsch gibt's eine fachliche Einweisung. Das Montieren der Unterkonstruktion auf der Wand ist zeitsparend vorbereitet, ein aufwändiges Bohren in Beton ist nicht erforderlich. Handelsübliche Sanitär- und Waschtischblöcke lassen sich problemlos integrieren. Sämtliche Leitungen und Leerrohre können in der Konstruktion untergebracht werden. Die innere Vorsatzschale ist auf die gängigen Dämmstoffbreiten und -stärken ausgelegt, die Art des Dämmstoffs ist dabei frei wählbar. Natürlich können alle anstehenden Dämm-Arbeiten auch von Knecht ausgeführt, sprich im Werk vorgefertigt werden (siehe Bilder unten). In diesem Fall spart die Baufamilie aber „nur" etwa zehn Prozent der Kosten gegenüber einer üblichen Perimeterdämmung.

Durchdachtes Dämmsystem

Die Durchgängigkeit der Dämmung wird beim „Comfort-Plus"-System durch integrierte Dämmstoff-Einsätze in der mehrschaligen Außenwand erreicht (siehe Zeichnung Seite 37, Position 2). Diese bringen bei den Innenwandanschlüssen den notwendigen Wärmeschutz. Sehr wichtiges Bauteil im Dämmsystem ist übrigens die PE-Folie (Position 8), die dafür sorgt,

Die werkseitig vorgefertigte „warme" Kellerwand: Auf das Betonfertigteil kommt die Holzkonstruktion, die mit Dämmstoff ausgefüllt wird. Anschließend folgt die Diffusionsbahn (gelbe PE-Folie) und zum Schluss die Beplankung mit Gipsfaserkarton!

Das nach Maß vorkonfektionierte Dämmsystem auch für „ungeübte Heimwerker": Die Holzkonstruktion wird ohne aufwändiges Bohren in Beton aufgestellt und mit Dämmstoff (nach Wahl) gefüllt. Sanitärobjekte und ähnliches sind dabei leicht einzupassen. Dann wird – wie im Werk – die Diffusionsbahn sorgfältig aufgebracht. Letzter Schritt sind wieder die Gipsfaserkartonplatten sozusagen als sichtbarer Teil der Wohnkellerwand!

dass keine Feuchtigkeitsprobleme in der Konstruktion auftreten. Sie sollte vom Selbermacher streng nach Vorschrift eingebaut und keinesfalls vergessen werden.

Über Raumhöhe und Fenster nachdenken

Über was sich die Baufamilie vor Kellerbaubeginn Gedanken machen sollte, ist die Raumhöhe. Ein Nutzkeller ist in der Regel niedriger und damit billiger als ein Wohnkeller. Wer aus Kostenründen die niedrigere Variante wählt und später aus Nutzraum- Wohnraum im Keller macht, muss die tiefere Decke als „Kröte" schlucken! Vor der Kellerwandproduktion lohnt es sich auch, über Anzahl, Größe und Qualität der Fenster nachzudenken. Denn was einen Raum später mit zum angenehmen Wohnraum macht, ist Licht! Soll ein Fenster nachträglich dazu kommen, muss im Keller die Öffnung in Beton gesägt werden – das ist kostspielig!

„Comfort-Plus"-System:

1. Außenschale

2. werkseitig integrierte Wärmedämmung

3. Innenschale

4. integrierte Montage-Pads

5. Ortbetonverguss

6. Eckholz

7. innenliegende Wärmedämmung

8. PE-Folie

9. Gipsfaserplatte.

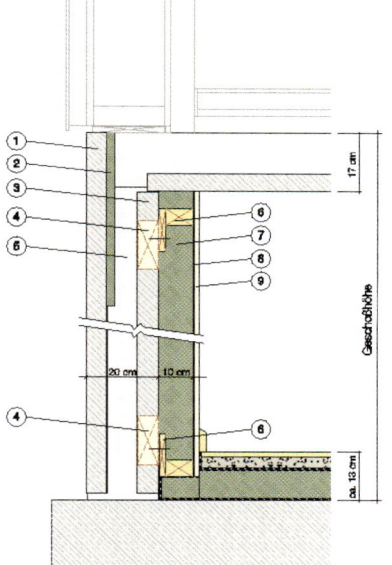

Die Vorteile auf einen Blick

Das neue „Comfort-Plus"-Keller-Dämmsystem von Knecht bündelt einige Vorteile:

- Günstiges System zur Wärmedämmung des Kellers von innen (Spareffekt gegenüber herkömmlicher Außendämmung bei werkseitiger Montage rund zehn Prozent)

- Einfach in Eigenleistung zu montieren (weiterer Spareffekt)

- Der Ausbau kann individuellen Bedürfnissen angepasst werden

- Das System kann sofort beim Hausbau oder auch später (Stück für Stück) montiert werden

- Kellerfertigteile und Ausbausystem sind optimal aufeinander abgestimmt

- Alles aus einer Hand

Wenn **drunter nichts** ist

Obwohl kaum jemand auf den Keller verzichten möchte, kann es durchaus Gründe für den Bau auf Platte geben. Schwieriger Baugrund, geringes Eigenkapital und nicht zuletzt gewandelte Wohnkonzepte: ohne Keller zu leben kann sogar Vorteile bringen!

Ein kellerloses Haus ist für die meisten Baufamilien undenkbar. Nach einer kurzen Keller-Sparwelle in den 90er Jahren werden heute sogar im günstigen Preissegment die meisten Häuser mit Untergeschoss gebaut. Allerdings liegt hier das größte Einsparpotenzial – denn ohne Dach geht's wirklich nicht. Dass viele unserer europäischen Nachbarn seit Jahrzehnten kostengünstig ohne Keller bauen, regt auch hierzulande immer wieder zum Nachdenken an. Ist kellerlos glücklich sein nur eine Frage der Organisation?

Wo früher Kartoffelkeller, Waschküche und Brennstofflager unbedingt notwendig waren, reicht heute oft ein kleiner Technik- oder Hauswirtschaftsraum im Erdgeschoss, der Waschmaschine, Trockner, Tiefkühltruhe und Gasheizzentrale aufnimmt. Bleiben für den Keller dann nur die Abstellfunktionen, lohnen sich die Mehrkosten kaum. Umfragen zeigen auch, dass das Untergeschoss heute zunehmend mit hochwertigen Nutzungen wie Hobbyraum, Gästezimmer, Werkstatt oder Wellness-Bereich belegt wird. Mehr Platz ist aber nur dann sinnvoll, wenn er auch tatsächlich gebraucht wird!

Geringere Baukosten, weniger Nebenkosten
Ein Verzicht auf den Keller führt tatsächlich zu wesentlich geringeren Baukosten und für manche wird der Traum vom eigenen Haus erst so erschwinglich. Denn für einen 100 m² großen Nutzkeller kann man je nach Ausführung mit 25 000 bis 30 000 Euro rechnen, ein vernünftig ausgebauter Wohnkeller ist kaum unter 50 000 Euro zu haben. Die Nebenkosten für Erdaushub und Deponie können zusätzlich mit 5 000 bis 10 000 Euro veranschlagt werden. Bei ungünstigen Bodenverhältnissen wie hohem Grundwasserspiegel oder felsigem Baugrund wird es nochmal teurer. Wer den geringeren Wiederverkaufswert eines nichtunterkellerten Hauses fürchtet, sollte bedenken, dass er beim Bau auch weniger vorfinanzieren muss. Die Mehrkosten eines Kellers können sich – verzinst und getilgt – über die Jahre schnell verdoppeln. Was man bei einem späteren Verkauf eventuell weniger herausholt, hat man in aller Regel vorher auch gespart.

Eine Bodenplatte ist natürlich ebenfalls nicht umsonst zu haben. Bei einem Bau ohne Untergeschoss ist das Fundament etwas aufwändiger, da eine frostfreie Gründung in mindestens 80 cm Tiefe herzustellen ist. Nur so können spätere Bauschäden durch unterfrierende Fundamente und Setzungsrisse verhindert werden. Außerdem muss auf eine ausreichende Zusatzdämmung der Platte geachtet werden, damit sich der Boden im Erdgeschoss nicht unangenehm kalt anfühlt. Eine Fußbodenheizung ist dann nicht unbedingt notwendig. Die Kosten für eine entsprechend ausgeführte Bodenplatte liegen zwischen 10 000 und 15 000 Euro – Ersparnis: 15 000 bis 35 000 Euro! Davon abgezogen werden müssen allerdings eventuelle Zusatzkosten für Ersatzräume im Erdgeschoss. Werden großzügige ebenerdige Abstellräume wie zum Beispiel ein separater Geräteschuppen gewünscht, wird möglicherweise auch ein größeres Grundstück benötigt.

Bedarfsanalyse: Sparen ohne Reue
Wichtige Fragen vor der Entscheidung gegen einen Keller:
- Wieviel Platz wird auf Dauer wirklich gebraucht – auch wenn die Kinder größer oder aus dem Haus sind?
- Wird viel (frostsicherer) Lagerraum benötigt?
- Gibt es Familieninteressen, die einen Hobbyraum im Keller unabdingbar machen?
- Kann ein Gäste- oder Arbeitszimmer nur im Keller verwirklicht werden? Oder kann der Hauswirtschaftsraum so gestaltet sein, dass er vielseitig nutzbar ist?
- Welche Heiztechnik ist geplant? Kann mit einer platzsparenden Gaszentrale oder Fernwärme geheizt werden oder müssten Brennstofftanks bei Verzicht auf den Keller im Garten eingegraben werden?

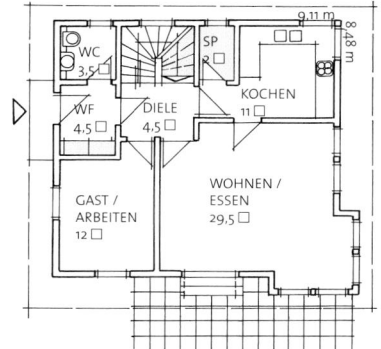

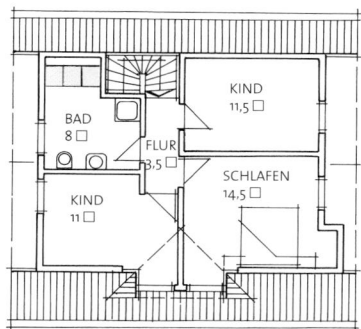

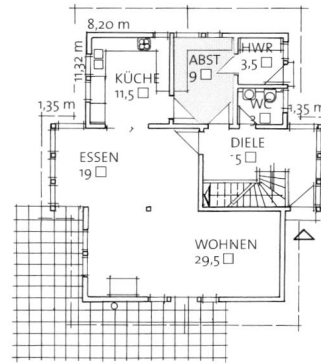

Ohne Keller auf kleiner Fläche: Der Standardgrundriss wurde nicht vergrößert. Gastherme, Waschmaschine und Trockner befinden sich im Bad im OG, die Küche wurde um eine Speisekammer ergänzt. Die Garderobe passt noch in den Windfang und unter der Treppe in der Diele findet ein zusätzlicher Abstellschrank Platz.

Hier wurde im Erdgeschoss ein zusätzlicher Kellerersatzraum eingeplant. Der geräumige Hauswirtschafts- und Technikraum ist geschickt mit Küche und Abstellraum verbunden. Die Diele bietet Zusatz-Stauraum.

■ Wie sind die Grundstücksgrößen und -preise beziehungsweise die Bodenverhältnisse im gewünschten Baugebiet? Reicht der Platz für das eventuell benötigte Gartenhäuschen? Wenn mit drückendem Wasser oder felsigem Untergrund zu rechnen ist, kann der Kellerbau zum teuren Alptraum werden.

Ersatzräume frühzeitig einplanen

Ist die Entscheidung gegen den Keller gefallen, sollte man in Ruhe über die Planung der benötigten Ersatzräume nachdenken. Denn nur, wenn keine notwendigen Kellerfunktionen vergessen werden, ist später uneingeschränkter Wohnkomfort gewährleistet. Dabei lassen sich manche Dinge sogar besser erledigen, wenn sie im Erdgeschoss stattfinden. Wer schleppt schon gerne Getränkekisten in den Keller oder arbeitet quasi „unter Tage"? Eine Speisekammer neben der Küche spart das Treppensteigen beim Kochen und ein Hauswirtschafts- oder Technikraum mit Waschmaschine, Trockner und Bügeltisch schafft kurze Wege. Erstaunlich ist auch, was man alles in der Diele unterbringen kann, wenn die Kellertreppe entfällt. Ob Hausanschlussnische, Garde-

robenschrank oder Hundekorb – der Platz im Eingangsbereich schafft zusätzlichen Stauraum. Eine weitere Raumreserve findet sich oft unterm Dach. Eine Zwischendecke unterm Spitzboden oder die Flächen hinter einer Abseitwand lassen sich leicht als Abstellfläche nutzen.

Fazit: Wer seinen tatsächlichen Platzbedarf kritisch unter die Lupe nimmt und feststellt, dass es auch ohne Weinkeller und „Rumpelkammer" geht, der wird auch ohne Keller gut zurecht kommen.

Die wichtigsten Kellerersatzräume

■ **Vorratshaltung:** Der Küche muss in unmittelbarer Nähe eine Speisekammer zugeordnet werden. Hier können Getränkekisten und Regale für Lebensmittelvorräte untergebracht werden. Falls kein Hauswirtschaftsraum zur Verfügung steht, sollte hier auch noch Platz für eine Tiefkühltruhe sein.

■ **Hauswirtschaftsraum:** Ein separater Raum für Waschmaschine und Trockner sollte mindestens 4 m² groß sein. Alternativ können die Geräte aber auch in einem vergrößerten Bad aufgestellt werden. Alle Hausanschlüsse (Gas, Wasser, Strom, Telefon) können ebenfalls im Hauswirtschaftsraum untergebracht werden. Es reicht aber nach DIN auch eine Hausanschlussnische – zum Beispiel in der Diele.

■ **Heizung:** Wird mit Gas oder Fernwärme geheizt, entfällt das Brennstofflager. Eine moderne Gastherme mit Brauchwassererwärmung kann im Hauswirtschaftsraum untergebracht werden, passt aber auch ins Badezimmer, in einen Küchenschrank oder eine Nische in der Diele. Ein extra Technikraum ist nicht zwingend notwendig.

■ **Abstellraum:** Wieviel Abstellflächen benötigt werden, hängt stark von den Lebensgewohnheiten und Bedürfnissen der Bewohner ab. Wünschenswert ist ein Raum für Gartengeräte und -möbel, Kinderspielzeug und Fahrräder – zum Beispiel in einem Schuppen im Garten oder einer verlängerten Garage. Sinnvoll ist es, den Abstellraum unter einem abgeschleppten oder verlängerten Hausdach zu plazieren.

Frostsicherer Lagerraum lässt sich am günstigsten im Dachgeschoss schaffen: zum Beispiel hinter einer Abseitwand oder im Spitzboden, der dann über eine Einschubtreppe erreicht wird.

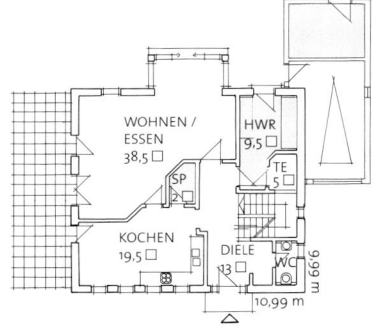

Haus mit verlängerter Garage: Neben einem großzügigen Hauswirtschafts- und Technikraum gibt es hier noch einen zusätzlichen Abstellraum für Gartengeräte hinter der Garage. Der Küche ist ein extra Vorratsraum zugeordnet.

Ein Ausbauhaus der stattlichen Art – Eigenleistung unter drei Giebeln und hinter viel Glas. Zunächst wird hier nur das Erdgeschoss bewohnt.

„Schau mal, alles funktioniert wirklich"

Auf den folgenden Seiten werden in insgesamt fünf Reportagen die wesentlichen Ausbauvarianten und die wichtigsten Hauskonzepte aufgezeigt – vom „einfachen" Dachgeschossausbau bis hin zum Blockbau. Dabei geht es in erster Linie um die Erfahrungen der Baufamilien, wenn sie selbst Hand am Traumhaus anlegen.

Völlig relaxed und guter Dinge präsentieren Bianca Schinagl und Roland Betsch ihr neues Domizil, erzählen begeistert von der Eigenplanung am PC, vom Hausaufbau und dem Innenausbau in Teileigenleistung. Ins Stocken kommen sie nur, wenn man nach negativen Erlebnissen und gar Problemen fragt. Planen, bauen und ausbauen ohne Stress und Sorgen – das wollen wir natürlich genauer wissen! „Hey, schau mal, alles funktioniert wirklich," meint Bianca Schinagl, die im Grunde natürlich keine Sorge hatte, dass die Elektroinstallation – die ja vom Fachmann eingehend geprüft worden war – auch komplett in Ordnung ist. Doch wenn man die Küche seines Neubaus betritt, zum ersten Mal die Lichtschalter drückt und es dann hell wird, wenn man den Kühlschrank öffnet und tatsächlich das Lichtlein brennt, und wenn die Dunstabzugshaube loslegt, sobald man drauftippt, dann ist das doch ein echtes Erlebnis.

Der Bauherr – ein Mann fürs Feine
Wir gehen von der Küche hinüber ins offene Esszimmer, schauen uns das Wohnzimmer an und merken rasch, daß auf dieser Baustelle mit viel Liebe zum Detail gearbeitet wird. Kein Wunder, schließlich ist der Bauherr als Datennachrichtentechniker im Hauptberuf der Mann fürs Feine. Da dürfen die Stöße der Sockelleisten keine Fuge aufweisen, da liegen die

Fliesen wie am Schnürchen ausgerichtet, und die gespachtelten Wandflächen sind akkurat planeben geschliffen. Ohne jemandem zu nahe treten zu wollen, darf hier die Frage gestellt werden, ob denn Profi-Handwerker auch bis ins letzte Detail so sauber gearbeitet hätte...? Sicher ist jedenfalls, dass sich diese Heimwerkerarbeit sehen lassen kann!

Begonnen hat die Bauherrschaft die Eigenleistungen schon lange vor dem Innenausbau. Und zwar vor Ort auf der Baustelle und, das ist das Besondere, sogar im Werk der Fertighausfirma. Zusammen mit dem Schwager hat der Bauherr beispielsweise die Verlegung der Entwässerungsrohre und andere Vorarbeiten in die Hand genommen, bevor der Kellerbauer die Bodenplatte betonierte. Im Fertigungswerk des Hausherstellers hat das Paar das Außenholz seines in der Produktion befindlichen Hauses selbst grundiert und mehrfach gestrichen – womit nicht zuletzt Kitzlinger Haus als Hausbaufirma große Flexibilität hinsichtlich der Bauherrenwünsche demonstrierte. Nach dem Aufbau des Hauses durch die Firma standen dann folgende Eigenleistungsarbeiten an: die Erdgeschossdecken dämmen und dann verkleiden, die Wände und Decken verspachteln, tapezieren und dann streichen, die Küchenwände fliesen, die Decken tapezieren und streichen beziehungsweise mit Holzpaneelen verkleiden, die Bodenbeläge verlegen, die Vorhänge nähen. „Das ist keine große Aktion", sagt Bianca Schinagl zum letztgenannten Punkt.

Elektroinstallation mit dem Fachmann
Selbstredend gab es auch bei diesem Projekt Ausbauhaus ein paar Arbeiten, die entweder in die Hände eines Handwerkers gelegt wurden (Kachelofenbau) oder die der Bauherr zusam-

Die größte Einsparung brachte die Zurückstellung des Dachgeschoss-ausbaus. Wer das „nackte" Stockwerk sieht, kann leicht erahnen, daß hier noch viele Arbeitsstunden und Ausbaumaterialen notwendig sind.

Kein Hexenwerk: Die Fliesen sind wie am Schnürchen ausgerichtet.

men mit dem Fachmann in Angriff genommen hat (Elektro). Als gelernter Fernmeldehandwerker hat Betsch auch den „Elektrikerschein" in der Tasche. So war es für ihn überhaupt kein Problem, bei der Elektroinstallation selbst die „Strippen" zu ziehen oder Steckdosen und Schalter anzuklemmen. Er brauchte lediglich für die Prüfung, Abnahme und Inbetrieb-nahme samt Einrichtung des Zählerplatzes und das Verklemmen im Verteilerschrank einen konzessionierten Elektriker. „Die Elektroinstallation lief absolut reibungslos", freut sich Roland Betsch, weist auf diverse Details hin und beantwortet auch gerne unsere Frage, warum denn in einem Zimmer ganz oben an der Wand eine Steckdose sitzt. „Ganz einfach", meint er, „hier kommt der Schlafzimmerschrank hin, und der hat eine Innenbeleuchtung." Klare Sache. Doch wie achtet man denn bei einem ganzen Hausbau im Vorfeld bloß auf solche Kleinigkeiten? „Vorher braucht man gar nicht an sowas zu denken", sagt die Bauherrin – einer der Gründe, warum die beiden Bauleute sich für ein Ausbauhaus entschieden haben.

„Sparen, Spaß und Freiheit"
Wie bei der Elektroinstallation, bei der die genauen Positionen und Funktionen erst vor Ort beim Durchgehen festgelegt wurden, hatten sie auch eine ganze Reihe anderer Entschei-dungen erst nach und nach im Haus getroffen. Ihre Hauptar-gumente fürs Ausbauhaus bringen sie entsprechend präg-nant auf den Punkt: Sparen, Spaß und Freiheit. Das hört sich irgendwie an wie die drei großen Botschaften aus der schönen Welt der Werbung. Doch dieser Bauherrschaft darf man das getrost abnehmen. Es ist zu sehen, wie sie ihre Entscheidungs-freiheit genutzt hat, ihr Spaß an der Arbeit in den eigenen vier Wänden kommt rüber, und dass man durch Eigenleistung kräftig sparen kann, ist sowieso klar – wenngleich sich die

Gleich oder anders?
Allen Bauherren in den fünf Reportagen wird dieselbe zentrale Frage gestellt. Hier die einhellige Antwort von Bianca Schinagl und Roland Betsch.

Autor: Würden Sie wieder ein Ausbauhaus in der gleichen Form bauen und was würden Sie anders machen?

Bauherren: Sofort! Und wieder ein Ausbauhaus in Fertigbauweise, und wieder mit der selben Firma. Anders machen würden wir eigentlich nichts Entscheidendes, vielleicht das Bad selbst fliesen und auch die Sanitär-objekte selbst montieren. Das haben wir uns vorher nicht zugetraut, jetzt schon. Und noch etwas: Bei allem, was mit Ämtern zu tun hat, sollte man sich fünfmal absichern und alles schriftlich machen.

genaue Summe nicht beziffern läßt. Denn die Bauherr-schaft ließ sich den Spareffekt für jedes einzelne Gewerk gar nicht erst herausrechnen. „Wir haben einfach gefragt, welche Eigenleistungen sich lohnen", meint Betsch, und ansonsten „haben wir der Firma vertraut". Unterm Strich rechnen die Beiden mit einer Einsparung von rund 35 000 Euro gegen-über der schlüsselfertigen Version. Allerdings müssen von dieser Summe die Materialkosten für den Ausbau noch ab-gezogen werden. Eine Daumenregel geht hierbei von runden 50 Prozent aus. Und die größte Einsparung, das nur neben-bei, brachte die Zurückstellung des Dachgeschoss-Ausbaus sowie des Garagenbaus. Auf beides können die Bauleute derzeit noch gut verzichten. Das junge Paar lehnt lässig am Frühstückstresen der neuen Einbauküche, lässt die Blicke schweifen und versichert wie aus einem Munde: „Wir sind wirklich mit allem zufrieden". (Ausgenommen die unerfreu-liche Begegnung mit den Stadtwerken zum Thema Wasser-anschluss. Doch das ist eine andere Geschichte.)

Tapezieren – eine der leichtesten Übungen im Ausbauhaus. Aber zum Glätten braucht man ein gewisses Fingerspitzengefühl.

Die selbstgebaute Stütze von Roland Betsch ist eine willkommene Helferin beim Dämmen und Beplanken.

Trotz Keller steht die Heizungsanlage unterm Dach. Von hier gehen die Abgase über ein Edelstahlrohr direkt ins Freie. Der Schornstein wird nur für den Kachelofen benötigt.

FAKTEN

Entwurf: concept contur

Hersteller: Kitzlinger Haus, Neckarstraße 3-7, 72172 Sulz/Neckar

Wohnfläche: EG 99 m², später im DG 74 m²

Abmessungen: 10,32 x 10,07 Meter (ohne Erker)

Hand in Hand mit Bauhandwerkern

Angetan waren die Eigenleister auch davon, wie gut die Arbeit sozusagen Hand in Hand mit den Bauhandwerkern der Firma lief. Gleich nach dem Hausaufbau haben Bautrupp und Bauherrschaft zwei Tage lang parallel gearbeitet und sich immer dort, wo eine zeitliche Koordination nötig war, bestens abgestimmt. Im einen Fall beispielsweise haben zuerst die Do-it-yourselfer ihre Elektro-Leerrohre auf der Rohdecke verlegt, bevor die Profis die Heizungsrohre fixierten und den Estrich einbrachten. Im anderen Fall legte die Bauherrschaft die Fliesen und tapezierte, bevor das Kitzlinger-Team dann wieder die Türen setzte – Reihenfolge jeweils so, wie es der Sache am besten gerecht wurde.

Innenausbau in vier Monaten ohne Stress

„Fünf Monate hatten wir für den Innenausbau eingeplant", berichtet Bianca Schinagl, doch im Endeffekt hatten sie nur vier Monate gebraucht. Dabei haben sie sich „keinen Stress gemacht, nie bis in die Nacht gearbeitet" und mittendrin sogar mal einen Ruhe-Samstag einlegen können. Die reine Arbeitszeit schätzen sie auf insgesamt 500 bis 600 Stunden, inklusive Helferinnen und Helfer. Die grobe Zeitkalkulation im einzelnen: Streichen des Außenholzes 100 Stunden, Elektro 150 Stunden, Malerarbeiten innen 250 Stunden und Sonstiges maximal 100 Stunden. Für die Bauherrschaft selbst bedeutet das neben der Feierabend-Arbeit drei beziehungsweise zwei Wochen Arbeits-Urlaub. „Wir hatten uns das Ganze irgendwie aufwendiger vorgestellt", blickt die 24-jährige zurück, und der Freund meint: „Vieles, wie etwa die Dämmarbeiten, war nicht so schlimm wie wir vorher befürchtet hatten". Zum Gelingen beigetragen hat auch, daß die Bau-Laien auf Hilfe von verschiedener Seite bauen konnten. Er-

stens bei den Ausbaupaketen: „Mit der Auswahl der Baustoffe und den jeweils richtigen Mengen hätten wir uns sicher schwergetan", berichtet Betsch. So ließen sie sich Dämmstoffe sowie Holzwerkstoff- und Gipskartonplatten samt Dampfbremsfolie für die Decke gleich beim Hausaufbau von der Firma in den Rohbau stellen. Das spart auch Einkaufswege, Transportaufwand und damit Zeit.

Zweitens mit Ratschlägen: Die Bauherrschaft fragte den Firmen-Fliesenleger nach Tipps, nuzte die telefonische Bauleiter-Hotline und profitierte von einer detaillierten Montageanleitung für die einzelnen Arbeitsschritte an der Decke. Löbliche Einzel-Beispiele aus der ausführlichen Beschreibung: „Sparren und Deckenbalkenfelder messen und etwa einen Zentimeter zuschlagen", heißt es unter anderem zur Dämmung. „Die Platten dürfen an den Wänden ein bis zwei und am Kamin mindestens fünf Zentimeter umlaufend Luft haben", steht unter Punkt Holzwerkstoffplatte. „Folienstöße mit etwa 20 Zentimetern Überdeckung ausführen, diese müssen dadurch nicht abgeklebt werden", liest man zum Thema Dampfbremse. Und zur Beplankung: „Die Gipsplatten müssen versetzt gestoßen werden, keine Kreuzfugen". Selbstredend unterstützte sich das Baupaar – zusätzlich zur tatkräftigen Hilfe von Bekannten und Verwandten – auch gegenseitig: beim Verfugen und Reinigen der Fliesen zum Beispiel und bei anderen Arbeiten, für die man idealerweise vier Hände benötigt.

Im wahrsten Sinne des Wortes in Eigenleistung baut das Ehepaar Düring seinen Traum in Blau selbst aus – fast ganz ohne fremde Hilfe.

„Man muss wissen, was man sich zutrauen kann"

Ein Ehepaar, das sein Haus fast ausschließlich zu zweit ausbaut – ohne Hilfe von Freunden oder Verwandten. Von der Materialbeschaffung bis zum Einbau sind Andrea und Uwe Düring Regisseur und Akteur. Das Aufgabenspektrum: Dachdämmung, Wand- und Bodenbeläge, Sanitärobjekte.

„Sie können kommen, wann Sie wollen", hatte Uwe Düring bei der Terminabstimmung am Telefon erklärt, „meine Frau und ich sind den ganzen Tag auf der Baustelle und arbeiten". Beim neuen Haus der Eheleute angekommen, klingeln wir ein Mal, klingeln ein zweites Mal. Ist doch niemand hier? „Nur die Ruhe", sagt Andrea Düring, als sie jetzt die Tür öffnet. Schneller ging's eben nicht, schließlich musste sie von der Leiter heruntersteigen, ein provisorisches Gerüst zur Seite schieben und die Treppe hinunter zur Haustür gehen.

Das Bauehepaar ist nämlich gerade dabei, die Dachfläche über dem Treppenhaus zu dämmen und zu verkleiden. Und nicht nur diese schweißtreibende Arbeit erledigen die beiden gemeinsam. Wer hat denn im Dachgeschoss die Holzdecke hochgeschraubt? „Wir beide", lautet die Antwort. Wer hat im Erdgeschoss angefangen, die mit Gipsfaserplatten beplankten Wände zu verspachteln? „Wir beide". Und wer wird hier im Haus fliesen, den Parkettboden verlegen und die Innentüren einbauen…? Die Antwort ist immer dieselbe: „Wir beide!" Wenn man davon spricht, dass ein Ausbauhaus „in Eigenleistung" fertiggestellt wird, geht man meist davon aus, dass die Bauherrschaft von Verwandten und Bekannten, nicht selten auch von bezahlten oder befreundeten Handwerkern helfend unterstützt wird, wenn sie den Innenausbau selbst in die Hand nimmt. Hier läuft die Sache jedoch anders. Die Eigen-

leistung von Andrea und Uwe Düring ist im wahrsten Sinne des Wortes ihre ganz eigene Leistung. Fast zu 100 Prozent bewältigen die beiden alle anfallenden Arbeiten alleine – von der Materialauswahl über den Einkauf bis zur Montage. Und dabei nehmen sie manche Aufgabe in Angriff, die sich ihnen hier zum ersten Mal stellt.

Arbeitseinsatz im Ausbau-Urlaub

Der Hausausbau läuft fast schon routinemäßig. Das heißt: Jeden Morgen wird die Kühltasche vollgepackt, um in Richtung Baustelle zu starten. Dort arbeiten die Dürings vormittags, machen „Mittag", arbeiten weiter und fahren spät am Abend wieder heim. Das gilt natürlich nur für die Zeit der gemeinsamen Arbeits-Urlaube. Der Rhythmus der beiden Berufstätigen insgesamt sieht so aus: Zwei Wochen Bauarbeit, dann wieder zwei Wochen Büroarbeit, drei Wochen Bauarbeit – so kommen sie jeweils auf fast acht Wochen Arbeitszeit am Bau. Damit diese parallele Terminierung klappt, muss man „so eine Urlaubsplanung frühzeitig und mit Nachdruck gegenüber dem Arbeitgeber durchsetzen", berichtet die Bauherrin. Sie profitierte dabei vor allem von Überzeit, ihr Mann konnte Resturlaub vom „alten" Jahr in die Bauzeit herübernehmen. „Wenn man wochenweise anpackt, hat man den Kopf frei und kann sich besser auf die Arbeit konzentrieren", so der Bauherr, der darin einen Vorteil gegenüber Einsätzen ausschließlich an Feierabenden sieht. Dazwischen sind dann immer die zwei, drei Wochen „Bau-Pause", in denen es freilich trotzdem weitergeht. Andrea Düring: „In dieser Zeit ist man eben tatsächlich nur abends auf dem Bau oder kümmert sich um Materialbestellungen und andere Dinge". Insgesamt hat die Bauherrschaft einen Zeitraum von vier Monaten für den Innenausbau angepeilt. Das Programm:

Gleich oder anders?

Allen Bauherren der fünf Reportagen wird dieselbe zentrale Frage gestellt. Hier die Antwort von Andrea und Uwe Düring.

Frage: Würden Sie wieder ein Ausbauhaus in der gleichen Form bauen und was würden Sie anders machen?

Antwort: Ein klares Ja zur Bauweise, wir finden sie optimal. Die ganze Arbeit ist ein echtes Erfolgserlebnis. Beim Haus würden wir also nichts anders machen. Aber bei den Erdarbeiten.

Denn für den Aushub samt Abfuhr und Deponiekosten, für das Verfüllen des Arbeitsraumes, das Herrichten des Kranstellplatzes und der Einfahrt mussten wir fast 15 000 Euro mehr bezahlen, als ursprünglich erwartet.

Eigentlich keine sehr schwierige Sache ist die Dachdämmung. Aber das ständige Über-Kopf-Arbeiten ist auf die Dauer ganz schön anstrengend.

die Dachflächen dämmen, die Dampfbremsfolie einziehen, die Dachflächen verkleiden, Fliesen in Badezimmer, Gäste-WC und Küche verlegen, Sanitärobjekte montieren, die Wände verspachteln, Wand- und Bodenbeläge anbringen.

Dazu kommen dann, allerdings wohl nicht sofort im Anschluss, die Außenanlagen und der Ausbau des Rohbaukellers – das bedeutet: Elektroinstallation, Wände fertigstellen und Estricheinbau. Apropos Estrich. Gerade als wir darüber sprechen, „schleicht" draußen ein Lkw, beladen mit einem großem Silo, im Schrittempo am Haus vorbei. „Der möchte sicher zu uns", meint Uwe Düring, springt auf, und schon ist er draußen. „Das ist der Fließestrich fürs Untergeschoss, den der Estrichleger einbringen wird", klärt uns die Bauherrin auf. Die Dürings sind gut informiert und wissen, dass ein Fließestrich nichts für Selbermacher ist. Deshalb haben sie hierfür den Fachmann gebucht. Aber das ist auch schon die einzige Arbeit, die sie an einen Bauprofi vergeben haben. Sogar die zuvor notwendige Verlegung der Bodenplattendämmung haben sie – in einer Wochenendaktion – selbst erledigt.

Unterm Dach drei Stunden Fremdhilfe

„Einmal hat uns ein Bekannter für drei Stunden geholfen", verrät Uwe Düring und umreißt damit die ganze „Fremdhilfe". Der Helfer war dabei, als es darum ging, die Dachschräge des Schlafzimmers mit 5,20 Meter langen Nut- und Federbrettern in über vier Metern Höhe zu verkleiden. Und vielleicht, so der Bauherr, geht er bei Bedarf nochmals auf den Bekannten zu, wenn es um das Fliesenlegen und den Türeinbau geht. „Das habe ich noch nie selbst gemacht", sagt er, deshalb werde er sich möglicherweise mal demonstrieren lassen, wie so etwas geht.

Eigenleistung hängt von drei Faktoren ab

Mehr als zu „Übungszwecken" wollen Dürings jedoch niemand anderen einspannen. „Alle Leute haben doch selbst genug zu tun", weiß die Bauherrin und will deshalb nicht zu sehr auf fremde Hilfe setzen. Und die Erfahrung vieler anderer Eigenleister gibt ihr Recht: Die Euphorie der tatkräftigen Hilfe nimmt bei Bekannten und Verwandten häufig ziemlich schnell ab.

Nach Dürings Meinung ist der mögliche Umfang der Eigenleistungen im wesentlichen von drei Faktoren abhängig: Erstens vom eigenen Können, zweitens vom Zeitfaktor und drittens vom Know-How im Bekanntenkreis. Zum ersten Punkt erläutert Andera Düring: „Man muß wissen, was man sich zutrauen kann und was nicht". Für sie ist ein sogenanntes Rohbauhaus, in dem man den gesamten Innenausbau samt haustechnischer Gewerke und Innenwände selbst zu erledigen hat, nie in Betracht gekommen. Und nicht zuletzt der Organisationsaufwand hat sie dabei abgeschreckt. Beim Thema Zeitaufwand haben die Dürings nicht mit Wunschdenken, sondern mit klaren Fakten kalkuliert. „Wieviel Zeit steht mir realistisch zur Verfügung?", diese Frage war stets Grundlage der Planungen. Zum dritten Punkt: Weil Dürings weder auf Verwandte noch Freunde mit Handwerksberufen bauen können, haben sie von Anfang an gewusst: „Wir müssen so an die Sache rangehen, daß wir 95 Prozent wirklich selbst machen können". Und das ist ihnen offensichtlich gut gelungen. Denn während wir ins Gespräch vertieft im künftigen Esszimmer sitzen, kommt zu keiner Zeit das Gefühl auf, dass diesen Bauherren die Aufgabe über den Kopf wachsen könnte. Sie trinken relaxed Kaffee und rauchen eine Pausenzigarette.

Noch nie vorher gemacht: das Fliesenlegen – kein Problem.

Dürings haben sich rechtzeitig ums Ausbaumaterial gekümmert, denn: „Sobald es am Bau losgeht, braucht man seine Zeit zum Arbeiten".

Nachdem die Dachdämmung perfekt ist, heftet das Do-it-yourselfer-Duett die Dampfbremse sorgfältig an die Sparren. Und das geht „schneller als gedacht".

Rechtzeitig um das Material kümmern

Wer so ein Projekt gut plant, hat natürlich auch gute Tipps zu geben. Beispiel: Sofern man die Ausbaumaterialien nicht paketweise von der Hausbaufirma mitkauft, muss man sich lange im Vorfeld über die Materialquellen informieren. Im Klartext heißt das laut Düring, dass man wissen muss „was will ich, wo bekomme ich das, und wo bekomme ich es am günstigsten". Er und seine Frau haben deshalb rechtzeitig Baumärkte, Baustoffhändler und Fachmärkte ausgekundschaftet und sich über Qualitäten und Preise schlau gemacht. Denn: „Sobald es am Bau losgeht, braucht man seine Zeit zum Arbeiten". Wie gut sich diese Eigenleister auf ihr Projekt Hausbau vorbereitet haben, wird uns beim Gehen nochmals bewusst – als uns der Einachsanhänger hinterm Haus auffällt, der vorher eigens für Materialtransporte vom Baumarkt zur Baustelle angeschafft wurde! Auch an so etwas ist also zu denken. Warum eigentlich haben sich die beiden für ein Ausbauhaus entschieden? Die Bauherrin denkt keinen Moment nach: „Der schnöde Mammon". Punkt. „Und dann war da noch", ergänzt Uwe Düring, der „Spaß am Selberbauen". Arbeit gleich Freude? „Es macht wirklich Spaß", bekräftigt Düring, lacht und fügt zur Bestätigung an seinen Traum an, wenn er etwas mehr Geld übrig hätte. Dann würde er dennoch kein schlüsselfertiges Haus bauen, sondern lieber ein paar Monate unbezahlten Urlaub nehmen und noch viel mehr selbst am Haus machen.

Nicht aus der Ruhe bringen lassen

Das tatkräftige Bauehepaar lässt sich nicht aus der Ruhe bringen, auch wenn es mit den Holzdecken langsamer vorankommt als geplant. „Dafür ging es bei der Dämmung und der Dampfbremse schneller". Und für den Fall, dass es zeit-

lich „eng" wird, haben Dürings einen Trumpf in der Hinterhand: Zimmer, die nicht sofort gebraucht werden. Deren Ausbau könnte dann bis nach dem Einzugstermin zurückgestellt werden. Mit diesem Gefühl der Sicherheit tragen die beiden auch die kleinen, alltäglichen Überraschungen am Bau mit Fassung und Humor. „Ein Mal darf es ja passieren, dass man sich wegen ein paar fehlender Verlängerungsstücke bei der Montage der Eckventile fürs Waschbecken nochmals ins Auto setzen muss", feixt der Bauherr. „Nur beim zweiten Mal sollte man es dann halt wissen". Und Ehefrau Andrea amüsiert sich darüber, dass die kleinen Dinge, die so fehlen können, immer „bauseits" sind. So haben die Dürings auch die stark „verzogenen" Schattenfugenbretter vom Holzfachhändler durch Halbierung zu Dachlatten umgearbeitet und neue, gerade Dachlatten in die Ecken geschraubt – alles ohne Beschwerde, ganz „bauseits".

FAKTEN

Entwurf: Ares 2000

Hersteller: Beilharz Haus, Rosenfelder Straße 100, 72189 Vöhringen

Wohnfläche: EG 72 m², DG 62 m²

Abmessungen: 10,03 mal 8,83 Meter

Wo zunächst noch eine große Baustelle war, entstand später der Wohnbereich von Familie Kemmler.

Kemmlers haben ihr Finnla-Blockhaus komplett selbst ausgebaut. Der Hersteller lieferte nur die Haushülle als Rohbau mit Fenstern.

Eigenleistung vom Keller bis unters Dach

Es geht um eine „etwas andere" Ausbauhaus-Geschichte. Zum einen waren die Bauleute Karin und Joachim Kemmler bereits beim Auf- und Ausbau ihres Kellers mit von der Partie. Zum anderen fällt das Haus selbst aus dem üblichen Rahmen, denn ein Blockbau stellt spezielle Anforderungen.

Die Kemmlers haben ein Blockhaus gebaut, das die Firma Finnla lediglich als „Rohbau mit Fenstern" errichtet hat. Den gesamten Innenausbau des Holzhauses erledigt die Bauherrschaft in Eigenregie. Doch obwohl die Eheleute am provisorischen Bautisch sitzend Rede und Antwort stehen, poltert es im Hintergrund immer wieder ganz gewaltig, und es wird heftig und ausdauernd gesägt. Des Rätsels Lösung: Wie auch sonst so oft, sind die Kinder Susan, Tobias und Lea-Sarai mit auf der Baustelle. Und auch die Tatsache, dass die drei Geschwister im Alter zwischen fünf und zwölf Jahren handwerklich so aktiv sind, erklärt sich quasi von selbst, als ihre Mutter schmunzelnd feststellt: „Wir bauen fast ununterbrochen seit 17 Jahren ...!"

Die Frage, ob es sich jemand zutraut ein Haus selbst auszubauen, erübrigt sich natürlich, wenn derjenige erzählt, dass er bereits zwei alte Fachwerkhäuser renoviert und so ganz nebenbei drei Häuser von Verwandten mitgebaut hat. So hatten Kemmlers freilich keinerlei Angst vor dem Neubau. Aber dennoch stellt so ein Blockhaus selbst für sie etwas Besonderes dar. Denn hier handelt es sich um einen reinen Trockenbau, und an allen Ecken und Enden ist der fachgerechte Umgang mit dem Baustoff Holz gefragt – auch in der Küche oder in den Nassräumen wie dem Badezimmer.

„Man kann alles lernen", lautet das Motto der Bauherrin. „Mit Hausbau hatte ich anfangs überhaupt nichts am Hut", erinnert sich Karin Kemmler, „und inzwischen habe ich beim Kellerbau Steine gesägt, Mörtel angerührt und Betondecken mit Baustahlmatten bewehrt". Ihr neuestes Know-how in Sachen Holzbau beweist sie mit der detaillierten Schilderung des Arbeitsablaufs bei der Verschalung der Außenwand-Innenseiten: „Zu zweit fahren wir jedes Nut- und Federbrett der Blockverschalung ins vorhergehende ein, dann reiche ich meinem Mann Schlagholz und Hammer sowie die Wasserwaage und lege den Presslufttacker parat. Danach wird die neue Lage entweder nochmals nachgeklopft oder gleich festgetackert". Die Eheleute arbeiten mittlerweile perfekt Hand in Hand und Joachim Kemmler zollt seiner Frau ein ernstgemeintes, dickes Lob: „Meine Frau ist der allerbeste Handlanger". Und er gibt gerne seine Erfahrung weiter, wonach man die ganze Selbstbauerei schlicht vergessen kann, wenn nicht die Frau tatkräftig mithilft. Während des Gesprächs fällt der Blick nach draußen, wo ein Gartenhaus im Blockhausstil steht. „Das ist aber nicht, wie viele meinen, unser Probestück", lacht Karin Kemmler, „sondern unsere Gerätehütte". Im Ernst: Üben hätten sie wirklich nicht müssen, versichern beide. Für den Ausbau haben sie einen ausführlichen Montageplan mit Zeichnungen und Erläuterungen, und wenn doch mal eine Frage auftaucht, rufen sie einfach bei der Hausbaufirma an.

Der Service ist außergewöhnlich

So erfuhren sie unter anderem, dass man die Fassadenblockbohlen am besten zwei Mal grundiert und zweimal mit Naturfarbe überstreicht oder wo genau man an einer bestimmten Stelle im Haus am geschicktesten ein Elektrokabel ver-

Die Innenverkleidung der Wände mit Holz muss natürlich um die Fenster herum passgenau sitzen.

Zum Ausbauhaus der Ausbaukeller: Bis auf Heizungs- und Wasserinstallationen alles in Eigenleistung.

Sanitär-Rohinstallation: Handwerker-Sache. Die Sanitärobjekte montierte die Bauherrschaft.

legen kann. „Der Service von Finnla ist wirklich außergewöhnlich, kommentiert die Bauherrin ihre Erfahrungen mit dem Hausbauunternehmen. „Jeder der dort ans Telefon geht", sagt sie, „kümmert sich persönlich um das Anliegen. Die sind ein echtes Team". So sind Kemmlers durchaus „etwas überrascht" gewesen, dass alles so glatt lief. Das hatten sie bei so einem umfangreichen Bauprojekt gar nicht unbedingt erwartet. So hat der Bautrupp sogar von sich aus die Kellerfenster, die unangekündigt angeliefert wurden, ins Untergeschoss getragen, während das Ehepaar überhaupt nicht zu Hause war. Und das, obwohl Finnla mit dem Kellerbau, außer der Planung, überhaupt nichts zu tun hatte. Auch den riesigen Berg von Säcken mit Zellulosedämmstoff musste die Bauherrschaft nicht alleine nach unten schaffen ...!

Auf Ausbaupakete kommt es an

Also alles Friede, Freude Eierkuchen? Ein umfangreicher Service und guter Wille alleine reichen doch sicher nicht für einen Hausbau ohne nennenswerte Probleme aus? „Nein", erklärt Joachim Kemmler, für ihn ist auch die Zusammenstellung der sogenannten Ausbaupakete von der Firma eine entscheidende Voraussetzung für den reibungslosen Ablauf auf der (Aus-)Baustelle. Zum Ausbau des Blockhauses gibt es von Finnla drei Ausbaupakete: 1. Ausbaupaket „Innenverschalung" mit Dämmstoff (hier Zelluloseschüttung), Rieselschutzpapier und mit Brettern sowie sogenannte Rutschenleisten, durch die sich die Bohlenwände ordentlich „setzen" können. 2. Ausbaupaket „Fußboden" mit Lagerbrettern, Zwischendämmung und Parkettdielen. 3. Ausbaupaket „Treppe und Innentüren". Alle drei Pakete liefert die Firma mit allen nötigen Kleinteilen und Befestigungsmaterialien. „Die Ausbaupakete sind eine feine Sache", betont Kemmler, der von seinen früheren Bau-

Gleich oder anders?

Allen Bauherren in den fünf Reportagen wird dieselbe zentrale Frage gestellt.

Frage: Würden Sie wieder ein Ausbauhaus in der gleichen Form bauen und was würden Sie anders machen?

Antwort: Prinzipiell, von der Art und Weise und der Begeisterung her, würden wir es wieder tun. Allerdings haben uns die letzten 17 Jahre lang sechs Bauprojekte beschäftigt – da wünscht man sich nun schon etwas mehr Zeit für sich und die Kinder. In Bezug auf das Holzhaus würden wir nichts anders machen. Den Keller jedoch würden wir, vor allem aus Zeitgründen, auf jeden Fall aus Fertigteilen bauen. Auch den Kamin würden wir nicht noch ein Mal selbst hochmauern. Das lohnt die Anstrengung nicht.

projekten – und dem aktuellen Keller-Selbstbau – weiß, wie „wahnsinnig zeitaufwendig" die ganze Organisation von der Materialauswahl über die Angebotsphase und die Preisverhandlungen sein kann. „Man braucht sich nicht um die Anlieferung zu kümmern, benötigt keinen Anhänger zum Abholen, und es ist immer alles da", so zählt der Bauherr die Vorteile auf. Und nicht nur die Menge stimmt beim Material exakt, auch die „sehr gute Qualität" – Kemmler ist überzeugt davon, dass zum Beispiel das aus Finnland stammende Holz für sein Haus das beste ist ... .

Wertvoll für einen termingerechten Ablauf und Baufortschritt ist für die Baufamilie auch ihre tatkräftige Unterstützung. Neben Lilo, die Schwester des Bauherrn, sind auch beide Väter der Baueheleute sowie Stefan, ein Bruder der Bauherrin, und andere Helfer immer wieder im Einsatz. Der Bauherr teilt sie ein, sagt jedem genau, was zu tun ist und schaut, dass alles

Entwurf: Finlandia 168 B

Hersteller: Finnla-Blockhaus,
Etzwiesenstraße 1-5,
72108 Rottenburg-Hailfingen

Wohnfläche: EG 91 m², DG 82 m²,
Keller 16 m²

Abmessungen: 11,66 mal 8,60 Meter
(plus zwei Rechteckerker)

Die Bauherrin arbeitet beim Einfüllen des Dämmstoffs mit Mundschutz, um sich vor aufgewirbeltem Staub zu schützen. Eimer für Eimer kommt so der Wärmeschutz ins Haus.

Die Bauleute haben eine Zellulose-Dämmung gewählt, die hinter dem Rieselschutzpapier und der Holzverkleidung eingebracht wird. Beim Einpassen der Paneele half die Stichsäge.

rund läuft. In diesem Zusammenhang weiß Kemmler einige „Tipps für die Leser": Man müsse erstens wissen, welcher Helfer jeweils am besten für welche Tätigkeit geeignet ist, damit er auch alleine arbeiten kann. Zweitens müsse man, so hilfreich und wertvoll die Verwandten- und Bekanntenhilfe ist, auch aufpassen. Denn „wenn zu viele gleichzeitig da sind, wird's stressig".

Immer auf Überraschungen gefasst sein
Außerdem muss der Bauherr stets auf Überraschungen gefasst sein. Bei Kemmlers fiel zum Beispiel der fürs Fliesenlegen eingeplante Bekannte plötzlich aus, weil er selbst baut und dort in Verzug geraten ist. „So müssen wir zwangsläufig halt auch beim Fliesen selbst ran", stellt der Bauherr ernüchtert fest. Für ihn ist es eine weitere Arbeit in Eigenleistung, deren Gesamtumfang sich so summiert: Keller- und Hausmitplanung, Mithilfe bei Aushub und Fundamentarbeiten, Erstellung der Bodenplatte, Hochmauern des Kellergeschosses, Mitaufbau des Carportkellers sowie der Kellerdecke, Montage der Kellerfenster und der Lichtschächte, Kellerinnenausbau, Hochmauern des Kamins, Innenausbau des Hauses (wobei lediglich Arbeiten im Bereich Sanitär, Heizung und zum Teil Elektro sowie der Estricheinbau an Handwerksbetriebe vergeben wurden. Die Obergeschoss-Treppe baute Finnla ein).

Vor allem weil die Arbeiten rund um den Keller sehr viel Zeit gekostet haben, und das nicht zuletzt wegen der Fliesenarbeiten, gerieten Kemmlers zum Schluss selbst unter Druck. Was nicht heißen soll, dass die beiden in Stress und Hektik verfallen. Ganz sachlich erläutern sie den inzwischen engen Zeitplan. Joachim Kemmler lehnt sich ruhig zurück und betont: „Der Bauherr muss immer gelassen bleiben und darf nie verbissen werden". Aber wie macht man das, und ist das nicht leichter gesagt als getan? Wenn nichts mehr hilft, hilft Humor, lacht Karin Kemmler. Ganz ernst wird die Bauherrin, als sie erklärt: „Wenn zum Einzug Küche und WC fertig sind, dann geht es schon".

Drei bis vier Monate Ausbauzeit kalkuliert
Neben den Kosten ist die wesentliche Frage bei so einem Projekt: Wieviel Zeit braucht man für den Komplettausbau des Rohbauhauses? Die Antwort des Bauherrn: Im Keller stecken bereits 1 250 Stunden. Und fürs Haus sind es mindestens nochmal so viel.

Gespart hat das Ausbau-Duett durch den kompletten Innenausbau in Eigenleistung (ohne Haustechnik) rund 23 000 Euro. Das Schöne an der Sache war, dass sich schon im Vorfeld die Ersparnis genau berechnen ließ, weil für das „Finnlandia"-Typenhaus in den Unterlagen jeweils Material- und Lohnkosten getrennt und übersichtlich aufgelistet sind. Eine löbliche – und eigentlich generell wünschenswerte – Kostentransparenz.

Von außen wurde das Haus werkseitig fertig erstellt, von innen war's ein Rohbau. Es gab viel zu tun...

Zum Endspurt motiviert bis in die Haarspitzen

Renate und Markus Walter erzählen, wie sie sich Stück für Stück von der Vorstellung eines schlüsselfertigen Hauses verabschiedet haben, um am Ende den Ausbau ihres Eigenheims selbst in die Hand zu nehmen. Dabei hat der Haushersteller Schwörer sehr flexibel auf die Wünsche des Ehepaars reagiert.

„Das also ist unser Haus", sagt Markus Walter und deutet über die Schulter nach hinten. Der Mann trägt eine Arbeitslatzhose und Sicherheitsschuhe, die schon deutliche Spuren harter Beanspruchung aufweisen. Zur Begrüßung gibt's einen herzlich-kräftigen Händedruck. Keine Frage: eben ein gestandener Handwerker, dieser Bauherr – könnte man jedenfalls meinen. Doch weit gefehlt. Im Hauptberuf sitzt der Kaufmann am Schreibtisch, und auch Ehefrau Renate, die ganz locker von Deckendurchbrüchen und den Betonarbeiten für die Terrassenfundamente erzählt, ist nicht vom Baufach, sondern Bankkauffrau. Von außen war das Haus gleich fertig, innen war zunächst ein Rohbau vorzufinden. Die Erlebnisse und Erfahrungen der Baufamilie bei ihrer Ausbauhaus-Geschichte versprechen also ausgesprochen interessant zu werden.

Zur Zeit kommt es natürlich äußerst selten vor, dass sich Renate und Markus Walter am hellen Donnerstagabend – wie heute – Zeit für eine ausgiebige Plauderei nehmen. Denn es steht viel Arbeit an: Gestern erst hat der Bauherr hier – und er deutet auf den Boden des Heizungsraums im Keller – die Fliesen gelegt. Und eigentlich sollte es heute im Dachgeschoss mit den restlichen Fliesen um die Badewanne herum direkt weitergehen. Danach die Sanitärobjekte, der Türeinbau und so weiter.

Eigenleistung immer mehr ausgeweitet

Dabei wollten die beiden ursprünglich doch ganz anders bauen. „Früher hatten wir uns mal vorgestellt", erzählt die Ehefrau und schmunzelt, „dass wir in Urlaub fahren, in dieser Zeit ein schlüsselfertiges Haus bauen lassen und nach der Rückkehr einfach ins neue Eigenheim einziehen." Als die Baupläne dann konkreter wurden, sollte es ein „fast schlüsselfertiges Fertighaus" werden. „Mit ein wenig Eigenleistung vielleicht", lacht Ehemann Markus. Und dann haben die beiden im Laufe der Beratungs- und Planungsphase immer mehr Arbeiten aus dem Leistungsumfang von Schwörer-Haus herausgenommen, so dass am Schluss ein Ausbauhaus dastand, bei dem die Eigenleister noch kräftig selbst Hand anzulegen hatten und haben. Folgende Arbeiten sollten letzten Endes in Eigenregie laufen:

- Außendämmung und Lichtschächte am Keller
- Dämmen und Beplanken der Dachflächen
- Decke über dem Obergeschoss
- Heizungs- und Solaranlage
- Estrich und Bodenbeläge
- Innentüren
- Sanitärobjekte
- Malerarbeiten.

Die Firma Schwörer-Haus war „ausgesprochen flexibel", erklärt der Bauherr. Von der schlüsselfertigen Variante nahm sie ein ums andere Gewerk ganz oder auch nur teilweise aus dem Angebot heraus. Beispiel Sanitär: Die Rohinstallation ließ man von der Firma ausführen, die Badewanne kaufte man zur Selbstmontage mit, und die restlichen Sanitärobjekte wurden im Fachhandel besorgt. Beispiel Fliesen: Die Wände des Badezimmers war Sache von Schwörer, der Boden nicht. Diese Ar-

Gleich oder anders?

Allen Bauherren in den fünf Reportagen wird dieselbe zentrale Frage gestellt. Hier die Antwort von Renate und Markus Walter.

Autor: Würden Sie wieder ein Ausbauhaus in der gleichen Form bauen und was würden Sie anders machen?

Familie Walter: Eindeutig ja. Und sogar auch wieder mit derselben Firma. Denn wir sind sehr zufrieden. Wir hatten einen super Berater und einen hervorragenden Architekten. Bei der Qualität gab es nichts auszusetzen.

Unser Tipp: Alles kontrollieren, solange der Ausbautrupp vor Ort ist, so können auch Kleinigkeiten jeweils sofort und ohne Diskussion bereinigt werden. Aus der relativ späten Entscheidung für die Grundwasserheizung hat es sich ergeben, dass nicht alle haustechnischen Installationen in einem Kellerraum zusammengefasst sind – das würden wir heute anders machen. Beispiel Wohnzimmer: Hier hätten wir jetzt die Lautsprecherkabel unter Putz verlegt. Auf keinen Fall wieder selbst machen würden wir die Dachdämmung, denn diese gehört nun wirklich nicht gerade zu den angenehmsten Arbeiten...

Auf ihren Specksteinofen sind die beiden Bauleute besonders stolz – ihn haben sie nicht in Eigenleistung eingebaut, das tat der Fachmann.

beitsteilung hatte sich aus ganz speziellen Wünschen der Baufamilie sozusagen zwangsläufig ergeben: Am Standort im Rheintal bot es sich für Walters an, statt eines Öl- oder Gasbrenners eine sogenannte Wasser/Wasser-Wärmepumpe mit Fußbodenheizung einzubauen. Bei diesem System wird dem Grundwasser Wärme für den Heizungsvorlauf entzogen, und in der vorliegenden Lösung steuern auch Solarkollektoren ihren zusätzlichen Teil zur umweltfreundlichen Wärmeversorgung bei. So lag es nahe, neben der Fußbodenheizung auch Estrich und Bodenbeläge aus dem Angebot herauszunehmen. Die besondere Heizung und die damit verbundenen Folgearbeiten waren also ein Grund pro Ausbauhaus.

Freilich gab es auch noch weitere Motive: So sagt der Bauherr „es macht uns einfach Spaß, selbst am Haus mitzubauen". Außerdem sprach die Freiheit, bestimmte Entscheidungen bis zum Schluss hinauszuschieben, dafür. Zum Beispiel, wenn es um den Wandbelag im Windfang geht (Rauputz oder Tapete?) oder darum, dass die beiden Kinder am Ende ihre Tapeten selbst aussuchen können.

Minus bei Löhnen – Plus bei Ausstattung
Natürlich war auch der Einspareffekt ein handfestes Argument. Was in diesem Fall nicht heißen soll, dass unterm Strich tatsächlich gespart wurde. Denn das Ehepaar Walter hat das Minus bei den Handwerkerlöhnen direkt in ein Plus bei der Ausstattung gesteckt. Diese ist jetzt hochwertiger, teils sogar exklusiv: Das beginnt bei der massiven Buchentreppe und den einbruchhemmenden Sicherheitsfenstern vom Haushersteller, geht über ausgefallene Sanitär-Armaturen und reicht bis zum richtig teuren Designer-Specksteinofen oder den feinen italienischen Fliesen. Auf letztere warten die Bauleute übrigens seit vier Wochen. Die Lieferung aus Italien, wo die exklusiven Stücke eigens gefertigt werden, lässt sich eben Zeit...! Noch ist es für die Bauherrschaft kein größeres

Problem. Schließlich wartet auch sonst noch genügend Arbeit. Doch „ewig" darf's nicht mehr dauern. Denn Walters haben sich einen Einzugstermin gesetzt und ihre Wohnung auf diesen Zeitpunkt bereits gekündigt.

Beim Rundgang durchs Haus wird deutlich: Der Bauherr ist sich seiner Sache sicher. Er zeigt auf eine Aussparung in der Dachgeschossdecke und beschreibt, wie hier „die Wechsel für die Einschubtreppe" eingezogen wurden. Im Erdgeschoss geht's um die Vorteile „selbstklebender Rissbrücken", und im Keller um Details von der Befestigung der Außendämmplatten bis zur „Zirkulationspumpe".

Wenn's sein muss, bis tief in die Nacht
Wir sitzen in gemütlicher Runde zwischen Tapeziertisch und Farbeimern im späteren Wohnzimmer und erfahren: Nur ganze vier Wochen Zeit verbleiben jetzt noch bis zum Einzugstermin – und Markus Walter tritt mit drei Wochen Urlaub zum Arbeits-Finish an. Er sitzt ganz ruhig am Tisch, dabei ist er aber, das ist zu spüren, motiviert bis in die Haarspitzen.

„Wir werden von früh morgens bis zum Abend einfach mächtig ranklotzen", sagt er nachdrücklich, „und wenn es sein muss, arbeiten wir auch bis tief in die Nacht". Das haben er und seine Helfer auch bislang schon öfter mal praktiziert. Walter spricht von seinen „Nacht- und Nebelaktionen", die immer wieder nötig waren, wenn ein Folgegewerk in Angriff genommen werden sollte. „Das sind dann schon Stressmomente", malt der Eigenleister ein realistisches Bild vom Selbstausbau. Und er nennt gleich zwei Umstände, die dafür in erster Linie verantwortlich waren: Erstens habe man parallel zum Innenausbau gleich sehr viel mehr Zeit in die schwierige Gestaltung des Hanggrundstücks stecken müssen als erwartet. Und zweitens hat der Bauherr seinen Urlaub nicht nehmen können, wann er eigentlich gewollt hatte. So waren für Markus

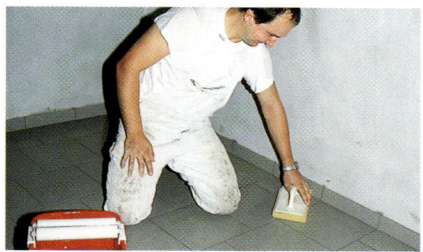

Nach dem Verfugen der Fliesen wischt der Bauherr die flüssigen Mörtelreste einfach weg – und fertig ist der Kellerboden.

FAKTEN

Entwurf: Plan „415.S"

Hersteller: Schwörer-Haus, Hans-Schwörer-Straße 8, 72531 Hohenstein

Wohnfläche: EG und DG 146,5 m²

Abmessungen: 9,93 mal 8,93 Meter

Auch bei den einfachen Arbeiten ist große Sorgfalt angesagt. Markus Walter schleift den Deckenbalken über dem Specksteinofen.

Nachdem Dämmung und Dampfbremse im Dach installiert waren, schraubte Markus Walter die Konterlattung auf die Sparren, um darauf die abschließende Verkleidung anzubringen.

Walter vor allem die Wochen kein Zuckerschlecken, in denen er tagsüber im Büro und abends auf der Baustelle arbeitete. Denn das hieß: Morgens um 4.30 Uhr raus aus den Federn, um 5.00 Uhr Abfahrt zum Büro, und abends nach 18 Uhr dann Einsatz am Bau.

„Ein halbes Jahr lang geht das", erklärt Walter ganz sachlich und beeilt sich zu ergänzen: „Aber zwei Jahre wollte ich das nicht mitmachen…". Die harte Zeit hatte bereits mit dem Abbruch eines bestehenden Gebäudes am Bauort begonnen. Danach war für den eigentlichen Innenausbau des Hauses mit insgesamt „fünf Wochen abends und am Wochenende sowie drei Urlaubs-Wochen Vollarbeit am Bau" relativ wenig Zeit eingeplant.

Die Ehefrau hält den Rücken frei

Mitentscheidend dafür, dass alle Aufgaben bewältigt werden können, ist für Markus Walter, dass ihm die Ehefrau den Rücken freihält. Sei es hinsichtlich der familiären Aufgaben – zwei Töchter im Alter von drei und sechs Jahren wollen schließlich auch versorgt sein – oder des Bauablaufs. Zahlreiche organisatorische Aufgaben hat die Bauherrin in diesem Bereich gemanagt, und sie hat sich fast vollständig um den Material-Nachschub gekümmert. Denn so konzentriert und effektiv konnten die Männer nur arbeiten, weil die Frau stets für das richtige Material zur richtigen Zeit am richtigen Ort sorgte. Die jetzt noch anstehenden Arbeiten hat der Bauherr zeitlich grob durchkalkuliert. Eine Woche ist für den Ausbau von drei Dachgeschosszimmern eingeplant, rund zwei Tage sind für den Türeneinbau angesetzt, dann die Böden und die Malerarbeiten. Sehr hilfreich für diese Planung und die jeweils richtige Aufwands-Einschätzung sind für Markus Walter seine Erfahrungen, die er mit Schulferienjobs – von Malerarbeiten bis zu Wohnungsrenovierungen – bereits früh sammeln konnte.

Arbeitspensum nur mit Hilfe zu schaffen

Ganz klar, dass der Bauherr das gesamte Arbeitspensum in der relativ kurzen Zeit nicht alleine bewältigen konnte und kann. Der „mehr als tüchtige Schwiegervater" war eine spürbare Hilfe, so Markus Walter. Und mit „tatkräftiger Unterstützung" war auch die Schwiegermutter zur Stelle – sie verköstigte die Helfer und betreute die Handwerker. Allerdings wurden an Fremdhandwerker – außer den Versorgungsanschlüssen für Wasser, Strom und Telefon – lediglich der Estrich und der Specksteinofen vergeben. Die Heizung hat der Onkel geplant und mit eingebaut, den Kücheneinbau übernahm ein befreundeter Schreiner. Und wenn der Bauherr selbst mal nicht ganz sicher war wie man ein Detail wohl am besten ausführt, bekam er vom Schwörer-Bauleiter die richtige Anleitung. Als Ratschlag gemeint ist der Hinweis des Bauherrn, dass er schon dem Bautrupp, der rund zwei Wochen lang vor Ort war, einige wichtige Fragen stellte. Von den Profis bekam er „stets hilfreiche, konkrete Antworten".

Wir haben **nichts dem Zufall** überlassen

Dass ein Professor nicht unbedingt immer zerstreut sein und zwei linke Hände haben muss, beweist Gerd Weber zusammen mit seiner Lebensgefährtin Dr. Gudrun Gang beim Ausbau eines „B.O.S.-Mitbauhauses". Bis auf wenige Ausnahmen wollte die Bauherrschaft hier alle anfallenden Arbeiten selbst erledigen. Bewiesen haben die beiden damit aber auch, dass Sparen durch Eigenleistung nicht nur etwas für „einfache Leute" ist.

Weil so ein kompletter Innenausbau eine Menge Arbeit macht und die Bauleute beruflich ohnehin stark eingespannt sind, ist ihr Zeitrahmen momentan mehr als eng. Dafür haben die Eigenleister jedoch große Freiheiten hinsichtlich der Ausbaudetails und der Ausbaumaterialien. Und: Die handwerkliche Beschäftigung bietet ihnen, die im Hauptberuf überwiegend am Schreibtisch sitzen, einen interessanten Ausgleich zur Kopfarbeit. Bauherr Gerd Weber findet nach eigenem Bekunden sogar Spaß daran. Das unter dem Dach von Bien-Zenker vorgefertigte Rohbauhaus wird an einem Tag wind- und wetterfest aufgebaut, samt Dacheindeckung und Außenputz ist die Haushülle dann nach drei Tagen fertig. Der Innenausbau – mit Materialien aus dem Baumarkt – läuft dann in Eigenregie.

Dabei fallen die folgenden wesentlichen Arbeiten an:
- Elektroinstallation
- Heizungsrohinstallation
- Sanitärrohinstallation
- Innenfensterbänke einbauen
- Dachschrägen, Drempelwände, Wände und Decken dämmen, beplanken, verspachteln und schleifen
- Bade-/Duschwanne setzen
- Wärmedämmung und Estrich verlegen
- Fliesen legen
- Zimmertüren einbauen
- Sanitärobjekte anbringen
- Holz-/Decken streichen
- Wände tapezieren/streichen
- Fußbodenbeläge verlegen
- Treppenstufen montieren

Mit Ausnahme der Estricharbeiten, die an eine Firma vergeben werden sollen, wollte die Bauherrschaft Gang/Weber alles selbst in die Hand nehmen. Wir wissen, der Bauherr ist Professor, die Bauherrin trägt einen Doktortitel – aber ganz offensichtlich sind sie trotz gängiger Vorurteile sehr gut in der Lage, die Aufgabe „Rohbauhaus" mit Erfolg zu bewältigen.

Professor mit praktischen Erfahrungen
„Ich komme aus einer handwerklich-technisch begabten Familie", erzählt Weber. Er hat bereits „als Schüler im Ferienjob tapeziert und schon immer alle möglichen Renovierungsarbeiten selbst erledigt". Und Rohr-im-Rohr-Leitungen, wie er sie derzeit bei der Sanitärrohinstallation im neuen Haus verlegt, werden in seinem wissenschaftlichen Labor schon seit vielen Jahren verwendet ... . Auf weniger praktische Bau-Erfahrungen kann die Bauherrin zurückblicken. Sie hatte sich „noch niemals mit Elektrik beschäftigt" bevor sie im eigenen Haus daranging, allein die Elektro-Rohinstallation auszuführen. Dazu musste sie „erst einmal eine gewisse Hemmschwelle abbauen".

Professor Gerd Weber: Seit seiner Schülerzeit schon immer alle möglichen Renovierungsarbeiten selbst erledigt. Fliesenlegen – kein Problem!

Dr. Gudrun Gang: „Gewisse Hemmschwelle überwunden", um Elektroinstallation auszuführen.

Von oben bis unten alles selbst gedämmt und beplankt – auch das Treppenhaus. „Wir sind zufrieden", sagen die beiden Bauleute.

FAKTEN

Entwurf: Typenhaus „031"

Hersteller: BOS-Haus,
Im Derdel 8, 48161 Münster

Wohnfläche: EG und DG 133 m²

Abmessungen:
9,26 mal 10,51 Meter

Also alles kinderleicht?

„Man sollte schon etwas handwerkliches Geschick und technisches Verständnis mitbringen", relativiert der Bauherr die Aussagen mancher Rohbauhaus-Anbieter. Für elementar hält er auch die gewissenhafte Herangehensweise an so ein Projekt, in das man keinesfalls euphorisch und unbedarft einsteigen sollte. „Wir haben von Anfang an alles sehr genau geplant und nichts dem Zufall überlassen", berichtet Gudrun Gang über ihr Vorgehen und der Partner führt weiter aus: „Unser Verkaufsberater hat uns sehr realistisch erklärt, was auf uns zukommen wird". Das findet Weber ausgesprochen wichtig – und einzig seriös. Von allzu blauäugigen und ebenso unverbindlichen Aussagen dagegen wie „das schaffen Sie leicht", oder „das ergibt sich dann alles" hält er zurecht überhaupt nichts. Andere Berater, die mit solchen oder ähnlichen Aussagen daherkamen, fielen bei ihnen durch.

Video und Ausbauhandbuch

Letztendlich waren auch ein Video über den Innenausbau sowie ein dickes Ausbauhandbuch, das Anbieter B.O.S. zur Verfügung stellte, für die Interessenten mitentscheidende Kaufargumente für genau dieses Haus. Denn erst damit waren sie wirklich überzeugt davon, dass sie sich das Ganze zutrauen konnten.

Sicherheit boten außerdem die sieben kostenlosen Baustellen-Beratungsbesuche, die Hotline und die Endabnahme aller haustechnischen Gewerke – alles im Inklusive-Serviceangebot enthalten. „Wir haben einfach ein paar Fragen zusammenkommen lassen, die dann bei nur einem einzigen Beratungstermin vom Bauleiter geklärt wurden", erzählt die Bauherrin.

Trotz „Kritiksucht" mit Bau zufrieden

Beim Rundgang beschreiben die Bauleute die bisher ausgeführten Dämmarbeiten und zeigen ein paar knifflige Details. „Kleinere Ärgernisse gibt's überall, doch die sind nicht der Rede wert, wir sind zufrieden", sagt Gudrun Gang. Und das will etwas heißen, „denn", schmunzelt sie, „ich gelte als etwas kritiksüchtig…". Ziemlich ruhig und abgeklärt wirken die beiden daher, als es um die noch anstehenden Arbeiten geht – auch wenn die eine oder andere Tätigkeit dann doch etwas länger gebraucht hat als erwartet.

Jetzt werden erstmal Sanitär- und Heizungsgewerk fertiggestellt, dann geht es an weiteres Dämmen und Beplanken von Wänden und Decken. Dazu hat Eigenleisterin Gang einen wertvollen Tipp: Anfertigung einer Zeichnung mit genauer Position der einzelnen Sparrenpositionen auf den Dachflächen und tatsächlicher Lage der Installation an den noch rohen Wandflächen. Auch nach dem Schließen der Wände weiß man später genau, wo was liegt. So kann man auch ganz schwere Gegenstände leicht anschrauben und kommt nicht in die Gefahr, etwas zu beschädigen.

Flexibilität bei Ausbau und Materialwahl

Derzeit freuen sich die Do-it-yourselfer über die Flexibilität bei den so genannten Ausbaupaketen mit Materialien für den Innenausbau. Im Baumarkt sucht die Bauherrschaft dann entsprechend dem Baufortschritt alle sonstigen Materialien aus: Dämmstoff, Dampfdiffussionsbremsfolie, Fliesen, Innentüren sowie die Wand- und Bodenbeläge. Die Gipsfaserplatten wurden übrigens gleich beim Hausaufbau per Kran auf die Stockwerke verteilt. Das erspart eine Menge Arbeit. Bei den Sanitärarmaturen sind Gudrun Gang und ihr Baupartner

Stauraum unterm Dach: Der Spitzboden ist später über die selbsteingebaute Einschubtreppe zu erreichen. Während des Ausbaus geht's über die Leiter durch die (noch) offene Wand. Auch ein kleiner Kniestock bringt mehr Wohnwert. Zum Teil wurde eine Abseitenwand eingezogen, hinter der sich zusätzlicher Stauraum im Dachgeschoss befindet.

„umgestiegen". Das heißt, sie haben sich für andere als vorgesehen entschieden und dafür einen Aufpreis bezahlt. Es ist auch möglich, jederzeit noch bestimmte Dinge aus dem vereinbarten Lieferumfang herauszunehmen. „Bei der Deckenverkleidung und den Bodenbelägen sind wir noch nicht ganz schlüssig", sagt die Bauherrin. Dass man für sein Haus jeweils die richtigen Materialien in der passenden Menge bekommt, empfindet die Bauherrschaft als besonders angenehm. Und auch, dass sie nicht alles – wie bei der Bemusterung eines schlüsselfertigen Hauses – an einem oder zwei Tagen bestimmen muss. So kann man sich nach und nach mit den einzelnen Posten beschäftigen und jeweils zu gegebener Zeit aussuchen.

Neben der Freiheit bei den Ausbaupaketen ist übrigens auch beim Ausbau selbst Flexibilität angesagt: So verläuft ein Entlüftungsrohr nun nicht wie geplant in der Wand, sondern sichtbar – einfach verkleidet – auf Putz. Diese Optik ist nach Meinung der Bauherren den eingesparten Zeitaufwand wert.

Flexibilität – auch in der Zukunft

Und schließlich ist Flexibilität auch bei der Nutzung des fertigen Hauses möglich, wenn vorausschauend geplant wird: Entsprechend zeigt Gudrun Gang im Dachgeschoss-Studio ein interessantes Detail: „Dieser Abstand zwischen beiden Balkontüren ist bewusst so groß". Dadurch wird es möglich, den großen Raum, der zunächst als Arbeitszimmer dienen wird, bei Bedarf ganz einfach mit einer zusätzlichen Zwischenwand zu unterteilen. Selbstredend, dass dies, wie der ganze Ausbau, in kostengünstiger Eigenleistung geschehen würde. Der Preis des Sparens für den laufenden Innenausbau ist für die Bauherrschaft ein halbes Jahr harte Arbeit. „Zehn bis elf Stunden Büro und Labor, danach vier Stunden Baustelle",

umreißt Gerd Weber seinen momentanen Arbeitstag. Die Heimfahrt tritt er so manches Mal eben erst nach Mitternacht an ...! Als echter „Nachtmensch", der oft auch bis zwei Uhr morgens am Schreibtisch sitzt, passt das zwar in seinen Tagesrhythmus. Dennoch sei wohl nach sechs Monaten, vom Aufbau bis zum Einzug gerechnet, bei so einem Tagesablauf die persönliche Grenze erreicht, sagt der Eigenleister. Der Einsatz lohnt sich indes: Anstatt des 133-m²-Hauses mit Muskelhypothek hätten die beiden Bauleute schlüsselfertig nur ein Haus mit 100 m² Wohnfläche bezahlen können.

Ein ungewöhnlicher Hausbau:

Das Ehepaar Paulsen hat sich ein mehr als unkonventionelles Lebensprojekt vorgenommen. In der folgenden vierteiligen Reportage wird von ihrem zunächst steinigen Weg berichtet, der sich dann doch ebnen ließ und am Ende zu einem außergewöhnlichen Ergebnis führte.

Wohnkeller mit „Dachboden"

Zunächst sagten die Banker zu den Plänen von Daniela und Ralf Paulsen strikt „Nein". Dann kamen die beiden auf eine mehr als ausgefallene Idee ...

Getreu ihrem Lebensmotto „es tun" ziehen Daniela Paulsen und Ralf Oberwelland-Paulsen ihr Bauprojekt durch. Das bedeutet, dass sie immer wieder Dinge in Angriff nehmen, die sie vorher noch nie getan haben. „Es geht alles, wenn man will", meint beispielsweise die Bauherrin, als sie hoch auf dem Baugerüst stehend, zum ersten Mal in ihrem Leben in einem großen Kübel ein graues Pulver aus dem Baustoffhandel mit Wasser anrührt. Anschließend verputzt sie in Schweiß treibender Arbeit den Giebel ihres Hauses. Im alltäglichen Leben arbeitet die Diplom-Betriebswirtin (BA) im Credit Risk Management eines großen internationalen Unternehmens, Ehemann Ralf, von Hause aus Metallbaumeister, kümmert sich derzeit als Hausmann um Söhnchen Birk. „Weil wir noch lange zusammen sein möchten, wollten wir uns keinen Hausbau mit Stress und Streit antun", erzählt Daniela Paulsen.

Doch dann kam alles anders: Birk kam mit einer schweren körperlichen Behinderung zur Welt, und eine schöne, barrierefreie Mietwohnung zu finden, wurde für die Eltern zu einem unlösbaren Problem. „Wir haben Wohnungen angeschaut in Serie", berichtet Ralf Oberwelland-Paulsen, „eine absolut frustrierende Sache"! Also begannen sie doch, sich so langsam mit dem Thema Hausbau zu beschäftigen. Breits bei der Wohnungssuche im Internet waren die Eheleute eher zufällig auch auf ein Grundstück gestoßen. Das wollten sie sich einfach mal anschauen – und siehe da: Beide waren spontan begeistert und beschlossen: „Hier wollen wir bauen".

Erste Pläne waren nicht zu realisieren

Plan eins lautete, einen barrierefreien, sprich ebenerdigen Bungalow mit Vollunterkellerung zu bauen. Doch daraus wurde nichts. Denn rasch zeigte sich, dass so ein Gesamtprojekt angesichts des hohen Grundstückspreises – immerhin satte 240 000 Euro – nicht finanzierbar war. Der neue Plan: Das Haus wird anderthalb- oder zweigeschossig gebaut, um die obere Wohnebene zu vermieten. Die Mieteinnahmen sollten die monatliche Belastung senken. Das „Nein" kam diesmal vom Kreditinstitut. Mieteinnahmen seien keine feste Größe, argumentierten die Banker, die Finanzierung also sei auf dieser Basis insgesamt zu unsicher. Also mussten sich die Bauaspiranten erneut den Kopf zerbrechen. Ein kleines, billiges Häuschen, vielleicht sogar auf Bodenplatte statt Keller? Nein, das wäre ihr Ding nicht. Erstens war für sie der Verzicht auf einen Keller indiskutabel. Er sollte als Werkstatt für den kreativen Hausherrn dienen, außerdem war hier ein Billardzimmer geplant, und man braucht ja auch noch Lagerraum im Haus. Zweitens stehen Paulsens auf Topqualität, dazu passte ein Billighaus nicht. Und drittens wollen sie sich die Möglichkeit auf großzügiges Wohnen in jedem Fall erhalten.

Alle Optionen offen halten

So wurde die neue Idee geboren: Zunächst wird nur eine Wohnebene fertig gestellt, der Rest kommt dann, wenn mehr Bares in der Kasse ist. Sich dabei nichts zu verbauen, war auch bei diesem Ansatz oberstes Gebot. Der Kerngedanke dazu: Zunächst nur einen Keller errichten und später nach oben erweitern, das geht. Zuerst nur ein Erdgeschoss bauen und danach nach unten erweitern – das geht natürlich nicht. Also lautete Plan Nummer drei in Kurzform: „Warum nicht ein Wohnkeller mit Dach?" Daniela Paulsen zog in Betracht, einen

„Alles aus einer Hand": Wenn der Kellerbauer auch Vorarbeiten wie die Entwässerung ausführt, hat der Bauherr leichtes Spiel.

Den ursprünglich nur leicht geneigten Bauplatz hat die Bauherrschaft per Bagger zum Hanggrundstück ummodellieren lassen.

Planung im Duett: Die selbst gezeichneten CAD-Hauspläne wurden gleich mit Klebekärtchen möbliert.

großen Wohnkeller zu errichten und diesen für die nächsten Jahre lediglich mit einem provisorischen, auf einer Seite 50 Zentimeter hohen Pultdach wetterfest zu machen. Doch das war für ihren Ehemann „die Horrorvorstellung". Einig mit dem neuen Gedanken war er, als die nächste, gemeinsame Idee Gestalt annahm. „Wir nannten sie den Semi-Souterrain-Bungalow", lacht Ralf Oberwelland-Paulsen. Man beschloss, den Keller einfach einen guten Meter hoch über das vorhandene Geländeniveau heraus zu bauen und zusätzlich den ursprünglich nur ganz leicht geneigten Bauplatz durch flächenhafte Abtragung einfach zu einem Hanggrundstück zu machen.

Allerdings: Weil es die Baubehörde so wollte, wurde aus dem angedachten Pultdach ein normales Satteldach. Doch sollte dieses, so das Ansinnen der Bauherrschaft, zuerst nur auf einem so genannten Kniestock stehen. Dann erlaubte die Zusage eines Familiendarlehens die Errichtung einer kompletten Haushülle auf der Kellerdecke; das heißt, ein bis zum First hinauf offenes Erdgeschoss mit fertigem Dach. Das sollte auch gleich eine noble Aufdachdämmung bekommen. Zur Finanzierung wurde die geplante Doppelgarage bis auf weiteres gestrichen.

Und so sah dann der endgültige Bau-Plan aus:
- Prächtiger Wohnkeller mit 145 Quadratmetern Grundfläche, ausgeführt als so genannter Hochkeller.
- Barrierefreie Erschließung durch „Rampen-Wege".
- Auf der Kellerdecke ein wetterfester, wärmegedämmter Hausrohbau.
- Nutzung des Rohbaus je zur Hälfte als Lagerraum und als Werkstatt.
- Ausbaubeginn zum Wohnen frühestens in etwa zehn Jahren.

Der Plan war gefasst, das Kreditinstitut sagte „ja". Mit dem gedanklich fertigen Bau- und Wohnkonzept sowie der Finanzierungszusage ging das Projekt Hausbau in die nächste Phase. Es galt nun, die Planung für den Bauantrag zu erstellen und die passenden Firmen zur Ausführung des Bauvorhabens zu finden.

Die Grundrisse sind selbst entworfen

Die Planung selbst war kein Problem. Die angehende Bauherrschaft setzte sich selbst an den heimischen Computer und entwarf per CAD-Programm diverse Grundrisse und Hausansichten und feilte daran so lange, bis es die gemeinsame Optimallösung gab. Dann war auch schnell ein Architekt gefunden, der auf dieser Basis die Bauantragsunterlagen inklusive Entwässerungsplan ausarbeitete und beim zuständigen Amt einreichte. Anders sah das erstmal bei der Suche nach dem richtigen Hausbauunternehmen aus. „Das war monatelang nur Frust und Ärger," klagt die Bauherrin. Ob nachweislich luftdicht ausgeführte Holzhauskonstruktion nach RAL, ob barrierefreier Hauszugang, ob kontrollierte Wohnraumlüftung mit Wärmerückgewinnung oder von Raumluft unabhängiger Kaminofen: Die Haus- und Systemanbieter seien „viel zu passiv und unflexibel gewesen. Keiner war wirklich bereit, aus seiner Norm rauszugehen", ärgert sich der Bauherr noch heute.

Die richtigen Baupartner gefunden

Erst nach viel Zeit- und Nerveneinsatz war dann ein Zimmereibetrieb gefunden, der ein Holzhaus exakt nach Vorgaben der Bauherrschaft errichten wollte. Und irgendwann standen auch die größeren Ausstattungsposten wie zum Beispiel der unkonventionelle Holzdielenboden auf Lagerhölzern statt Estrich fest. Glück hatten die Bauwilligen dagegen beim Herzstück ihres Hausbaus, dem Keller. Hierbei konnten sie auf den Rat eines Baufachmanns im Bekanntenkreis bauen. „Für so eine Art von Keller, wie ihr ihn wollt", erklärte ihnen Baubetreuer Stefan Görlich kategorisch, „kann ich nur eine Firma

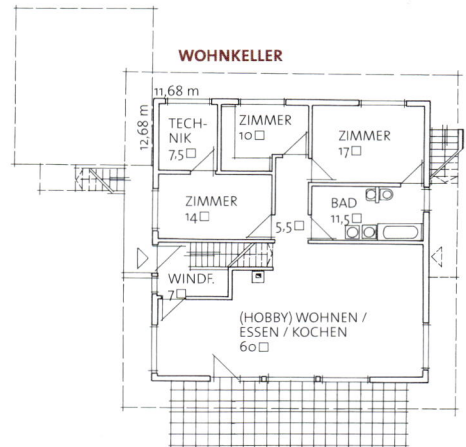

WOHNKELLER

11,68 m

12,68 m

TECH-NIK
7,5☐

ZIMMER
10☐

ZIMMER
17☐

ZIMMER
14☐

5,5☐

BAD
11,5☐

WINDF.
7☐

(HOBBY) WOHNEN /
ESSEN / KOCHEN
60☐

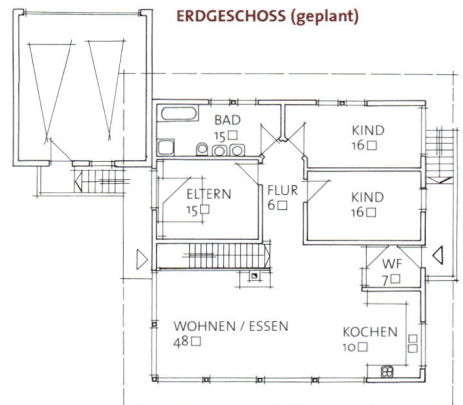

ERDGESCHOSS (geplant)

BAD
15☐

KIND
16☐

ELTERN
15☐

FLUR
6☐

KIND
16☐

WF
7☐

WOHNEN / ESSEN
48☐

KOCHEN
10☐

wirklich empfehlen: Glatthaar Fertigkeller". Also holte er bei dem Schramberger Kellerbauunternehmen ein entsprechendes Angebot ein. Ergebnis: Die Firma empfahl einen Fertigteilkeller namens „Thermoplus-Keller", der den Baubetreuer und die angehende Bauherrschaft überzeugte. Dieser individuell gefertigte Systemkeller besteht aus Leichtbetonelementen mit wärmedämmendem Blähtonanteil.

Systemkeller für minimale Aufbauzeit

Seine neu entwickelten Außenwände haben eine Kerndämmung plus äußere Zusatzdämmung. Diese wird ebenfalls bereits bei der Vorfertigung im Werk präzise und wärmebrückenfrei auf der Außenseite aufgebracht. Alle Wand- und Deckenplatten passen perfekt zusammen und werden vor Ort an einem halben Arbeitstag komplett zusammengebaut. Bei diesem Trockenbau-Kellersystem entfallen jegliche vom Wetter beeinflusste Betonarbeiten während der Montage auf der Baustelle. Und „Qualität und Preis stimmten", versichert Daniela Paulsen, „darum haben wir auch gleich den Werkvertrag unterschrieben" – ohne dass die Bauleute ein einziges Mal jemanden von der Firma persönlich getroffen haben! „Das ging alles schnell und unkompliziert per Telefon, Fax und Post", freute sich ihr Mann über den nicht alltäglichen Ablauf. „Wir haben uns am Telefon nie ein Verkäufer-Blabla anhören müssen".

Und zu allen Fragen hätte ihnen ein Fachmann konkrete Detailinformationen geboten. Nach der Auftragserteilung traf man sich mit dem Glatthaar-Projektleiter Walter Melzer zum Detailgespräch. Als alleiniger Ansprechpartner betreute er die Bauherrschaft von diesem ersten Gespräch an bis zur förmlichen Abnahme und Übergabe des Untergeschosses. Und: der Projektleiter übernahm auch die Bauleitung für den Kellerbau.

Ein Ansprechpartner gibt Sicherheit

Die Vorteile für Paulsens liegen auf der Hand: Mit nur einem Ansprechpartner für alle Fragen gab es keine unnötigen „Schnittstellen", was ihnen unter anderem Zeitaufwand ersparte und Missverständnissen vorbeugte. „Der Kellerbau-Projektleiter war der erste echte Lichtblick bei unserem Bauvorhaben", meint Daniela Paulsen. „Er hat mitgedacht und viele kreative Lösungen in unserem Sinne beigesteuert". Unter anderem hatte der erfahrene Projektleiter die Idee eines frei tragenden Haustürpodestes mit Rollstuhl befahrbarer Rampe davor, und er dachte beispielsweise selbst an später so wichtige Kleinigkeiten wie Leerdosen für Wandlampen im Wohn-Untergeschoss. „Von da ab ging´s uns besser", strahlt die Bauherrin, „ab jetzt konnten wir auch mal Verantwortung abgeben, und die ganze aufgebaute Spannung löste sich".

Nach diesem detaillierten Ausstattungsgespräch gab´s noch die eine oder andere Änderung, die Paulsens telefonisch oder per Fax übermittelten, bis sie dem Unternehmen dann grünes Licht für die Vorfertigung ihres Wunsch-Kellergeschosses gaben. Für die Bauherrschaft begann mit der Bauvorbereitung dann die eigentliche heiße Phase des Bauens. Doch während mancher Bauherr gerade in dieser Zeit schon die ersten grauen Haare bekommt, konnte das Ehepaar Paulsen sich jetzt erst mal zurücklehnen. „Das Ausschreiben der Erdarbeiten an einen örtlichen Unternehmer war für uns eine einfache Aktion", erklärt die Bauherrin, „ansonsten mussten wir uns eigentlich um nichts wirklich selbst kümmern".

Wertvolle Tipps zur Bauvorbereitung

Voraussetzung für einen so reibungslosen Ablauf bei der Vorbereitung der Bauarbeiten war der zweite Termin, das so genannte Projektleiter-Gespräch vor Ort. Dieses Zwei-Stunden-Treffen war nach dem Urteil des Bauehepaars „echt genial". Der Projektleiter hatte dazu alle maßgeblichen Leute

Glatthaar-Projektleiter Melzer zeigt die neue Keller-Wand mit Kern- und Zusatzdämmung (links). Bootshaus der besonderen Art: Das Erdgeschoss wird die nächsten Jahre als Lager und Werkstatt dienen (rechts).

vom Tiefbauer für die Erdarbeiten bis hin zu den Vertretern der Versorgungsunternehmen für Strom-, Wasser- und Telefonanschluss eingeladen. Vor Ort hat man dann gemeinsam alles Wesentliche sowohl inhaltlich als auch terminlich durchgesprochen und auch gleich die Aufgaben verteilt. Die Themen reichten von der Zufahrtssicherung mit möglicher Straßensperrung am Aufbautag über die Notwendigkeit eines festen Stellplatzes für den Autokran oder die Führung der Versorgungsleitungen unter der Erde samt der Art der Kellerwanddurchführungen bis hin zum rechtzeitigen Verfüllen der Baugrube vor dem Hausaufbau. Für die Bauherrschaft blieben am Ende dann eigentlich nur zwei kleinere Aufgaben übrig: Die Bereitstellung von Baustrom und Bauwasser.

Vom Projektleiter bekamen sie den Tipp, mit der Gemeinde einen Wasseranschluss vom nahen Hydranten zu vereinbaren. In Sachen Baustrom riet er, einfach die Nachbarn zu fragen, ob man bei ihnen nicht ein entsprechendes Verlängerungskabel mit kleinem Verbrauchs-Zwischenzähler einstecken könnte. Beides hat auf diese Weise geklappt und Ralf Oberwelland-Paulsen kann berichten: „Das war's dann im Großen und Ganzen auch schon." Auf diese Weise entlastet, konnte sich der Bauherr stattdessen an die Errichtung einer kleinen Bauhütte machen. „Solch ein Schuppen ist" – so sein Rat an alle angehenden Bauherren – „Gold wert". Denn hier lagern all die kleinen Dinge, die man vor Ort so brauchen kann; zum Beispiel ein paar Bauklamotten und die Gummistiefel.

Den Baubeginn konnten er und seine Frau kaum mehr erwarten. Endlich rollte der Bagger an und hob laut Planvorgaben die Baugrube aus. Um die notwendige Vermessung für Ausgrabung und spätere Platzierung des Gebäudes kümmerte

sich ein separat beauftragtes Vermessungsbüro. Zwei Wochen vor der verbindlich terminierten Fertigkellermontage rückt dann der Glatthaar-Bautrupp an, um die Vorarbeiten für den Kelleraufbau in Angriff zu nehmen. Das heißt: Entwässerungsrohre verlegen, in diesem Fall auch frostfreie Fundamente für das ebenerdig erschlossene Untergeschoss betonieren und die Bauwerkssohle mit einer so genannten Sauberkeitsschicht einschottern, bevor dann die Bodenplatte darauf erstellt wird.

Mit der Videokamera immer live dabei
Daniela und Ralf Paulsen ließen es sich nicht nehmen, alle Arbeiten live vor Ort mitzuverfolgen. Aktiv dabei, steuerte die Bauherrin schon mal spaßeshalber selbst die Baggerschaufel – per Videokamera festgehalten von ihrem Mann, wie übrigens bei fast allen Bauarbeiten.

Millimeterarbeit von Grund auf: Mit dem Nivelliergerät legen die Keller-bauer vorab die Standhöhe der Wände auf der Bodenplatte fest.

Ein schneller Keller

Erst konnten Daniela und Ralf Paulsen den Baubeginn kaum erwarten. Dann ging die Kellermontage so schnell, dass sie es nicht fassen konnten.

Gut, dass Bauherr Ralf Oberwelland-Paulsen während des gesamten Kelleraufbaus seine Videokamera nur selten aus der Hand gelegt hat. Denn das, was er durch sein Objektiv verfolgen konnte, erwies sich als wahrlich filmreif. Innerhalb weniger Stunden baute der Glatthaar-Montagetrupp den Beton-Fertigteilkeller fix und fertig auf. Dabei legten die Jungs vom Bau solch ein Tempo vor, dass ihre Bauherrschaft gedank-lich kaum mitkam – und heute froh ist, nahezu alles auf Kas-sette gebannt zu haben. Auf diese Weise können die beiden ihr großes Kellerbau-Erlebnis, so oft sie möchten, nochmals in Ruhe zu Hause am Bildschirm nachverfolgen.

Am Tag „X" nämlich war manches an ihnen vorbei gegangen. „Wir waren beide einfach total aufgeregt", erinnert sich Da-niela Paulsen. Von einer „ziemlich schlaflosen Nacht davor" berichtet Ehemann Ralf. Eine seltsame „Mischung aus Aufre-gung und Vorfreude" sei es gewesen, so dass sie kaum ein Auge zumachen konnten. So machten sie sich denn auch schon frühmorgens auf den Weg zur Baustelle. Es war noch immer stockdunkel, als bereits die Kellerbauer anrückten, um mit ihren Vorbereitungen für den Aufbau zu beginnen. Dazu zählt das Ausladen von Gerätschaften und Werkzeug. Oft gilt es auch, eine teilweise oder komplette Straßensperrung zu er-richten. Und man muss – wenn wie hier im Winter gebaut wird – große Scheinwerfer aufbauen, die die Baustelle samt Umgebung ausleuchten. Als der Projektleiter dann die Mon-tagepläne zur Hand nimmt, kann's schon richtig losgehen!

Pünktlich stehen LKW und Autokran bereit

Pünktlich ist der erste Sattelschlepper vorgefahren. Er hat eine Reihe mächtiger Betonteile geladen, die im Werk vorgefertigt und bereits im Hochregal vorgetrocknet worden sind. Jetzt stehen diese Außenwandelemente fein säuberlich numme-riert und in der vorgeplanten Abladereihenfolge in Reih und Glied auf dem Lkw bereit. Daneben wartet der Kranführer in seinem Autokran auf das Zeichen, die erste Wand anzuheben und in Richtung Baugrube zu schwenken. Davor jedoch berei-ten die Kellerbauer noch alles sorgfältig vor. Das heißt: Dort, wo die Wände auf der bereits vorhandenen Bodenplatte zu stehen kommen sollen, richten sie mit der Kelle ein Mörtelbett.

Mit Nivelliergerät und Zollstock legt man dann eine rund-herum exakt gleiche Basishöhe fest. „Zwei Millimeter höher", lautet die Anweisung an den Kellerbauer, der an entsprechen-der Stelle kleine Montageplatten unterlegt, damit der Unter-bau der Wände durchgehend genau stimmt. Das erwartete Zeichen kommt, und der mächtige Kranarm hebt das erste tonnenschwere Betonteil in die Luft. Sekunden später schwebt es, am Stahlseil baumelnd, hinunter auf die Bodenplatte.

Dort legen zwei Mann Hand an das Riesenteil, um es an die vorgegebene Stelle zu manövrieren. „Weiter ablassen", kommt jetzt das Kommando und der Daumen zeigt nach unten. In diesem Moment geht es um den halben Zentimeter. Das knappe Kommando „absetzen" bringt die erste meterlange Außenwand in die richtige Position. Autokranführer und Aufbautrupp sind ein eingespieltes Team, sie verstehen sich fast blind.

Die vorgefertigten Wandteile auf dem Tieflader sind durchnummeriert und bereits in der vorgegebenen Aufbaureihenfolge geladen.

Mit dem Autokran kann man die tonnenschweren Wandscheiben dann bis an die richtige Stelle durch die Luft schwenken.

Kritische Bauherren schenken Vertrauen

Das hat auch die ansonsten nicht unkritische Bauherrin sofort erkannt. „Normalerweise rennen wir um jeden Handwerker die ganze Zeit herum, um ihm genau auf die Finger zu schauen," bekennt Daniela Paulsen. Und Ehemann Ralf legt dabei schon gleich mal vor den Augen der Ausführenden zur Kontrolle die Wasserwaage oder den Zollstock an. Im Falle ihres Kelleraufbaus hätten sie dieses Kontroll-Bedürfnis in keiner Phase gehabt, berichten die beiden. „Hier hatten wir vom ersten Moment an das Gefühl, dass alles in besten Händen ist," erklärt Frau Paulsen. Deshalb hätten sie den erfahrenen Kellerbauern „voll und ganz vertraut". Das änderte allerdings nichts daran, dass beide nach eigenem Bekunden den ganzen Tag über ein kräftiges Kribbeln im Bauch verspürten. Ralf Oberwelland-Paulsen umrundete mit seiner Videokamera die Baustelle ein ums andere Mal. Er stieg hinunter zur Bodenplatte, filmte die hereinschwebenden Teile von unten und von oben, hielt auch bei Details kameramäßig minutenlang drauf – und auch Ehefrau Daniela stand so unter Dauerstrom, dass sie sich die ganze Aufbauzeit über kein einziges Mal hinsetzte. Die für den Laien so spektakuläre Kellermontage ist für die Bauprofis reine Routine. Im Viertelstundentakt stellen die Männer die sechs Außenwandelemente. Präzise absetzen – lotrecht ausrichten – provisorisch auf der Bodenplatte fixieren – mittels Montagehilfen Stück für Stück miteinander verbinden. Es sind immer wieder die gleichen Arbeitsschritte, bis nach eineinhalb Stunden die vier Außenwände komplett stehen.

Kontrolle bestätigt Montage-Perfektion

Es folgt die erste große Kontrolle: Dabei misst der Projektleiter alle Außenmaße sowie die Diagonalen des Bauwerks, um zu prüfen, ob sie exakt mit den Planvorgaben übereinstimmen. Bei so einem Riesenkeller mit nahezu 150 Quadratmetern Grundfläche und Außenmaßen von 11,70 mal 12,70 Metern

ist das nicht mal mit Betonfertigteilen eine Selbstverständlichkeit. „Auf den Millimeter", ruft Walter Melzer, „ganz ehrlich! Darüber müssten wir einen Film drehen" – was für den Bauherrn natürlich von Anfang an keine Frage war... . Inzwischen ist ein weiterer Tieflader an der Baustelle vorgefahren. Geladen hat er die Innenwände, die natürlich ebenfalls maßgerecht nach Plan im Werk vorgefertigt worden sind.

Planung und Vorfertigung per PC

Die Vorfertigung im Betonfertigteilwerk läuft heutzutage im industriellen Maßstab ab. Das bedeutet: Nach der Ermittlung aller Bauherrenwünsche wird der Keller mittels CAD-Programm am Bildschirm entworfen und bis ins letzte Detail vorgezeichnet. Ein Statiker liefert dazu die statische Berechnung für die Konstruktion. Die Kellerpläne bekommt dann die Bauherrschaft, um sie so oder versehen mit letzten Änderungswünschen für die Konstruktionsplanung freizugeben.

Die Daten des Planungsrechners lassen sich direkt in die Produktion übernehmen. Das bedeutet konkret: per Computersteuerung werden die Maße der vorgezeichneten Wand- und Deckenelemente millimetergenau auf die so genannten Schalungstische zum Betonieren übertragen. Dann legen Roboter zum Beispiel die Baustahlmatten entsprechend der Bewehrungspläne des Statikers ein. Auch der Betoniervorgang selbst läuft im Anschluss weitgehend maschinell ab. Dieser computerunterstützte, automatisierte Fertigungsablauf bietet eine ganze Reihe von Vorteilen:

- Der vor Wind und Wetter geschützte Kellerbau unterm Hallendach garantiert höchste Qualität.
- Der Qualitätsstandard ist innerhalb fester Fertigungsabläufe reproduzier- und nachprüfbar; inklusive integriertem Qualitätsmanagementsystem, bestätigt durch unabhängige Prüfungen mit dem RAL-Gütezeichen.
- Exakte, plangetreue Vorfertigung per Computersteuerung.

Zur der perfekten Vorfertigung gehört auch die bereits im Werk aufgebrachte Wärmedämmung an den Kelleraußenwänden.

Der Projektleiter richtet die Wand exakt lotrecht aus, bevor sie mit Drehsprießen auf der Bodenplatte fixiert wird.

Blick ins entstehende Untergeschoss: Ein eingespieltes Montageteam kann die Außenwände in eineinhalb Stunden komplett stellen.

Zwischenprüfung bevor es weitergeht: Beim Fertigkellerbau lassen sich die Maßvorgaben des Planers mit nur minimalsten Toleranzen in die Tat umsetzten.

Wie am Schnürchen läuft die Aufbauarbeit auch innerhalb des Baus: Hier die Untermörtelung der Innenwände entlang der präzise eingemessenen Linien.

Innenwand-Details: Neben Türaussparungen sind auch Installationsöffnungen für die Lüftungskanäle etc. ausgespart sowie Elektro-Leerdosen vormontiert.

Mit speziellen Montagehilfen verbindet der Fachmann die Wandelemente beim Aufbau fest miteinander. Darauf kommen dann die Deckenelemente zu liegen.

Fast 13 Meter lang ist zum Beispiel diese Beton-Deckenplatte, mit der das Schließen des Untergeschosses beginnt.

Sozusagen handgesteuert verlegen die erfahrenen Männer am Bau die sehr großen Betonteile ins Mörtelbett auf Innen- und Außenwänden.

Noch ein letzter kleiner Ruck mit dem Montiereisen, dann liegt auch das siebte und letzte Deckenelement an der richtigen Stelle. Komplette Verlegezeit: 1,5 Stunden.

Anders als bei üblichen Filigrandecken ist bei dieser Glatthaar-Massivdecke kein zusätzlicher Ortbeton nötig. Man braucht nur die Stoßfugen mit Mörtel zu füllen.

Letzte Bestätigung der maßgenauen Ausführung: Auf so einer „trocken" ausgeführten Kellerdecke kann bereits am Nachmittag der Hausaufbau beginnen!

- Aussparungen für sämtliche Hausanschlüsse und Installationen wie Sanitärleitungen oder Zu- und Abluftkanäle in einzelnen Zimmern im Wohnkeller werden vorgefertigt. Mühsames, zeitraubendes Schlitze klopfen auf der Baustelle entfällt.
- Hilfreiche Vorinstallation von Leerrohren und Leerdosen zum Beispiel für die Elektroinstallation.
- Zusätzliche Wärmedämmung kann bereits im Werk sorgfältig und lückenlos erfolgen.
- Die Betonelemente gehen vorgetrocknet auf die Reise zur Baustelle.
- Die planeben betonierten Wand- und Deckenelemente weisen eine für Malerarbeiten vorbereitete Oberfläche auf.
- Die passgenau vorgefertigten Betonteile ermöglichen einen mängelfreien Aufbau mit minimierten Montagezeiten vor Ort.

In welch kurzer Zeit so ein „schneller Keller" tatsächlich aufgebaut wird, erlebte auch die Bauherrschaft Paulsen mit ungläubigem Staunen. „Obwohl man es ja mit eigenen Augen sieht," berichtet der Bauherr, „kann man den Ablauf gedanklich kaum verarbeiten." In der Tat: Es ist noch Vormittag und dort, wo am Morgen eine fast leere Baugrube gähnte, werden jetzt bereits die Innenwände aufgestellt.

Schlag auf Schlag zum fertigen Keller

Auch hierbei geht es Schlag auf Schlag: Die Wände werden ans Kranseil gehängt, herübergeschwenkt und an der jeweils vorgegebenen Stelle platziert. Den exakten Standort hat der Projektleiter vorher mit Hilfe einer so genannten Schlagschnur in Form einer roten Linie auf dem Boden markiert. Wenn das Wandelement auf der Bodenplatte steht, wird es mit Winkeln und Schubstangen fixiert und vor der endgültigen Befestigung mit dem Senklot ausgerichtet.

Begeisterung zur Mittagszeit

Daniela und Ralf Paulsen sind restlos begeistert: Gemeinsam mit den Monteuren legen sie eine Mittagspause ein – in ihrem eigenen Untergeschoss, dem jetzt nur noch die Bedachung fehlt. Der Kommentar der Bauherrschaft dazu? „Total genial!" Kurz und knapp die spontane Äußerung. Einfach Emotion pur. „Der Puls ging bei uns erst merklich runter", wird Ralf Paulsen später erzählen, „als das Ding am Nachmittag fertig dastand". So weit war es in diesem Moment allerdings noch lange nicht. Jetzt gingen die Kellerbauer erst einmal daran, die Betondecken-Elemente aufzulegen.

Deckenelemente souverän verlegt

Schon beim Verlegen der ersten von insgesamt sieben großen Betonteilen wird klar, dass dazu eine Menge Erfahrung und Können gehört. Schließlich wiegt das Element satte zehn Tonnen, und es misst nicht weniger als nahezu 13 Meter Länge. Die Jungs lassen sich aber auch angesichts solcher Herausforderungen nicht aus der Ruhe bringen. Ruhig und sachlich arbeiten sie Hand in Hand, so dass rasch ein Raum nach dem anderen seine Decke bekommt.

Auch hier also die reine Routine. Für die Kellerbau-Profis jedenfalls. Ralf Paulsen dagegen wird nicht müde, mit der Kamera alles live einzufangen. Eben noch im Keller, steigt er nun die Leiter hoch, um von der Decke aus einen abschließenden „Panorama-Schwenk" zu machen. Es ist jetzt Nachmittag und der Keller steht. Was folgt, sind Anschlussarbeiten wie das Ausmörteln der Deckenfugen oder das Verspachteln im Inneren des Kellers. Alles weit weniger spektakulär, aber gleichwohl zügig und gewissenhaft zu erledigen. Danach haben Paulsens dann selbst die Ärmel hochgekrempelt...!

Selbst im größten Stress schauten Daniela und Ralf Paulsen stets über ihren Eigenleister-Tellerrand hinaus.

Fünf Dielen vorm Kamin

Nach dem Einzug waren bei Paulsens die Akkus leer, sie brauchtei eine vierwöchige Erholungsphase, dann krempelten sie wieder die Ärmel hoch. Fast im Alleingang bauen sie ihren Fertigkeller in Hanglage zu einem hochwertigen Wohnraum aus – und sie wollen, das ist ihnen das Wichtigste, „trotzdem leben".

Völlig relaxed sitzen Daniela und Ralf Paulsen vor ihrem Haus und genießen die warme Aprilsonne. Um sie herum Schotter, Steine, Erde. Im Erdgeschoss lagern zwischen Werkzeug und Baumaterial Dreiviertel ihrer Möbel und auch all das, was man im Haushalt nicht jeden Tag braucht. Und das ebenerdig erschlossene Untergeschoss? Noch eine richtige Baustelle!

Doch die beiden sind bereits vor über einem Monat mit Söhnchen Birk hier eingezogen und bester Dinge. „Von totalem Unverständnis bis zu höchster Bewunderung" reichten die Reaktionen anderer Leute, erzählt die Bauherrin. Soll jeder denken, was er will. Diese Bauherrschaft zieht ihr Ding auch beim Innenausbau weiter durch: völlig unkonventionell und nicht zuletzt auch deshalb so interessant. Gemäß der Gesamtplanung von Anfang an, soll das Erdgeschoss aus finanziellen Gründen ja erst später ausgebaut werden. Jetzt geht es zunächst mal um den Wohnkeller. Dabei stehen neben kleineren Arbeiten folgende Großaufgaben beziehungsweise Gewerke zur Erledigung an:
- Lüftungsanlage,
- Sanitärinstallation,
- Elektroinstallation,
- Zwischenwände,
- Bodenbeläge mit Unterbau,
- Malerarbeiten an Wänden und Decken sowie der
- Kücheneinbau.

Selbstredend verbirgt sich hinter diesen sieben Punkten jeweils eine ganze Reihe von Einzeltätigkeiten und vor allem auch die jeweilige Vorplanung dazu. Weil die junge Bauherrschaft hierbei jede Menge ausgefallene Ideen und Vorstellungen hatte, lief die Planung insbesondere in Sachen Haustechnik nicht gerade glatt. Beispiel Heizungskonzept. Sie wollten einen hochwärmegedämmten Keller und statt einer konventionellen Zentralheizung sollte ein Kaminofen in Kombination mit einer Lüftungsanlage installiert werden; samt Erdwärmetauscher und Wärmerückgewinnungstechnik mit elektrischem Nachheizregister. Den Keller bekamen sie wunschgemäß von der Firma Glatthaar Fertigkeller, deren Außenwände mit patentierter Kerndämmung die Vorgaben optimal erfüllten.

Frust bei Sanitär und Lüftung

Doch die konsultierten Heizungs- und Sanitärbauer winkten ab. Auch diverse Hersteller von Lüftungsanlagen wollten sich an diesem Ofen-Lüftungs-Konzept nicht die Finger verbrennten. Also setzte die Bauherrschaft ihren Plan weitgehend auf sich selbst gestellt in die Tat um. Sie planten die Lüftungsanlage inklusive aller Rohrleitungen allein, und der Kellerbauer sah bei der Vorfertigung der Betonfertigteile gleich die dafür notwendigen Wand- und Deckenaussparungen vor. Installiert hat Ralf Oberwelland-Paulsen die Anlage dann allein. An der einen oder anderen Stelle musste er dabei improvisieren, doch insgesamt sei alles ganz gut gegangen. Schließlich ist der Mann ja auch ausgebildeter Metallbauer. Stellt sich natürlich die Frage, ob das System auch funktioniert. „Bestens", ver-

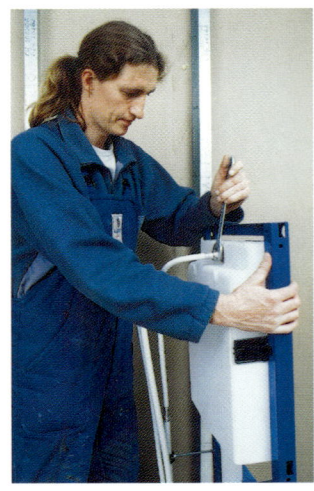

Sonne, Wind und Erde: Sobald beim Innenausbau etwas Luft war, griff der Bauherr zur Schaufel. Für Vollblut-Eigenleister gibt's auch draußen jede Menge zu tun...

Weil der Fachmann keine Zeit hatte, nahm Ralf Oberwelland-Paulsen auch die Sanitärinstallation selbst in die Hand.

Do-it-yourself total: Die Scheiben fürs Obergeschoss haben sich Paulsens als Altmaterial besorgt, selbst aufs jeweilige Maß geschnitten und dann als provisorische Fenster (für die nächsten Jahre) eingebaut.

sichert der Do-it-yourselfer, „die Lüftung zieht die heiße Ofenluft im Wohnraum ab, wärmt damit die Frischluft über einen Wärmetauscher an und bringt sie dann in alle Wohnräume". Das habe sich bereits während der kalten Jahreszeit bewährt. „Einige haben nur Müll geredet". So krass kommentiert der Bauherr die Gespräche mit Vertretern der Sanitärbranche. Als er dann endlich doch einen fand, der auf seine Pläne einging, war´s wieder nichts. Denn dieser Installateur hatte im vorgegebenen Zeitraum keine Kapazitäten frei. „Und schon wurde mein Mann auch zum Sanitärinstallateur", witzelt Ehefrau Daniela. Ihr Mann ließ sich vom Profi die vorgegebenen beziehungsweise benötigten Material-Pakete zusammenstellen; angefangen bei der Wasseruhr über die Kunststoffrohre mit Pressmuffen, Spülkästen und Armaturen. Die Sanitärobjekte besorgten sich die Eigenleister im Baumarkt. Bei der Sanitärinstallation selbst war der Bauherr allerdings nicht ganz auf sich allein gestellt. Ein Bekannter, der das Handwerk in jungen Jahren mal erlernt hatte, unterstützte ihn; obwohl seit vielen Jahren nicht mehr in diesem Beruf tätig, war er dem Bauherrn doch eine große Hilfe.

Elektro in betreuter Eigenleistung
Selbst geplant hat die Bauherrschaft auch die Elektroinstallation. Die Ausführung lief in so genannter „betreuter Eigenleistung". Das heißt: Die Bauherrschaft ließ sich beraten, wie eine „sternförmige Installation", von der sie mal gehört hatten, im Detail ausgeführt wird. Dabei werden zu den einzelnen Lampen und Steckdosen lauter separate Leitungen gezogen, um unter anderem ein hohes Maß an Anlagen-Flexibilität zu erreichen. Ein Elektromeister beriet die Kunden dahingehend und lieferte die entsprechenden Materialien zur Selbstmontage.

Dafür fanden die Eigenleister in dem Fertigkeller ideale Voraussetzungen. Die Kabel konnten sie einfach auf dem betonierten Rohfußboden verlegen und wenige Zentimeter über der Oberfläche in die vorhandenen Leerrohre in den Wänden einziehen. Diese Leerrohre waren entsprechend Elektroplan bereits beim Betonieren im Werk in die Fertigteilwände eingegossen worden; inklusive aller Leerdosen für Steckdosen, Schalter, Rollladensteuerung und so weiter. Wie vorgeschrieben, erledigte der Fachmann danach die Anschlüsse, prüfte die Anlage und nahm sie in Betrieb.

Es gibt keinen Ausbauplan
Heute blinzelt Ralf Oberwelland-Paulsen zufrieden in die Frühlingssonne und ist froh, dass die Haustechnik inzwischen soweit erledigt ist. Allerdings nur „soweit". Im Badezimmer zum Beispiel ist nur die Wanne eingebaut, die Dusche fehlt noch. „Wie sieht eigentlich der Ausbauplan aus?" möchten wir bei dieser Gelegenheit gerne wissen. Kurze Antwort von Daniela Paulsen: „Es gibt keinen". Die Erläuterung dazu liefert ihr Mann. Man stelle sich einfach die Frage, „was nervt mich momentan am meisten?", und das wird dann gemacht. Für seine Frau ist so gesehen jetzt der Dielenboden in dem 56 Quadratmeter großen Koch-Wohn-Essraum, genannt Südzimmer, dran. In Stress soll der Ausbau dennoch nicht ausarten. „Nach einem halben Jahr intensiven Bauens muss ein halbes Jahr intensives Leben drin liegen", lautet ihre Überzeugung. Schließlich haben sie bis in den Februar hinein außen und innen am Haus hart gearbeitet, bisweilen – wie zum Beispiel beim Außenputz – sogar richtig geschuftet. Daneben standen noch der Umzug sowie die Renovierung der alten Wohnung an – bis beide richtig platt waren. „Dann war vier Wochen Erholung angesagt".

Mehr Zeit für Kind und Freizeit
Inzwischen sind sie wieder dran. Doch widmen sie ihrem Sohn Birk, der schwerbehindert zu Welt kam, jetzt wieder deutlich mehr Zeit. „Er kam monatelang einfach zu kurz", sagt der Vater, und will die Priorität wieder klar auf den Kleinen setzen.

Unterm Lüftungsgerät im Technikraum werden Nachheizregister und Schalldämpfer für die Zuluft montiert ...

... die später dann durch Kanäle und Auslässe mit Abdeckgittern am Boden in alle Wohnräume strömt.

Strippen ziehen leicht gemacht: Die Kabel werden durch werkseitig vormontierte Leerrohre und Leerdosen in Wänden und Decken geführt.

Auch bei der eigenen Lebensqualität will die Bauherrschaft nicht so viele Abstriche machen, sich nicht gänzlich vom Hausbau gefangen nehmen lassen, wie es andere in dieser Situation üblicherweise tun. Was das praktisch bedeutet, erzählen die beiden gerne: Am Sonntag ließen sie ihre Baustelle im Schwabenland Baustelle sein und starteten bei bestem Wetter zum Drachenfliegen ins Voralpenland. Am Montagabend saß man dann gemütlich vor dem Kaminofen im Südzimmer, trank ein paar Tassen Tee und spielte mit dem Kind. „Schrauben wir mal wieder 'ne Diele fest?", fragte zwischendurch Mutter Daniela, denn ein Großteil des Bodenbelags fehlt noch.

Exakt um fünf Dielen größer wurde so der Wohnzimmerboden im Laufe dieses Abends und am nächsten Morgen hatte man „ein echtes Erfolgserlebnis". Denn es lagen eben fünf zusätzliche Dielen fest verschraubt vorm Kamin, womit Daniela Paulsen ihrem aktuellen Teilziel wieder ein Stück nähergekommen ist. Für sie ist der Fußboden wichtig, damit man erstens ein Sofa hinstellen und die Beine hochlegen kann, und dass zweitens dann endlich der Esstisch seinen festen Platz findet. Bisher behilft sich das Ehepaar mit einem kleinen Campingtisch, der heute als Gartentisch dient und ansonsten drinnen an wechselnden Stellen immer dort hingestellt wird wo gerade Platz ist. Das war anfangs im Kinder-, dann im Schlafzimmer und ist zurzeit abwechselnd der Küchen- und Kaminbereich.

Beim Kücheneinbau „voll verschätzt"

Apropos Küche. Die ist ein echtes Schmuckstück und als einziger Teil der Wohnung schon komplett so gut wie fertig. „Das ist ein spezieller Wasserhahn für die Teezubereitung", erklärt der Hausherr und demonstriert, wie man das Gefäß auf der Arbeitsplatte unter den Hahn stellen kann, der vergleichsweise weit oben aus der Wand ragt. Das Beispiel Tee-Wasserhahn und Küche ist symptomatisch. Es zeigt, dass das

junge Ehepaar bei dem ganzen Bauprojekt den Blick fürs Detail auch dann nicht verloren hat, wenn es mal ganz anders lief als geplant. Für den Aufbau der Küche hatte die Bauherrin insgeheim einen Tag Arbeit eingeplant. „Voll verschätzt", weiß sie inzwischen. Zwar war es für die Montage von großem Vorteil, dass alle Wände im Lot und rechten Winkel waren, aber es war eben doch sehr viel Arbeit. Letzten Endes dauerte das Ganze, inklusive Kochinsel mit Esstresen und anderen Specials, eine satte Woche. Wie sich leicht denken lässt, ging auch bei anderen Arbeiten nicht immer alles völlig reibungslos über die Bühne. „Klar gab es auch mal kleinere Probleme", berichtet Ralf Oberwelland-Paulsen. Jedoch sei „nichts dabei gewesen, was nicht schnell zu beheben oder zu ändern war". Als Beispiel nennt er die Verwendung von zu langen Schrauben beim Einbau der Metallständer-Zwischenwände.

Auch mit dem Streichen der Decken und Wände hat es nicht auf Anhieb geklappt wie vorgesehen. Der Plan war, die Betonflächen ohne zu tapezieren einfach weiß zu streichen. Es zeigte sich, dass diese zwar ausgezeichnet schalungsglatt sind und von den Fachleuten der Firma planeben verspachtelt worden waren. Dennoch fanden die Eigenleister beim Malern gerissene Spachtelfugen und Haarrisse auf der Fläche vor. Laut Kellerbauleiter werden die Fugen nachgearbeitet und ansonsten würden Tapeten die beim Austrocknen des Betons unvermeidlichen Haarrisse eher verdecken als die pure Wandfarbe.

„Die Energie ins Leben stecken"

Ihre gute Laune lassen sich Paulsens durch kleine Widrigkeiten nicht verderben. „Ich könnte die nächsten drei Tage hier draußen sitzen bleiben", meint die Bauherrin und sinniert: „Im Sommer muss man die Energie ins Leben stecken, der nächste Winter kommt bestimmt." Bei diesem Gedanken kommt dann doch noch so etwas wie ein Arbeitsplan zur Sprache. Zwei Pflichtaufgaben haben sie sich definitiv zum

Metallprofile, Dämmstoff und Gipskartonplatten: Der Einbau von Zwischenwänden im Fertigkeller ist auch für Baulaien kein Problem.

Die Lagerhölzer mit Dämmschüttung dazwischen bilden die Basis für den eigenleistungsfreundlichen Öko-Belag.

Im lichtdurchfluteten, großflächigen „Südzimmer" in dem ebenerdig erschlossenen Hangkeller wird sich der Dielenboden bestens machen.

Erledigen vorgenommen, bevor es wieder kalt wird: Vor dem Herbst soll das Haus komplett verputzt sein und das Unter-, bzw. vorläufige Wohngeschoss soll komplett luftdicht geschlossen werden. Dies betrifft insbesondere die Treppenhausaussparung zwischen Unter- und Erdgeschoss. Denn nur wenn alles dicht ist, kann die kontrollierte Be- und Entlüftung wie gewollt funktionieren. Bis dahin ist aber noch eine Menge Zeit. Zeit, die restlichen Ausbau-Arbeiten nach und nach vollends zu erledigen und auch bei den Außenanlagen anzupacken.

Gerade gestern hat ein bekannter Unternehmer eineinhalb Kubikmeter Mutterboden in den noch nicht vorhandenen Garten abgekippt und bei dem schönen Wetter würde der Bauherr am liebsten gleich anfangen, die Erde zu verteilen. Natürlich wird er auf dem großen Grundstück noch viel, viel mehr guten Boden brauchen, und diese Menge wird sich nicht allein von Hand mit der Schaufel verteilen lassen. Doch das tut seinem Elan keinen Abbruch. Oder anders, im O-Ton von Ralf Oberwelland-Paulsen ausgedrückt: „Es geht voran!"

Auch das Streichen der Betonwände nahm die Bauherrin in die Hand. „Kein Problem", sagt sie, „doch die Decken waren schon sehr anstrengend..."

Millimeterarbeit leistete der Bauherr beim Kücheneinbau. Er dauerte rund eine Woche – und ist perfekt gelungen.

Bereits schon wieder Schnee von gestern: Vor dem Winter waren Keller und Haus aufgebaut worden, im folgenden Frühsommer war Einzugstermin.

Von der Baustelle zum Zuhause

Jetzt ist er fertig, der 56 Quadratmeter große Raum zum Kochen, Essen und Wohnen. „Südzimmer" nennen Daniela und Ralf Paulsen diesen Mittelpunkt ihres häuslichen Lebens. Und wenn Sonne satt durch die großflächigen Scheiben hereinstrahlt, sieht man gleich, wie sie auf den Namen gekommen sind.

Das, was Architekten und Bauberater gerne als „offenes Wohnkonzept" bezeichnen, ist für die junge Familie Paulsen nicht nur schön, sondern auch pure Notwendigkeit. Weil Söhnchen Birk später auf den Rollstuhl angewiesen sein wird, planten sie ihr Haus nach den Grundsätzen des barrierefreien Wohnens. Unter anderem bedeutet dies, dass auch nach der kompletten Möblierung praktisch an jeder Stelle der Wohnung noch ein 1,20 Meter breiter Durchgang vorhanden sein muss. Viele Türen und enge Flure würden von daher besonders stören.

Wertvolle Beratung für die Baulaien
„Wir wollten einfach alle Voraussetzung für maximale Selbstständigkeit schaffen", betont Ralf Oberwelland-Paulsen. So haben sie beispielsweise gleich eine befahrbare, bodengleiche Dusche eingebaut und größten Wert auf die rollstuhltaugliche Erschließung des Gebäudes gelegt. Am Eingangspodest vor der Haustür lässt sich eine Hebebühne anbringen und die Treppenaussparung zwischen den beiden Wohngeschossen ist so groß, dass ein Stempelaufzug nachgerüstet werden kann. Dass der Bau- und Projektleiter Walter Melzer von Glatthaar Fertigkeller bei diesen Planungen voll mitgedacht und die Idee des frei tragenden Haustürpodestes mit Rollstuhlbefahrbarer Rampe eingebracht und zur fertigen Lösung durchgedacht

hat, rechnet ihm die junge Bauherrschaft noch immer hoch an. Denn sie selbst waren zu diesem Zeitpunkt noch absolute Baulaien. Dass sie zum Senken der Baukosten umfangreiche Eigenleistungen bringen mussten, war ihnen dagegen von Anfang an völlig klar.

Eigenleistungsplan mit Baubetreuer
Doch was genau sollten sie selber machen und welche Arbeiten doch lieber den Bauprofis der Firmen überlassen? Gemeinsam mit Stefan Görlich, einem Bekannten, der seine Brötchen als selbstständiger Baubetreuer verdient, schmiedeten sie folgenden Plan: Den Rohbau von der Bodenplatte bis zum Dachfirst sollten Firmen errichten, den Innenausbau würde die Bauherrschaft dann komplett in Eigenleistung durchziehen.

Die Argumente des erfahrenen Baubetreuers für diese Arbeitsteilung leuchteten Paulsens unmittelbar ein. So sollten die Jungs vom Bau die meisten körperlich anstrengenden Arbeiten erledigen. Außerdem garantierten Fertigkeller-Hersteller und Holzhausbauer noch vor dem Winter einen schnellen Aufbau, der mit großem Eigenleistungsanteil zeitlich niemals so möglich gewesen wäre.

Arbeitsteilung für maximale Sicherheit
Und schließlich ging die Bauherrschaft mit ihrem Konzept auf Nummer sicher, indem sie den Unternehmen die volle Verantwortung für die bauphysikalisch relevanten Außenbauteile übertrug. Denn wenn vielleicht eine selbst eingezogene Innenwand nicht hundertprozentig lotrecht ist oder die Tapeten nicht exakt stoßgenau geklebt sind, kann man damit gut leben. Doch falls bei der Gebäudehülle in Sachen

Selbst geplant und selbst montiert: Die offene Küche wurde zum Schmuckstück der Wohnung.

Auch wenn noch nicht alles fertig ist: Mit dem Einzug kehrt wieder ein Stück Alltag ein.

Luftdichtigkeit, Wärmedämmung o. ä. Fehler gemacht werden, kann das schwerwiegende und dauerhafte Folgen haben. Das gilt insbesondere auch für die fachgerechte Abdichtung des Untergeschosses gegen Feuchtigkeit. Nicht auszudenken, wenn irgendwann einmal Wasser beispielsweise an der heiklen Nahtstelle zwischen Bodenplatte und Außenwänden reindrücken würde; zumal im Haus von Paulsens, die ja für die ersten Jahre im eigenen Heim zunächst nur das ebenerdig erschlossene Untergeschoss zum fertigen Wohnraum ausgebaut haben. Also haben sie das alles nicht zuletzt mit Blick auf die mehrjährige Gewährleistungsgarantie von den Firmen ausführen lassen.

Die Bauherrin hat dazu noch einen heißen Tipp parat: „Details wie die saubere Abdichtung der Fenster entsprechend der Energie-Einsparverordnung sollte man sich schriftlich im Vertrag zusichern lassen." Für renommierte Unternehmen sollte die fachgerechte Ausführung eine Selbstverständlichkeit sein, so dass sie keine Probleme haben dürften, das auch vertraglich eindeutig zu garantieren. Den Umfang der geplanten Eigenleistungen stimmte die Bauherrschaft jeweils direkt mit der Firma ab. Bei Glatthaar ließ sich beim so genannten Ausstattungsgespräch ein individuelles Eigenleister-Paket schnüren. Oder anders herum gesagt: Es wurde im Vertrag fein säuberlich aufgelistet, welche Leistungen das Unternehmen erbringt und welche Aufgaben Paulsens selbst erledigen.

Wertvoller Tipp zur Kostendämpfung

Auch in Marcus Schäfer, dem Chef der gleichnamigen Zimmerei, die das Holzhaus errichtete, hatte das Ehepaar einen Ansprechpartner, der offen für die gewünschte Arbeitsteilung war. Er regte unter anderem sogar an, dass die beiden zwecks „Kostendämpfung" die Dachsparren fürs Sichtgebälk selbst streichen konnten. Und das taten sie dann direkt vor Ort in der Firma, bevor das Bauholz für den Hausaufbau auf den

LKW verladen wurde. Selbstredend blieb auch nach dem Aufbau von Keller und Haus durch die Firmen noch jede Menge Arbeit für Daniela und Ralf Paulsen übrig. Allein der Innenausbau des Untergeschosses versprach Arbeit für eine ganze Reihe von Monaten; vom Hausausbau, der erst in Jahren in Angriff genommen werden soll, ganz zu schweigen. Ihre ganz persönlichen Erfahrungen vor und während der Bauzeit schildern die Eigenleister zum Schluss im Interview.

Zeit für Hausbau – Zeit für Sonne

Bis letztlich auch die Außenanlagen fix und fertig sein werden, wird es nochmals eine ganze Weile dauern. Doch davon lassen sich die jungen Leute nicht negativ beeindrucken. Ganz im Gegenteil. Sie sind auch nach Monaten des Hausbaus noch bester Dinge und immer bestrebt, weiterhin die Lebensqualität hoch zu halten. „Ich habe erst gestern im Radio gehört", erzählt Daniela Paulsen bei unserem letzten Besuch, „es gibt für alles eine Zeit. Und wir haben eben gerade unsere Zeit für Baustelle". Was jedoch nicht heißen soll, dass sie und ihr Mann sich in die Arbeit verbeißen, den Überblick verlieren und nichts mehr anderes tun würden. Nein, sie starten, wenn´s am Wochenende schön ist, weiterhin zu diversen Freizeitaktivitäten. Und sie nehmen sich die Zeit, draußen in der Sonne zu sitzen, obwohl an verschiedenen Ecken die Arbeit ruft. Man muss halt auch mal weghören können... „So geht´s von der Baustelle zum Zuhause", hatte Ralf Oberwelland-Paulsen eines Abends laut vor sich hin sinniert, als er zwischen halb fertigem Dielenfußboden und frisch gestrichenen Wänden wieder einmal das Tagwerk der Selbermacher betrachtete.

Der Weg ist steinig aber gangbar

Wenn man so wie Paulsens fast alles alleine macht, ist es ein durchaus weiter und manchmal auch steiniger Weg von der Baustelle zum Zuhause. Doch wie viele andere „Selbst-

Einfach zurücklehnen und Beine hochlegen: Darauf hat sich Familie Paulsen lange gefreut.

Untergeschoss bereits bewohnt, Erdgeschoss für den Ausbau vorbereitet: Dazwischen kommen noch die Außenanlagen dran.

Ausbauer" vor ihnen, haben auch Daniela und Ralf Paulsen gezeigt, dass es geht; in diesem Fall sogar von Anfang bis Ende, im Kleinen wie im Großen, auf eine ausgesprochen unkonventionelle Art und Weise. Daraus können sicher auch andere potenzielle Bauherrschaften etwas lernen, wenngleich sie natürlich ihr „Projekt Eigenleistung" wiederum ganz anders durchziehen werden.

Ganze (Vor-) Arbeiten

Sieben Wanddurchlässe, drei Aussparungen im Boden, dazu eine ganze Reihe von Leerrohren und -dosen in grauen Betonwänden? Das mag demjenigen, der gerade von seinem neuen Eigenheim träumt, nicht besonders reizvoll erscheinen. Doch wer schon mal den Stress mit dem örtlichen Energieversorger, den Leuten von der Telekom, dem Wassermeister auf der einen und seinen Bauhandwerkern auf der anderen Seite erlebt hat, wird das Bild aufmerksam betrachten.

Denn beim Bauvorhaben Paulsen hat der Kellerbauer ganze (Vor-)Arbeit geleistet. Bei der Vorfertigung der Wände im Werk wurden im geplanten Technikraum Elektro-Leerdosen etc. an den richtigen Stellen platziert. Daneben hat sich die Firma vorab auch mit allen Versorgungsunternehmen sowie mit der Bauherrschaft genau abgestimmt und alles Notwendige für die Haustechnik-Installationen vorbereitet – bis hin zum Einbetonieren des blauen Durchlass-Moduls für den Erdwärmetauscher, den der Hersteller der Lüftungsanlage per Post ins Betonwerk geschickt hatte.

1 Entwässerung, Anschluss Waschmaschine

2 EG-Entwässerung und Entlüftung „über Dach"

3 „Fahne" für Potenzialausgleich

4 Durchlass-Modul Erdwärmetauscher

5 Sinkkasten mit Rückstauverschluss

6 Elektroleerrohre

7 Elektroleerdosen

8 für Stromzuleitung

9 für Telefonanschluss

10 für Zisternenleitung

11 für Zuleitung Frischwasser

12 für Zuluft der Lüftungsanlage

13 für Abluft der Lüftungsanlage

Interview: „Mehr Spaß mit einem Dach überm Kopf"

Wir haben das Bauprojekt der Eheleute Paulsen bis zum Einzug in ihren Wohnkeller begleitet; das Haus selbst wollen sie ja erst in ein paar Jahren fertig ausbauen. Was für ganz persönliche Erfahrungen haben sie dabei gemacht? Welche Informationen und Tipps können sie anderen angehenden Baufamilien geben? Wir haben gefragt.

Autor: Die wichtigste Frage gleich zu Beginn: Sie waren, weil barrierefreier Wohnraum rar ist, ja quasi gezwungen zu bauen; würden Sie´s wieder machen?

Ralf Paulsen: Ja, denn wir hatten keine echte Alternative. Allerdings würden wir mit den gemachten Erfahrungen ein paar kleine Dinge ändern.

Autor: Was würden Sie genauso machen, was anders?

Ralf Paulsen: Auf jeden Fall würden wir beim Ausbau wieder so viel selber machen. Allerdings käme uns kein Vertreter mehr ins Haus. Die wissen meist nicht mehr als das, was in den Prospekten steht, oft nicht einmal das. Man muss sich stattdessen mit den Handwerkern und Technikern selbst unterhalten.

Autor: Hast es sich bewährt, die Gebäudehülle von Firmen errichten zu lassen, und nicht etwa ein Bausatzhaus in Angriff zu nehmen? Der Einspareffekt wäre größer gewesen.

Ralf Paulsen: Ein Bausatzhaus hatten wir anfangs auch überlegt. Aber dafür hätten wir zu viele Helfer gebraucht, die uns hier, fern der Heimat, nicht zur Verfügung standen. Alleine hätten wir viel zu viel Zeit gebraucht. Außerdem macht es einfach mehr Spaß, mit einem Dach über dem Kopf zu arbeiten.

Autor: Welche war die anstrengendste Phase?

Daniela Paulsen: Vom Psychischen her die Zeit vor Beginn des Kellerbaus. Körperlich war es der Endspurt direkt vor dem Einzug, weil da vieles zusammen kam. Auch zum Beispiel große Materiallieferungen. Da haben wir dann zu zweit in zweieinhalb Stunden vier Tonnen Dämmschüttung und Holzwerkstoffplatten ins Obergeschoss geschleppt!

Autor: Was war schwieriger, die Projektregie oder die Arbeiten selbst?

Ralf Paulsen: Die Kopfarbeit. Und zwar immer dann, wenn die Theorie auf die Praxis traf. Denn man hatte ja eine Grobplanung, doch direkt bei Beginn der einzelnen Arbeiten musste man sich genau reindenken. Richtig anstrengend wird es, wenn dann noch zwei Helfer da sind, die immer etwas von einem wollen.

Autor: Welche Vorbereitung ist für so ein Bauvorhaben notwendig?

Daniela Paulsen: Messen und Musterhausausstellungen besuchen, Bücher und Bauzeitschriften lesen ist Pflicht. So kann man Ideen sammeln und sich einen Marktüberblick verschaffen. Auch sollte man mit möglichst vielen Fachleuten und Bauherren sprechen; aber wie gesagt, eben nicht mit Vertretern.

Autor: Sie hatten einen Baubetreuer für die Ausschreibungsphase von Haus und Keller. Hat er sich für Sie bezahlt gemacht?

Daniela Paulsen: Baubetreuer Stefan Görlich war für uns natürlich ganz wichtig, weil er als Firmenunabhängiger neutrale, fachkundige Auskünfte gegeben hat. Wahrscheinlich war er sogar unbezahlbar, weil er uns mit der Empfehlung dieses Fertigkellers, bei dem alles wie am Schnürchen lief, endlosen Ärger erspart hat.

Autor: Welche Voraussetzungen braucht man für so viel Eigenleistung?

Ralf Paulsen: Man braucht, wenn man auch die Haustechnik selbst installiert, etwas mehr handwerkliches Geschick als der Durchschnittsheimwerker. Und es gehört Mut dazu, Dinge in Angriff zu nehmen, die man noch nie gemacht hat.

Autor: Braucht man spezielles Werkzeug und wie viel muss man dafür ausgeben?

Daniela Paulsen: Nötig sind gutes Werkzeug und Maschinen aus dem Fachhandel, sonst kann man nicht vernünftig arbeiten und ärgert sich ständig. Dafür muss man insgesamt sicherlich 4 000 bis 5 000 Euro ausgeben.

Autor: Wie viele Helfer hatten Sie?

Daniela Paulsen: Neun, die immer mal wieder zu Kurzeinsätzen beim Dachdecken, Tapezieren und so kamen.

Autor: Müssen es qualifizierte Helfer sein?

Ralf Paulsen: Nicht unbedingt. Bei der Sanitärinstallation allerdings war es schon sehr hilfreich, einen gelernten Handwerker dabei zu haben.

Autor: Gibt es Ausbauarbeiten, die man besser dem Fachmann überlassen sollte?

Ralf Paulsen: Wasser und Strom sind heikle Aufgaben, die man nicht ohne Betreuung durch den Fachmann angehen sollte bzw. darf.

Autor: Wie wichtig waren der Kellerbauleiter und der Hausbauleiter?

Daniela Paulsen: Sehr wichtig! Beide dachten mit und haben uns einen Teil der Verantwortung abgenommen. Sie haben ihre Erfahrung eingebracht und rechtzeitig Dinge angesprochen, die dadurch nicht zum Problem wurden. Dinge, die wir als Baulaien einfach nicht wussten beziehungsweise auf die wir im entscheidenden Moment nicht geachtet haben.

Autor: Welche Arbeiten fielen Ihnen leichter, welche schwerer als vorher gedacht?

Daniela Paulsen: Leichter als erwartet ging das Verputzen außen. Die Sanitärverrohrung dauerte länger, ebenso wie der Küchenaufbau.

Autor: Wobei gab´s handfeste Probleme?

Daniela Paulsen: Ein Ofenanbieter hat uns vertraglich die Lieferung eines raumluftunabhängigen Kaminofens zugesichert – doch es hat sich herausgestellt, dass er diese Eigenschaft nicht hatte. Wir waren gezwungen, zum Rechtsanwalt zu gehen.

Autor: Wie viel Zeit muss man realistisch für so einen Ausbau zum fertigen Wohnraum rechnen?

Daniela Paulsen: Wenn man dran bleibt, kann man den Innenausbau eines Geschosses in einem halben Jahr schaffen. Wir wollten den Sommer lieber zum Leben nutzen!

Autor: Wie viel Geld haben Sie durch die Eigenleistungen tatsächlich gespart?

Ralf Paulsen: Geplant waren rund 30 000 Euro. Unterm Strich wird´s aber mehr sein, denn so große Brocken wie die Außenanlagen sind in dieser Summe nicht enthalten.

Autor: Was werden Sie tun, wenn sie ganz fertig sind?

Daniela Paulsen: Wann, in fünfzig Jahren? Im Ernst: keine Ahnung. Vielleicht nochmals von vorne anfangen. In naher Zukunft werden wir erst einmal unser neues Zuhause genießen und wieder öfter zum Paddeln und Drachenfliegen fahren.

Links Ernst Allgeier vor dem Haus der Familie Demaku, unten das Haus der Familie Seemann. Die dritte Hausabnahme für diesen Tag war kurzfristig ausgefallen.

TÜV für Selbermacher

Ernst Allgeier ist das ganze Jahr über beruflich auf Achse. Seine Kundschaft: Baufamilien, deren Häuser und Eigenleistungen er abnimmt und denen er Tipps für den Innenausbau gibt.

Ein Mittwochmorgen im April, ein Landgasthof irgendwo in der Nähe von Steinheim. Wir fahren auf den Parkplatz und sehen Ernst Allgeier in intensivem Gespräch mit einem Streifenpolizisten. Probleme? Nein, erklärt er mir später, nachdem wir gemeinsam losgefahren sind. „Wir haben nur miteinander geplaudert." Man kommt rum als Bauleiter bei Massa Haus, und man lernt dabei Leute kennen. 100 000 Kilometer ist Ernst Allgeier im Schnitt jedes Jahr auf Achse, ein Kollege hat es letztes Jahr sogar auf 160 000 gebracht.

Bauabnahme und Ausbauberatung
Allgeier nimmt Keller und Häuser von Massa-Kunden ab. Und ihre Eigenleistungen, die bei Massa mit dem Dämmen und Schließen aller Wände beginnen. Nebenbei gibt er den Selbermachern Tipps, wie man während des Innenausbaus noch schnell eine Wand versetzen oder die Paneeldecke auf der Lattung befestigen könnte. Zum ersten Mal sehen ihn die Baufamilien bei der Kellerabnahme, wo dann auch die LKW-Zufahrt für die Hausmontage besichtigt, Details der Strom- und Wasserversorgung geklärt und auch der Kranstellplatz besprochen werden, „damit wir keinen Spezialkran einsetzen und die Bauherren entsprechend mehr bezahlen müssen." Auch die Keller-Außendämmung ist während dieser Bauphase ein Thema. 95 Prozent der Massa-Kunden übernehmen sie selbst, „weil da die Arbeitszeit der Hauptkostenfaktor ist. Deshalb kann man da richtig Geld sparen." Und Bauschäden produzieren? „In der Regel nein. Das Material muss nur nach

dem Nut- und Feder-Prinzip zusammengesteckt werden." Besuch Nummer zwei erfolgt am zweiten oder dritten Tag nach der Hausmontage. Hier werden Reklamationen aufgenommen und Mängel – falls möglich – an Ort und Stelle vom Montagetrupp beseitigt. Der Bauleiter prüft, ob die Wände im Lot sind, misst die Zimmerdiagonalen aus, führt eine Ausbauberatung durch und übergibt der Baufamilie die Ausbauanleitung. In ihr findet sie alles, was sie braucht, sie ist Richtschnur für den Innenausbau. Theoretisch. Denn obwohl man den Bauleiter bei Fragen jederzeit anrufen kann, obwohl der bei schwierigen Problemen auch mal außer der Reihe kommt, erlebt Allgeier immer wieder, dass Bauherren nach dem Prinzip – „zehn Jahre auf dem Bau gewesen" – machen, was sie für richtig halten. Und was für ihr Haus nicht unbedingt das Beste ist.

Sensibel: Dämmung und Dampfbremse
Deshalb ist Besuch Nummer drei besonders wichtig, bei dem der Bauleiter Dämmung und Dampfbremse abnimmt. Sensible Gewerke, an denen sich entscheidet, ob die Bewohner lange Freude an ihrem Haus haben oder ob es ziemlich bald Komplikationen gibt. Schlamperei bei diesem Gewerk rächt sich. Kommt aber vor. Zum Beispiel, dass Dämmungsreste in einem Feld zwischen den Balken zusammengestückelt werden. Damit spart man zwar zwei Euro fünfzig, riskiert aber gleichzeitig einen Schaden in der Wand: Ernst Allgeier zieht solche Dämm-Puzzles heraus, wo immer er ihnen begegnet. Oder es werden ganze Felder beim Dämmen vergessen, weil ein Helfer nicht Bescheid weiß und die Wand zu früh schließt. Auch hier heißt es: Aufmachen, Nacharbeiten, den Bauleiter wieder herbestellen. Dessen zweiter Besuch kann – je nach Art und Ursache der Mängel – dann auch kostenpflichtig sein.

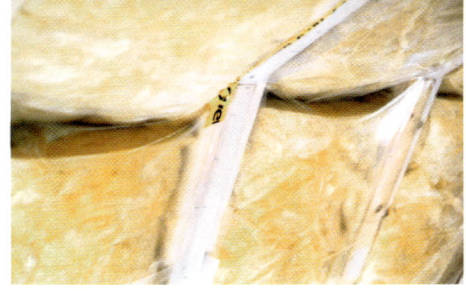

Ernst Allgeier erklärt Familie Demaku (links), was es bei der Dämmung der Dachschrägen zu beachten gilt. Besonders sensibel ist der Übergang zwischen Dachschräge und Spitzboden, wo die Dämmbahnen in stumpfem Winkel aufeinander stoßen und auseinander klaffen. An solchen Stellen müssen Dämmdreiecke eingesetzt werden (oben rechts).

Thomas Seemann, den wir heute zuerst besuchen, braucht sich um seinen Geldbeutel keine Sorgen zu machen. Schon beim Betreten des Hauses in der Nähe von Ulm nickt Ernst Allgeier anerkennend. Die Dampfbremse ist so sauber abgeklebt, wie er es selten sieht. Diese unscheinbare Folie ist besonders wichtig, weil sie die Außenhülle schützt: Ist sie undicht, strömt Raumluft hindurch, in ihr enthaltener Wasserdampf kondensiert in der nach außen kälter werdenden Wand zu Wasser.

Heikel: Material von Fremdherstellern

Bei Thomas Seemann hat Wasser keine Chance. Auch die Kabelanschlüsse sind sauber verklebt. Allerdings hat der Selbermacher seine Dampfbremse selbst im Baumarkt gekauft. Die Folie ist undurchsichtig, weshalb Ernst Allgeier die Dämmung nicht per Augenschein kontrollieren, sondern von der sauberen Verklebung auf das Innenleben der Wände schließen muss. Das Restrisiko trägt dann der Bauherr, weshalb Allgeier empfiehlt, alle Materialien beim Haushersteller zu kaufen. Nicht nur, weil dann alles passt: „Meistens kommt die Baufamilie dabei auch billiger weg, weil die Hausfirmen ihre Großmengenrabatte ganz oder teilweise an ihre Kunden weitergeben." Nach der Abnahme gibt der Bauleiter Tipps, wie man die Dachfenster richtig abdichten, den Kamin einbetonieren, Stromkabel in der Wand führen und das Waschbecken so platzieren sollte, dass die Rohrinstallation nicht zu umständlich wird. Nützlich ist auch sein Rat, beim Kamin ein paar Leerrohre einzubetonieren: Schließlich weiß man nie, ob man später mal eine Solaranlage einbauen wird.

Problematisch: Zu fest gestopfte Dämmung

Von Ulm geht es weiter zum dritten Kunden im Raum Heilbronn. Der zweite aus dem Schwarzwald hatte am Morgen abgesagt. Ganz normaler Alltag, den man als Bauleiter bewältigen muss. Und zu dem auch gehört, dass ein Kunde verschläft, so dass sich alle Termine nach hinten verschieben und man bis tief in die Nacht unterwegs ist. Auch Kunde Nummer drei ist nicht da, kommt aber nach einem kurzen Telefonat sofort auf die Baustelle. Sein Haus ist eins der ersten nach dem neuen Massa-System. Die Dampfbremse liegt hier zwischen Span- und Gipskartonplatte: Löcher, die zum Beispiel durch die Elektroinstallation entstehen, können durch spezielle Dosen besser abgedichtet werden. Dafür muss der Bauleiter einmal mehr kommen: Zuerst zur Kontrolle der Dämmung, dann nach dem Verkleben der Dampfbremse auf der Spanplatten-Beplankung. Bahtir Demaku hat denn auch die Wände nach dem Dämmen offen gelassen, wie es in der neuen Anleitung steht. Weshalb Ernst Allgeier auf den ersten Blick das Problem sieht, dass es hier zu beheben gilt: „Wir empfehlen in unserer Anleitung den Einsatz von stabilen Rockwool-Dämmkeilen. „Hier wurde Isover verwendet, die weicher und in der Konsistenz wie Watte ist."

Was Selbermacher regelmäßig dazu verleitet, die Dämmung in die Gefache zu stopfen. Aber wer die Dämmung um die Hälfte komprimiert, hat auch nur noch die halbe Dämmwirkung. Allgeier empfiehlt den Bauleuten deshalb dringend, die Dämmung wieder vorsichtig herauszuziehen, wo sie zu fest in die Gefache gedrückt wurde.

Problematisch ist auch, dass man an einigen Stellen „durch Lücken in der Dämmung nach außen greifen kann." Und dass das Dämmmaterial, wo Sparren und Spitzboden in stumpfem Winkel aufeinander treffen, einfach aufeinander gestoßen wurde. „Weil man die Dämmbahnen nicht auf Gehrung schneiden kann, klaffen sie an der Berührungsstelle auseinander. Deshalb muss ein Dämmdreieck dazwischen." Auch hier antwortet Ernst Allgeier abschließend auf Fragen und gibt Tipps. Etwa den, die Luke zum Spitzboden möglichst bald zu schließen, um der Bildung von Kondenswasser vor-

Problematisch sind Dämmungslücken (oben) und mit Druck in die Gefache gestopfte Material-Bahnen (unten).

Nach der Abnahme beantwortet Ernst Allgeier die Fragen von Thomas Seemann (links) zum Innenausbau. Der Bauherr hat sich bei der Dampfbremse für ein Fremdprodukt entschieden. Nachteil: Die Folie ist undurchsichtig, so dass die Dämmung nicht geprüft werden kann.

zubeugen. Dann geht es wieder auf die Straße: Eineinhalb Stunden Fahrt liegen vor uns. Rückkehr auf den Parklatz etwa um 16 Uhr. Ein relativ kurzer Tag. Später im Jahr ist so viel los, dass 14 bis 16 Stunden keine Seltenheit sind. Seinen Urlaub hat Ernst Allgeier deshalb schon genommen. Ein heißer Sommer wartet auf ihn.

Komplizierter als es aussieht ist das Verkleben der Dampfbremse im Bereich des Zwerchgiebels. Hier stoßen mehrere Bahnen in verschiedenen Winkeln aufeinander und müssen dennoch so verklebt werden, dass eine absolut dichte Haut entsteht. Auch zur Abdichtung von Dachfenstern tauchen bei vielen Bauherren Fragen auf.

Die Beratung durch den Bauleiter wird deshalb gern als Service in Anspruch genommen.

Macher-Typen

Wer beim Autokauf Geld sparen will, kann eigentlich nur das kleinere Modell wählen. Beim Hauskauf dagegen kann er den Preis auch durch Eigenleistung drücken. Dabei ist schon mit relativ wenig Aufwand ein relativ großer Effekt zu erzielen. Der eine oder andere leistet sich so sein Traumhaus ... !

Die Fertigbaubranche hat inzwischen für alle Ansprüche passende Angebote parat – in Form von entsprechenden Ausbaustufen oder durch frei wählbare Ausbauleistungen.

„Nach Maß" wird in solchen Häusern nicht nur gearbeitet, vielmehr soll auch die Optik möglichst individuell auf die Bauherrenwünsche zugeschnitten sein. Das heißt: Bei der Haushülle steht das Ausbauhaus den Schlüsselfertigen in nichts nach. 24 attraktive Beispiele belegen das!

Alle Preisangaben sind unverbindlich und entsprechen dem genannten Stand bei Fertigstellung des Bauobjektes.

Individuell: Mit Farbe, Carport und Wintergarten

Dieser Entwurf macht zweierlei deutlich: Ein Ausbauhaus ist von außen nicht von einer schlüsselfertigen Variante zu unterscheiden – die Haushülle ist komplett und perfekt im Werk vorgefertigt. Und: Auch beim Ausbauhaus steht architektonisch die ganze Palette an Möglichkeiten zur Verfügung. In diesem Fall wurden neben dem kompakten Hauskörper ein Carport mit Satteldach (analog zum Hausdach) sowie ein Wintergarten unter einer Dachabschleppung als Anbauten gewählt. So ist aus einem relativ simplen Haustyp ein individuelles Domizil für eine vierköpfige „Wohngemeinschaft" geworden, bei dem der Schwerpunkt auf Wohnen liegt: Allein im Erdgeschoss sind etwa 62 m² fürs Familienleben reserviert. Nur Diele, WC und Abstellraum kommen noch dazu. Unterm Dach gibt's die klassische Aufteilung: zwei Kinderzimmer, Elternschlafzimmer, Familienbad, kleine Empore und ein zweiter Abstellraum.

FAKTEN

Hersteller: Bien-Zenker
36381 Schlüchtern
Tel. 08 00 / 4 22 22 28,
www.bien-zenker.de

Entwurf: Century 153, Wohnflächen
EG 81,5 m², DG 68 m²

Bauweise: Holzverbundkonstruktion,
Putzfassade, 40° Satteldach,
100 cm Kniestock

Preise: (ab Oberkante Keller) zur
Ausstattung fertig 117867 Euro,
schlüsselfertig 153 360 Euro, wie
abgebildet 173 925 Euro (Stand 2004)

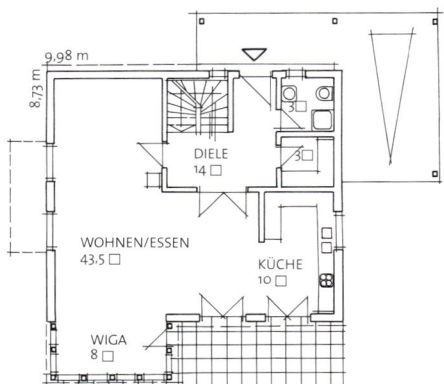

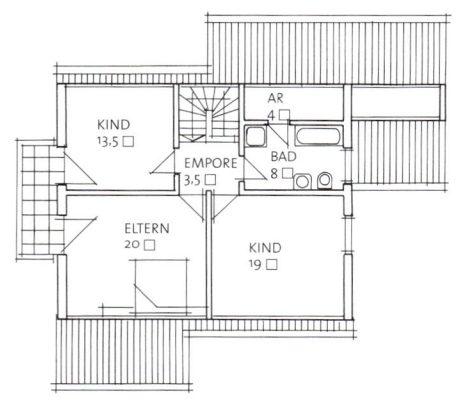

Design und **Eigenleistung** – kein Widerspruch!

Architektur und Design hat sich diese Hausbaufirma auf die Fahnen geschrieben. Und mit dem Entwurf „Berlin" hat sie den selbst gestellten Anspruch sicher erfüllt. Konsequent geplant mit drittem Giebel, viel Glas und einer ansprechenden, warmen Farbe für die Fassade, verspricht das Haus lichthungrigen Baufamilien ihre Wünsche zu erfüllen. Dach-/Untersichten, Fensterrahmen und -sprossen in edlem Grau unterstreichen die klare Linie des Konzepts. Mit zahlreichen Grundrissen lieferbar, ist hier für die Ein-Kind-familie geplant worden, was unterm Dach die große, helle Galerie und im Parterre ein zusätzliches Arbeitszimmer erlaubt. Mit dem an die Küche angrenzenden Abstellraum funktioniert das Haus auch ohne Keller.

FAKTEN

Hersteller: Libella, 14793 Ziesar
Tel. 03 38 30 / 6 55-0, www.libella.com

Entwurf: Berlin

Wohnflächen: EG 71,5 m², DG 51,5 m²

Bauweise: Holzverbundkonstruktion, 40° Satteldach, 85 cm Kniestock, Putzfassade

Preise: (ab Oberkante Keller) Ausbauhaus ab 102 700 Euro, technisch fertig ab 131 774 Euro inklusive 3. Giebel & 3-Liter-Technik (Stand 2004)

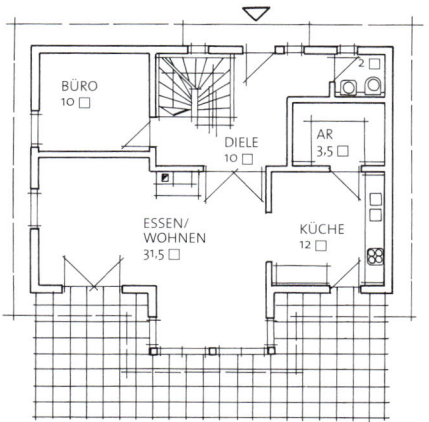

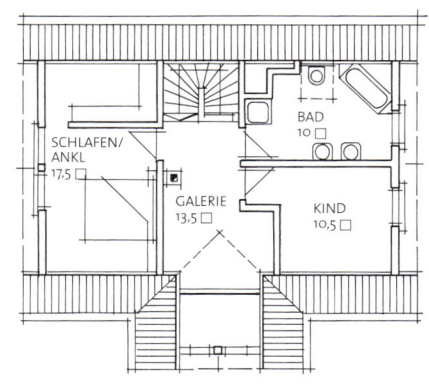

Klein, aber fein und mein

Klein, aber fein und mein, dachte sich die Baufamilie dieses Hauses. Trotz standardisiertem Entwurf wurde Wert gelegt auf ein individuelles Ambiente. Dazu zählen der Segmenterker mit darüber liegendem Balkon für Elternschlaf- und ein Kinderzimmer, der Eingang unter der Dachabschleppung und die teilweise Terrassenüberdachung mittels Fassadenrücksprung. Sehr großzügig wirken die bodentiefen Fenster auf der Gartenseite. Der konsequent weiße Bauköper mit grauer Dacheindeckung kommt für diese Hausgröße insgesamt unüblich edel daher – ein kleines Häuschen als Augenschmäuschen! Als Ausbauhaus geliefert, war für die Baufamilie Eigenleistung angesagt. Und zwar in der Kategorie „für Malerarbeiten vorbereitet". Das bedeutet Tapeten kleben, Streichen und Teppichböden verlegen. Dann ging's an die Einrichtung: Hier dominiert – wie bei der Bauweise – Holz!

FAKTEN

Hersteller: Twin Haus,
77866 Rheinau-Linx
Tel. 0 18 05 / 12 54 51,
www.twin-haus.de

Entwurf: Edition 020

Wohnflächen: EG 72 m², DG 43,5 m²

Bauweise: Holzverbundkonstruktion,
38° Satteldach mit 0,40 m Kniestock,
Erker, Balkon, Sprossenfenster,
Dachabschleppung im Eingangsbereich, Dachflächenfenster

Preise: (ab Oberkante Keller)
wie abgebildet für Malerarbeiten
vorbereitet 130 900 Euro,
Ausbauhaus ab 73 230 Euro
(Stand 2003)

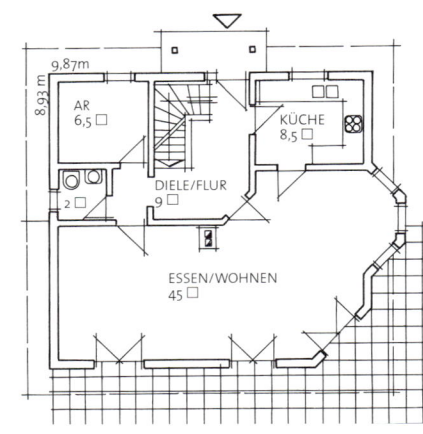

9,87m

8,93m

AR 6,5

KÜCHE 8,5

DIELE/FLUR 9

2

ESSEN/WOHNEN 45

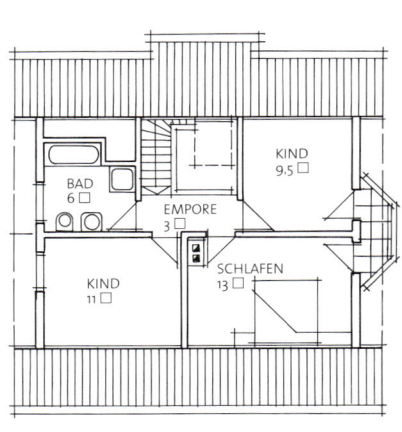

BAD 6

KIND 9,5

EMPORE 3

KIND 11

SCHLAFEN 13

Konzept funktioniert auch ohne Keller

Wer bereit ist, beim Innenausbau Eigenleistung einzubringen, kauft hier nicht nur günstig ein, sondern realisiert am Ende auch sein Traumhaus. Und mit diesem Grundriss funktioniert es sogar ohne Keller – ein weiterer erheblicher Kostenfaktor. Die Heizanlage findet bequem im Hauswirtschaftsraum Platz. Neben dem großzügigen, offenen Wohnbereich ist im Erdgeschoss ein Büro untergebracht, unterm Dach sind die Schlafräume angesiedelt – nebst eigenem Dusch-Bad für die Kinder und Badezimmer mit Wanne für die Eltern. Trotz der Bauplatz sparenden Abmessungen bleiben also keine Familienwünsche offen. Auch von außen kann sich das Häuschen durchaus sehen lassen: Weißer Putz mit blauer Holzverschalung für die Fassade, leicht abgestuft passend ein ebenfalls blaues Dach. Viele bodentiefe Fenster sorgen in Richtung Süden und Westen den ganzen Tag für helle Räume. Die Dachabschleppung schützt die Terrasse.

FAKTEN

Hersteller: B.O.S., 36381 Schlüchtern
Tel. 0180 / 5 23 25 15 (0,12 Euro/min.)
www.bos-haus.de

Entwurf: First Class 145,

Wohnflächen: EG 78,5 m², DG 64,5 m²

Bauweise: Holzverbundkonstruktion,
40° Satteldach, 100 cm Kniestock.

Preise: (ab Oberkante Keller)
Ausbauhaus 78 100 Euro; mit Technik,
Wand-/Deckenverkleidung 96 916 Euro,
Obi Ausbausystem 13 870 Euro
(Stand 2004)

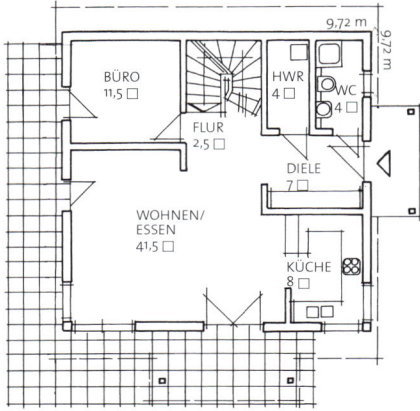

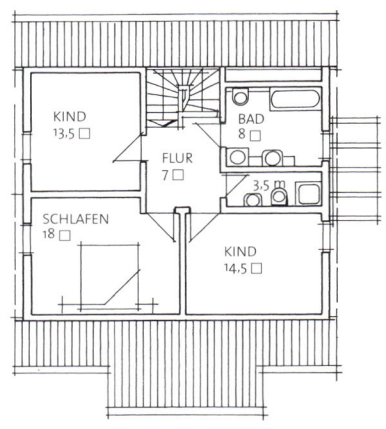

Maßgeschneidert für Familien mit drei Kindern

Ein hübsches Häuschen mit Spitzerker, darüber liegendem Balkon und vor allem dem Glasanbau für Wintergartenatmosphäre. So bietet es trotz Bauplatz sparender Abmessungen Raum für eine Familie mit drei Kindern! Achtung: Der Grundriss zeigt nur die Basisversion ohne Anbauten. Das heißt, die Wohnflächen sind beim gezeigten Haus sogar noch etwas größer als angegeben. Obwohl die Eltern hier im Parterre schlafen, bleiben fürs Familienleben, Essen und Kochen also noch deutlich mehr als 40 m² Wohnraum, welchen die bodentiefe Verglasung lichtdurchflutet. Mit Diele, Gäste-WC und Hauswirtschaftsraum (HWR) ist der Erdgeschoss-Grundriss komplett. Wird im HWR auch die Technik untergebracht, kann eventuell auf den Keller verzichtet werden. Im Dachgeschoss ist – ausschließlich den drei Kindern vorbehalten – natürlich kein Platz für Schnick-Schnack!

FAKTEN

Hersteller: Allkauf,
41065 Mönchengladbach
Tel. 0 21 61 / 99 28-0
www.allkauf-haus.de

Entwurf: Swing

Wohnflächen: EG 78,5 m², DG 59,5 m²

Bauweise: Holzverbundkonstruktion,
38° Satteldach, Spitzerker,
Wintergarten, Putzfassade

Preise: (ab Oberkante Keller)
Ausbauhaus ab 89 900 Euro, wie
abgebildet 122 740 Euro, jeweils
inklusive Ausbaumaterialien
(Stand 2004)

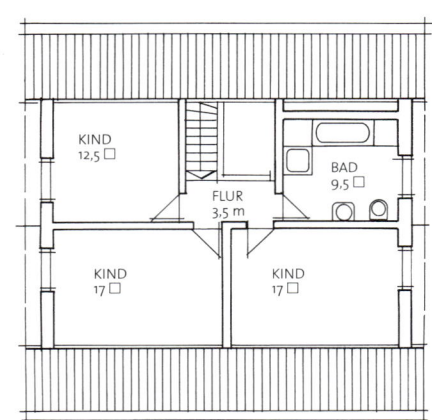

Spannende Architektur mit viel Wohnwert

Mit seiner stark gegliederten Fassade bietet das Haus nicht nur eine spannende Architektur rundum, sondern auch viel Wohnwert. Im Familienzimmer gehen die Funktionen Wohnen, Essen und Kochen fließend ineinander über, sind aber durch die Grundrissgestaltung über Eck optisch voneinander getrennt. Gäste-WC, Hauswirtschaftsraum und Diele ergänzen hier das Raumangebot. Die Treppe mündet im Dachgeschoss in einen geräumigen Flur, der nicht nur „Verkehrsweg" ist, sondern auch Wohnfunktion übernimmt – als gemeinsame Spielfläche zwischen den beiden gleichgroßen Kinderzimmern oder als Arbeitsplatz für die Eltern. Durch den Zwerchgiebel gibt's viel Tageslicht und volle Stehhöhe! Von allen drei Rückzugsräumen unterm Dach ist das Familienbad auf kurzem Weg zu erreichen, die Haustechnik „versteckt" sich im 2 m²-Abstellraum. Das Besondere: Wände, Decken und Dach sind massiv und mit glatter Oberfläche, der Selbermacher kann also sofort streichen, tapezieren oder fliesen – ohne zuvor zu spachteln!

FAKTEN

Hersteller: Hebel Haus
63755 Alzenau
Tel. 0 60 23 / 9 40-914
www.hebelhaus.de

Entwurf: Basic 1-125

Wohnflächen: EG 67,5 m², DG 58,5 m²

Bauweise: Großformatige Porenbeton-Elemente,
45° Satteldach, 39,5 cm Kniestock,
Putzfassade

Preise: (inklusive Fundament)
Ausbauhaus wie abgebildet
106 332 Euro, schlüsselfertig
16 3111 Euro, Keller 19 212 Euro
(Stand 2004)

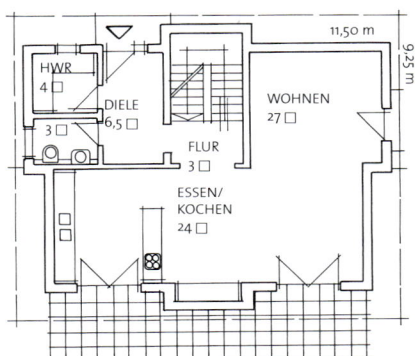

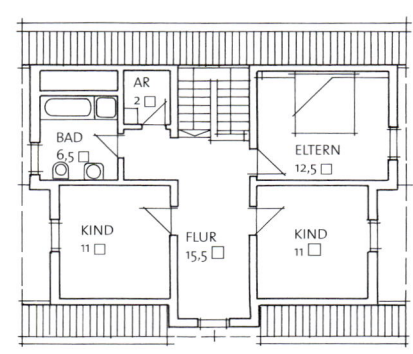

Moderne Holzarchitektur für fünfköpfige Familie

Eine Fertigbaufirma, die eigentlich für traditionelles Bauen mit Holz steht, zeigt mit diesem Haus, dass ihr Spektrum wesentlich größer ist. Mit dem individuellen Entwurf „Eichbaum" realisierte Isartaler Holzhaus genau die Vorstellungen ihrer Bauherrschaft. Diese wünschte ein modernes, funktionales Erscheinungsbild durch eine harmonisch gegliederte Holzfassade, die farblich dezent abgestimmt ist. Die Naturholzhülle wird geschützt von extrem großen Dachüberständen und den Balkonen, unter denen gemütliche Sitzplätze im Freien entstehen. Neben der Optik war der Baufamilie bei diesem Entwurf die Verwendung von ökologischen Materialien wichtig – zum Beispiel Flachs und Holzweichfaserplatten zur Dämmung. Im Innern steht die einläufige Treppe im Zentrum des Geschehens. Links der Treppe sind die offene Küche mit anschließendem Essplatz im Glaserker, die Speisekammer, ein Abstellraum und das Gäste-WC angesiedelt, rechts heißt es Wohnen und Lesen. Als Klimapuffer wurde ein kleiner Windfang vorgeschaltet.

FAKTEN

Hersteller: Isartaler
83607 Holzkirchen
Tel. 0 80 24 / 30 04-0
www.isartaler-holzhaus.de

Entwurf: Eichbaum individuell

Wohnflächen: EG 87,5 m², DG 85 m²

Bauweise: Holzverbundkonstruktion, 25° Satteldach mit 2,69 m Kniestock, Holzfassade, Erker, Balkon

Preise: (ab Oberkante Keller) schlüsselfertig wie abgebildet 283 900 Euro, Haus zum Selbstausbau 115 900 Euro (Stand 2004)

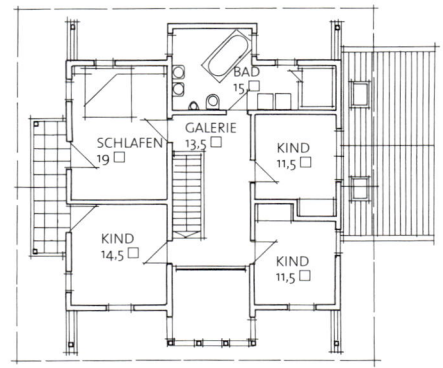

„Knusperhaus": Das aus der Reihe tanzt…

Sein ganz spezieller Charme lässt den Entwurf aus der Reihe tanzt: Die märchenhaften „Knusperhaus"-Anleihen machen das frei geplante Eigenheim originell, die Rosen umrankte Sonnenterrasse verleiht dem Haus etwas Verwunschenes. Gelb, Braun und Türkis sind die dominanten Töne für die Fassade, die von einem sehr großen Dachüberstand geschützt wird – auf dass die Farben lange leuchten! Diese Optik ist zwar sicher nicht jedermanns Sache, aber sie zeigt, Holzhaus ist nicht gleich Holzhaus, und im Prinzip kann fast jede Bauherrenvorliebe verwirklicht werden. Im Innern ist die Ausstattung individuell-gemütlich, die Raumaufteilung pragmatisch: Unten wird über die Hälfte der Fläche fürs Wohnen und Essen reserviert mit einer Küche „unter der Treppe". Oben ist dieselbe Raumgröße als Schlaf-Wohnplatz definiert. Bad, Ankleide und Gästezimmer machen das Raumangebot vollständig und das Haus attraktiv für ein Leben zu zweit!

FAKTEN

Hersteller: Sonnleitner
94496 Ortenburg
Tel. 0 85 42 / 96 11-0
www.sonnleitner.de

Entwurf: Individuell

Wohnflächen: EG 59 m², DG 58,5 m²

Bauweise: Holzverbundkonstruktion, 24° Satteldach mit 2,0 m Kniestock, Holzfassade

Preise: (ab Oberkante Keller) schlüsselfertig ab 195 500 Euro, Ausbauhaus ab 114 000 Euro (Stand 2004)

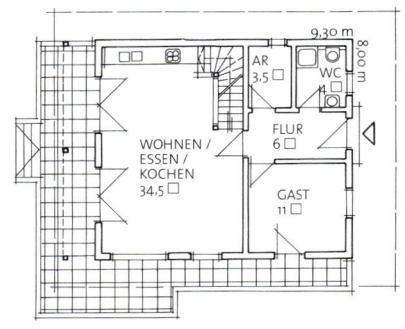

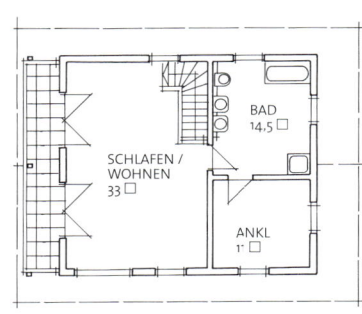

Feingliedrige Fassade, **funktionale** Raumanordnung

Platz geht neue Wege: Mit der preiswerten Schiene „Allegro" und mit dem „Ideenhaus Belcanto". Letzteres ist ein Programm mit fünf Grundmodellen, jeweils mit Satteldach, großzügiger Giebelverglasung und Zusatzbauteilen für individuelle Wünsche. „Belcanto" setzt auf Ökologie unter anderem mit der neuen diffusionsoffenen, flachsgedämmten Platz Außenwand und einer Lehmsteinwand im Innern zur Feuchteregulation! Die Optik ist modern, freundlich, zeitgemäß und gleichermaßen zeitlos. Die Variante „140.1" (rechts) ist mit einer feingliedrigen Holzlamellen-Verschalung zurückhaltend elegant, das Modell „135" als Alternative (links) etwas „handfester" mit Blockpaneelen verschalt! Das vorgestellte Haus verfügt über einen absolut offenen Erdgeschoss-Grundriss mit überdachter Terrasse und eine zweckmäßige, schnörkellose Raumanordnung für die vierköpfige Familie unterm Dach.

„Belcanto 140.1" ist mit seinem Modul-Konzept ein Haus für alle Phasen des Lebens, das edel aber nicht abgehoben daherkommt. Es bedient die Baufamilie mit wohngesundem Bewusstsein und Architektur-Anspruch.

FAKTEN

Hersteller: Platz
88348 Bad Saulgau
Tel. 0 75 81 / 201-0
www.platz.de

Entwurf: Belcanto 140.1

Wohnflächen: EG 78,5 m², DG 60,5 m²

Bauweise: Holzverbundkonstruktion, 35° Satteldach mit 1,15 m Kniestock, Holzfassade, überdachte Terrasse

Preise: (ab Oberkante Keller) schlüsselfertig wie abgebildet 194 875 Euro, Ausbauhaus 124 437 Euro (Stand 2004)

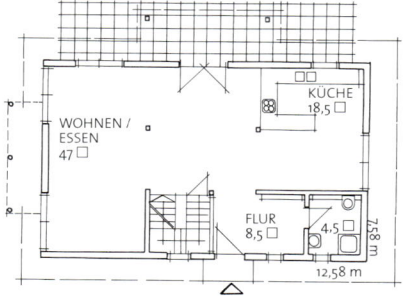
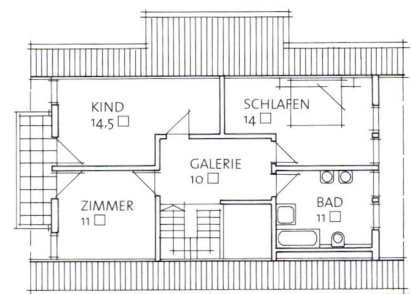

Bequem: Familienleben auf 111 Quadratmetern

Fast ein Satteldach: Das versetzte Pultdach wirkt modern und bietet flach geneigt (16 Grad) auch im Obergeschoss volle Stehhöhe und damit 100 Prozent Wohnfläche. Die Dachform ist Teil des konsequenten Gestaltungsprinzips für das „Sola-Vita Classic" von Lux: Weißes Erdgeschoss (Putz), blaues Dachgeschoss (Holzverschalung), warmer, heller Holzton für Fenster und Dachuntersichten, Metall für Balkon, Stützen sowie Abgasrohr am Giebel und schließlich klassisches Rot oben drauf.

Im Innern ist die Raumaufteilung funktional: Unten wird gewohnt mit abgeschlossener Küche, großem Hauswirtschaftsraum, Diele und Windfang (getrennt) sowie mit dem Gäste-WC. Oben sind die Rückzugsräume für Eltern und zwei Kinder. Das Familienbad komplettiert hier den Grundriss.

So lässt sich auf sehr kleiner Grundfläche (9,05 mal 7,67 Meter) ein hübsches und zweckmäßiges Haus für eine vierköpfige Familie realisieren, die bequem mit knapp 110 m² Wohnfläche auskommt. Den Glaserker gibt's gegen Aufpreis, der Grundriss zeigt die Basisversion.

FAKTEN

Hersteller: Lux
91166 Georgensgmünd
Tel. 0 91 72 / 692-0
www.lux-haus.de

Entwurf: Sola-Vita Classic

Wohnflächen: EG 54 m², DG 54,5 m²

Bauweise: Holzverbundkonstruktion, 16° Pultdächer, zwei Vollgeschosse, Putz-/Holzfassade

Preise: (ab Oberkante Keller)
Ausbauhaus ab 98721 Euro, schlüsselfertig wie gezeigt 165637 Euro
(Stand 2004)

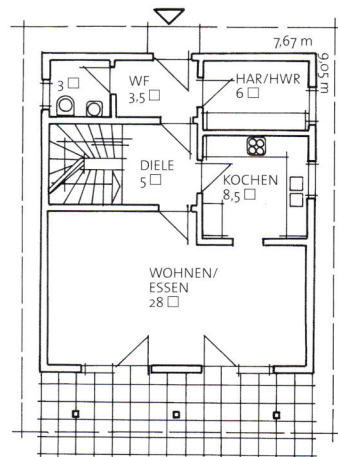
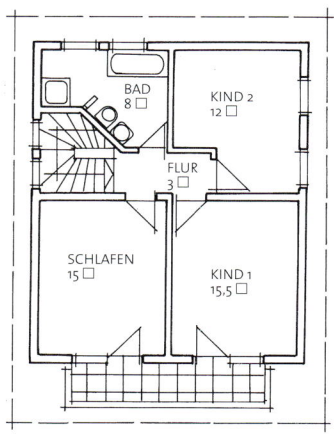

Bayerische Architektur zeitgemäß interpretiert

Diese Interpretation bayerischer Architektur ist so modern, dass sie eigentlich für ganz Deutschland in Frage kommt. Zwar mit alpenländischen Attributen wie großer Dachüberstand, Zweigeschossigkeit und dritter Giebel versehen, sorgen jedoch die bodentiefen Fensterelemente, der filigran abgestützte Stahlbalkon und natürlich die ansprechende Holzfassade für eine zeitgemäße Anmutung.

Neben der waagerechten Stülpschalung wurden hier auch Holz-Fassadentafeln eingesetzt, die sich glatt und etwas zurückhaltender in der Farbgebung absetzen – so wirkt die Fassade lebendig. Im Erdgeschoss wird komplett offen gewohnt (auf Wunsch sind Abteilungen natürlich möglich), unterm Dach gibt's die Rückzugsräume und eine Galerie mit Zugang zum Balkon.

FAKTEN

Hersteller: Regnauer, 83358 Seebruck
Tel. 0 85 57 / 7 22 22, www.regnauer.de

Entwurf: Eco-Line 500

Wohnflächen: EG 87 m², DG 76 m²

Bauweise: Holzverbundkonstruktion, 24° Satteldach mit 2,28 m Kniestock, Holzfassade, dritter Giebel, Stahlbalkon

Preise: (ab Oberkante Keller) schlüsselfertig wie abgebildet 227 640 Euro, schlüsselfertig ab 200 440 Euro, Ausbauhaus ab 132 241 Euro
(Stand 2003)

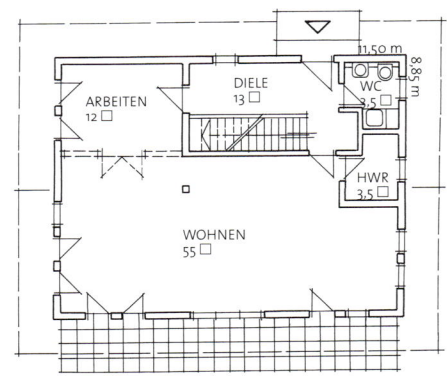
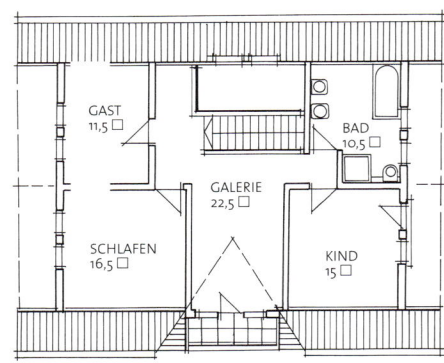

Split-Level: Wohnen auf versetzten Ebenen

Oft bieten Häuser mit Pultdächern nicht nur von außen eine besondere Optik, auch im Inneren ergeben sich andere Möglichkeiten. So wurde hier mit vesetzten Ebenen gearbeitet. Das zwar offene Erdgeschoss wird dadurch in zwei eigene Bereiche gegliedert – Kochen/Essen und Wohnen. Dieses Split-Level-Prinzip setzt sich unterm Dach fort, wo von der großen Wohngalerie aus über wenige Stufen die Privaträume zu erreichen sind. Die Fassade bleibt durch ihren Materialmix im Gedächtnis: Holz (blaue Schalung, braune Fenster), weißer Putz, „Metallbalkon".

FAKTEN

Hersteller: Meisterstück
31789 Hameln, Tel. 0 51 51 / 9 53 80
www.meisterstueck.de

Entwurf: „Solarhaus"

Wohnflächen: EG 88 m², DG 57,5 m²

Bauweise: Holzverbundkonstruktion, 23° Pultdach, Putz-/Holzfassade, Solaranlage, Balkon, Wintergarten

Preise: (ab OK Kellerdecke) schlüsselfertig 244 192 Euro, Ausbauhaus ab 164 681 Euro (Stand 2003)

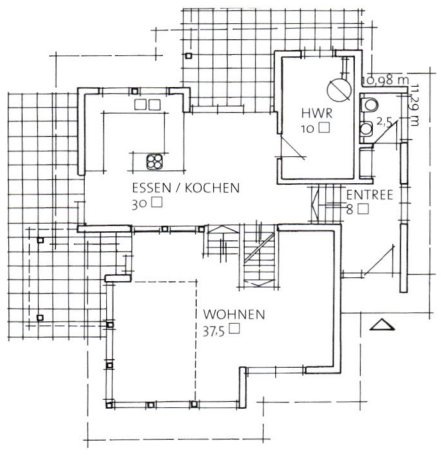
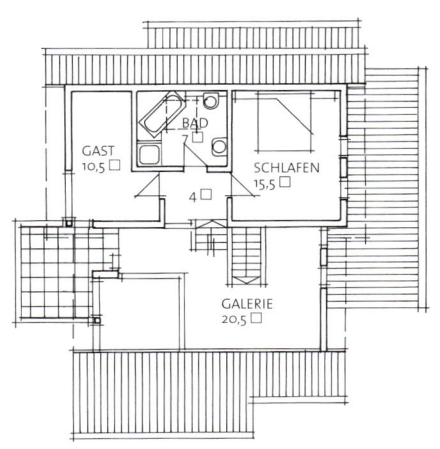

Wohnen und Arbeiten unter einem Dach

Dieser nicht ganz quadratische Entwurf von Haas ist auf Symmetrie und eine klare Linie bedacht. Die „Schokoladenseite" des Hauses besteht fast „nur" aus den vier großen Fensterflächen, die links und rechts der beiden Edelstahl-Abgasrohre für eine maximale Lichtausbeute in Erd- und Dachgeschoss sorgen. Hinter der Kulisse befinden sich der Wohnraum beziehungsweise die Schlafzimmer für Eltern und Kind. Nach hinten, in die Nordhälfte des Hauses gerückt sind im Parterre Küche, Diele, Windfang und ein Arbeitszimmer, unterm Dach das Familienbad sowie ein zweites Büro. Die Zeltdachspitze wurde als „Glaskuppel" ausgebildet, die zusätzlich Licht auf Verkehrsflächen im ganzen Haus bringt. Der Entwurf ist imposant durch seine schlichte und offene Planung, die ganz auf überflüssigen Schnickschnack verzichten kann.

FAKTEN

Hersteller: Haas, 84326 Falkenberg
Tel. 08727/180, www.haas-fertigbau.de

Entwurf: „Top Line 100 V"

Wohnflächen: EG 89 m², DG 75,5 m²

Bauweise: Holzverbundkonstruktion, 10° Zeltdach (Titanzink), Putzfassade, Lichtkuppel, Edelstahlkamin

Preise: (ab OK Kellerdecke) Ausbauhaus ab 173 817 Euro, schlüsselfertig wie abgebildet 274 400 Euro (Stand 2003)

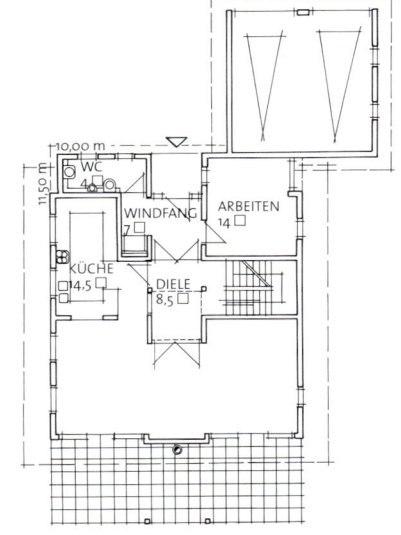

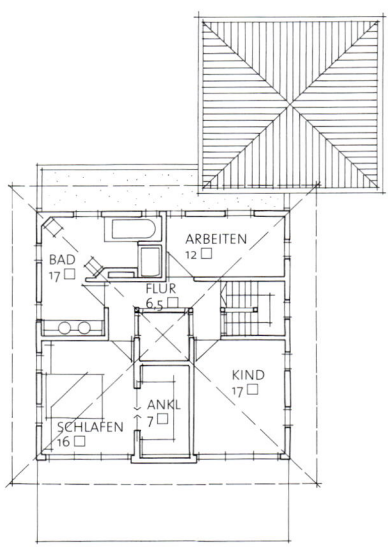

Kompakter Energiesparer im modernen Design

So sieht Energie sparendes Bauen bei Okal aus: Ein kompakter Baukörper mit zwei gegenläufigen Pultdächern, nach Süden viel Glas im Erdgeschoss für passiven, solaren Wärmegewinn, ein verglaster Dacheinschnitt, der Wintergarten-Atmosphäre macht, und eine möglichst geschlossene Nordseite. Die Schlafräume im Obergeschoss profitieren von den versetzten Dachflächen, da so eine zusätzliche Belichtung über schmale Fenster möglich ist. Das Entreé ist giebelseitig angeordnet – perfekt geschützt im überkragenden Bauteil.

Die konsequente Sonnen-Architektur legt hier den Schritt zum Drei-Liter-Haus nahe.

FAKTEN

Hersteller: Okal, 31013 Salzhemmendorf
Tel. 0 51 53 / 8 20, www.okal.de

Entwurf: „Ambiente Contura LS 109"

Wohnflächen: EG 92 m², DG 39,5 m²

Bauweise: Holzverbundkonstruktion, 22° Pultdach, Putzfassade

Preise: (ab OK Kellerdecke) fast fertig (ohne Tapeten und Bodenbeläge) 168 400 Euro, Ausbauhaus ab 149 900 Euro (Stand 2003)

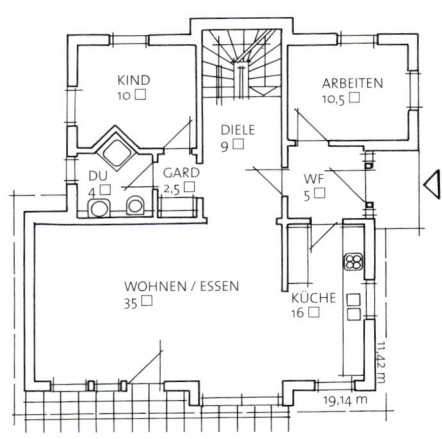
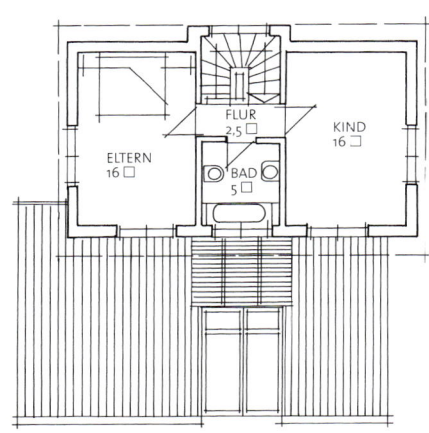

Familiendomizil für „Stadtflüchter"

Ein Haus für alle „Stadtflüchter", die nicht zur Arbeit pendeln wollen. Mit seinen knappen Abmessungen von nur 8,5 mal 8,5 Metern passt das „Easyway plus" auch in sehr kleine und damit günstige Baulücken und bietet auf zwei Vollgeschossen dennoch knapp 120 Quadratmeter Wohnfläche. Diese ist für eine vierköpfige Familie funktionsgerecht aufgeteilt: So hat das Haus ein vergleichsweise großes Bad unterm Dach und ein zusätzliches Dusch-WC im Erdgeschoss.

Eingang und Treppe sind entkoppelt, was ein bequemes Ankommen ermöglicht. Einkäufe können über den direkten Zugang zur Küche mühelos verstaut werden. Ein Haus ohne überflüssige Details, aber mit den wichtigsten Basics!

FAKTEN

Hersteller: Exnorm, Novex Hausbau
89555 Steinheim
Tel. 0 73 29 / 95 10, www.exnorm.de

Entwurf: „easyway plus"

Wohnflächen: EG 59,5 m², DG 59 m²

Bauweise: Holzverbundkonstruktion, 35° Zeltdach, Putzfassade, Balkon

Preise: (inkl. Bodenplatte) Ausbauhaus ab 96 990 Euro, schlüsselfertig wie abgebildet 159 700 Euro (Stand 2003)

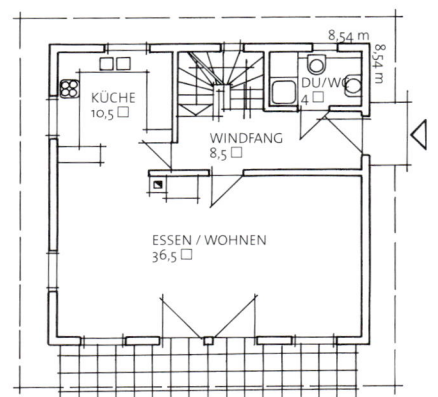
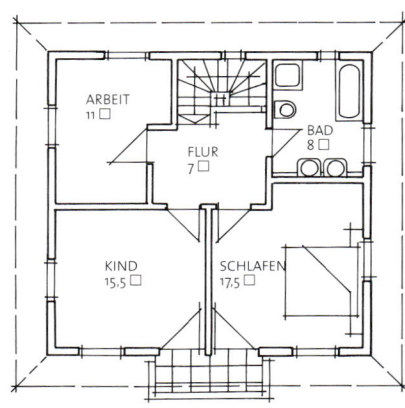

15 Türen verbinden das Drinnen und Draußen

Klarer Fall von Understatement. Zunächst zeugen straßenseitig nur die zwei Baukörper mit gegenläufigen Pultdächern und das Lichtband im Versatz von einem besonderen Entwurf. Der Blick vom Garten erschließt jedoch das transparente und individuell zugeschnittene Wohnkonzept: Drei Doppelflügeltüren führen vom Wohn- beziehungsweise Gästezimmer auf die große Terrasse im Parterre. Ebenso gelangt man unterm Dach auf drei separate(!) Balkone. Pfiffig dabei sind die Dachausschnitte, durch die jeder Balkon nochmals einzeln von oben belichtet wird. Insgesamt verbinden 15 Türen Drinnen und Draußen.

Das frei geplante „Futura" sieht konsequent Wohnen und Schlafen im Süden vor, Nasszellen, Küche, Treppe und Technik im Norden. Diele und Galerie sind verbindendes Element.

FAKTEN

Hersteller: Gussek
48527 Nordhorn
Tel. 0 59 21 / 17 40
www.gussek-haus.de

Entwurf: „Futura individuell Evers"

Wohnflächen: EG 100,5 m², DG 86,5 m²

Bauweise: Holzverbundkonstruktion, 25° Pultdach, Putzfassade, Garage, Kamin

Preise: (ab OK Kellerdecke) schlüsselfertig ab 243 650 Euro, Ausbauhaus ab 155 286 Euro (Stand 2003)

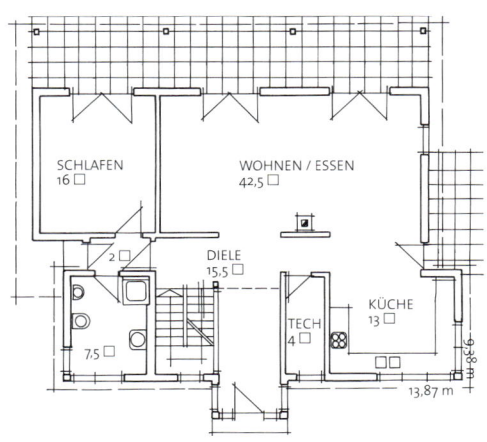

SCHLAFEN 16 □
WOHNEN / ESSEN 42,5 □
2 □
DIELE 15,5 □
TECH 4 □
KÜCHE 13 □
7,5 □
9,38 m
13,87 m

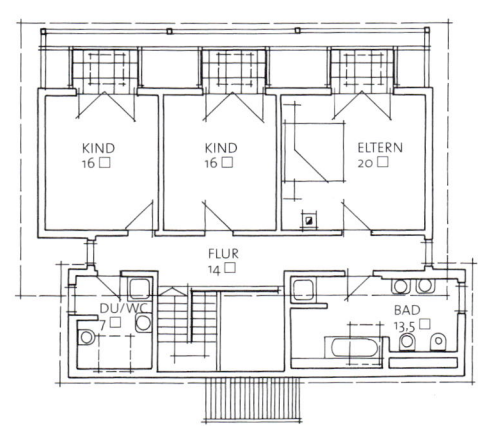

KIND 16 □
KIND 16 □
ELTERN 20 □
FLUR 14 □
DU/WC 7 □
BAD 13,5 □

Offenes Wohnen im jungen Grundriss

Varia heißt die Zauberformel bei Hanse. Ein Aktionshaus für die junge Familie, die beim Finish mit anpacken und auf einige Annehmlichkeiten nicht verzichten will. Dazu zählen bei der hier vorgestellten klassischen Variante der Erker im Wohnbereich, über dem eine Loggia im dritten Giebel angesiedelt ist. Unten bedeutet das mehr Wohnfläche und oben eine Rückzugsmöglichkeit im Freien für die Kinder (der hier gezeigte Grundriss weist allerdings einen geschlossenen dritten Giebel auf). Der Grundriss insgesamt ist familienfreundlich und offen konzipiert und bleibt im Erdgeschoss fast ausschließlich dem Wohnen vorbehalten. Diele und Gäste-WC komplettieren hier das Raumangebot. Im Dachgeschoss „verteilt" eine kleine Galerie die Räume: zwei Kinderzimmer, das Elternschlafzimmer und ein Familienbad. Das Häuschen mit roter Dacheindeckung, braunen Fensterrahmen und entsprechenden Sprossen, bedient den eher konventionellen Geschmack.

FAKTEN

Hersteller: Hanse
97789 Oberleichtersbach
Tel. 0 97 41 / 80 84 00
www.hanse-haus.de

Entwurf: Varia

Wohnflächen: EG 69 m², DG 49,5 m²

Bauweise: Holzverbundkonstruktion, 40° Satteldach mit 0,5 m Kniestock, Putzfassade, Außenputz in weiß oder farbig abgetönt, farbige Holzteile außen

Preise: (ab Oberkante Keller) für Malerarbeiten vorbereitet 150 788 Euro, Ausbauhaus ab 77 350 Euro (Stand 2003)

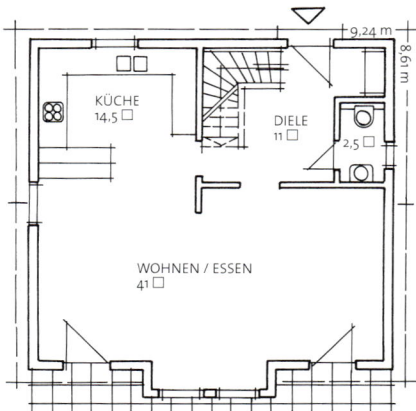

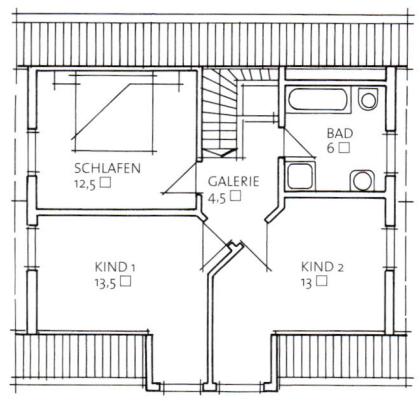

Sympathischer **Bauplatzsparer** für Vier

Ein echter Bauplatzsparer mit quadratischem Grundriss (knapp 9 x 9 Meter Seitenlänge), der mit seinen Details sympathisch wirkt: Segmenterker für den Essplatz, kleiner überdachter Terrassenbereich, Balkon. Also ein Beweis dafür, dass es beim Eigenheim nicht auf die schiere Größe ankommt. Nett verpackt wie hier, reichen auch gut 100 m² Wohnfläche für die vierköpfige Familie aus. Immerhin stehen dem reinen Wohnen fast 47 m² zur Verfügung. Die Rückzugsbereiche für die einzelnen Familienmitglieder sind natürlich entsprechend knapp kalkuliert: jeweils 10 m² für die Kids und 11,5 m² für die Eltern.

Das äußere Erscheinungsbild ist von einer konsequenten Dreifarbigkeit geprägt: Rot fürs Dach, Gelb für die Putzfassade und Weiß für alles aus Holz – Balkongeländer, Dachuntersichten, Stützpfeiler und Fensterrahmen. Der Preis: ohne Malerarbeiten und Bodenbeläge.

FAKTEN

Hersteller: Schwabenhaus
36266 Heringen
Tel. 0 66 24 / 93 00
www.schwabenhaus.de

Entwurf: Da Capo 61

Wohnflächen: EG 64,5 m² , DG 42 m²

Bauweise: Holzverbundkonstruktion, 38° Satteldach mit 0,50 m Kniestock, Erker, Balkon

Preise: (ab Oberkante Keller) wie abgebildet für Malerarbeiten vorbereitet 130 461 Euro, schlüsselfertig 140 898 Euro, Ausbauhaus ab 87 525 Euro (Stand 2003)

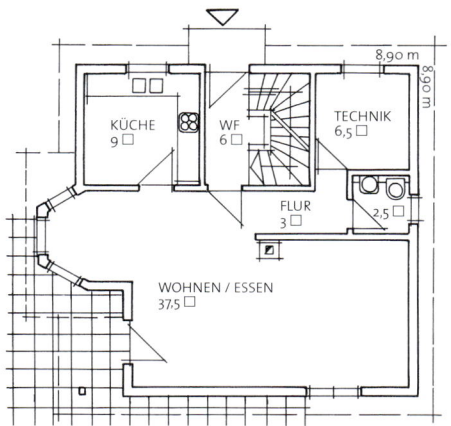
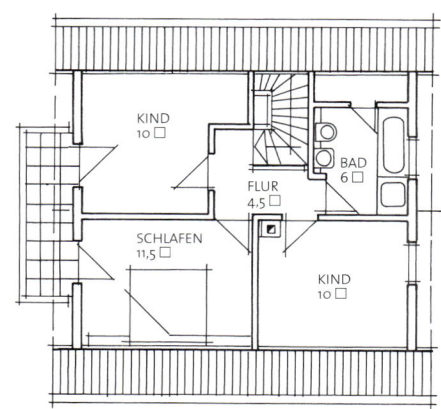

Beschwingtes Leben im Winkel

Swing heißt dieser Entwurf von Streif, der mit seinen ausgefallenen Winkeln viele interessante Ecken und Nischen entstehen lässt. Von langweiligem Wohnen also keine Spur. Die am besten nach Südwesten ausgerichtete, abgeschrägte Fassade lässt durch die großen, bodentiefen Fenster viel Licht in den Wohn-/Essbereich. Dieser geht offen in eine „amerikanische Küche" über. Abgetrennt durch eine Diele liegen im Parterre noch ein Büro sowie Abstellflächen und ein Dusch-WC. Unterm Dach ist von der ausgefallenen Parterre-Planung kaum etwas zu spüren – nur der Spitzbalkon nimmt den Grundriss von unten auf. Neben den Malerarbeiten fehlen im angegebenen Preis hier auch die Innentüren, die Sanitärobjekte sowie deren Montage.

FAKTEN

Hersteller: Streif, 54595 Weinsheim
Tel. 08 00 / 1 78 73 43, www.streif.de

Entwurf: Swing

Wohnflächen: EG 66,5 m², DG 47 m²

Bauweise: Holzverbundkonstruktion, 42° Satteldach mit 0,75 m Kniestock, Putzfassade, Wohnerker mit Erkerbalkon

Preise: (ab Oberkante Keller) wie abgebildet für Malerarbeiten vorbereitet 137 493 Euro, Ausbauhaus ab 85 872 Euro, schlüsselfertig 157 536 Euro (Stand 2003)

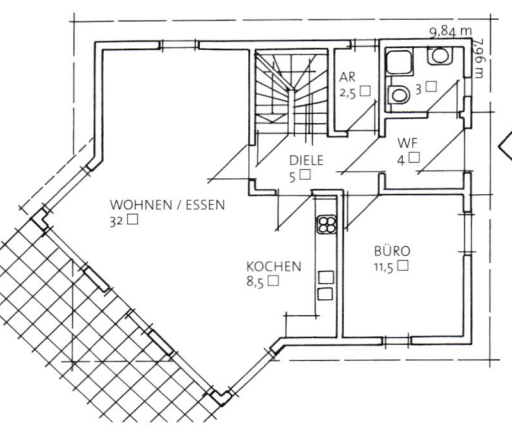

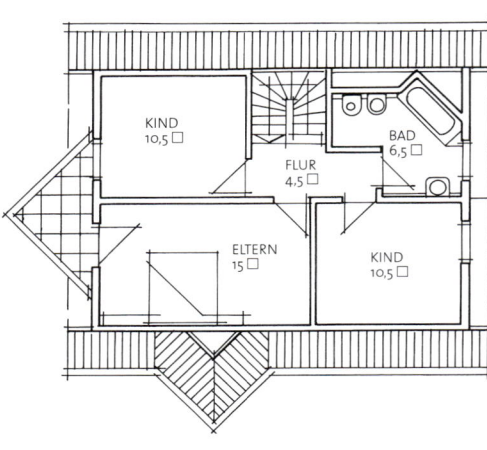

Markant: Dritter Giebel und Holzverschalung

Mit dem großen dritten Giebel und der markanten senkrechten Holzverschalung setzt dieses Haus einen Akzent. Der gleichnamige Entwurf ist Vorschlag aus einer umfangreichen „Bauoffensive" von Schwörer, die zahlreiche Aktionshäuser zu einem breiten Angebot bündelt.

Dank dem Dachaufbruch gibt's hier im Obergeschoss überdurchschnittlich viel Platz. Die „Privaträume" sind ausgesprochen groß dimensioniert – das gilt auch fürs Familienbad (9 m²). Unten heißt's offen Wohnen mit freier Sicht in die Küche. Ein kleines zusätzliches Zimmer dient als Homeoffice. Die Südseite sorgt mit viel Glas (unser Preisbeispiel bezieht sich auf nur drei Fenstertüren im Erdgeschoss!) für viel Licht und passiven Wärmegewinn vor allem im Wohnbereich. Neben den üblichen Malerarbeiten werden in diesem Fall auch alle Bodenbeläge in Eigenleistung erledigt.

FAKTEN

Hersteller: Schwörer, 72531 Hohenstein
Tel. 0 73 87 / 16-0, www.schwoerer.de

Entwurf: Akzent

Wohnflächen: EG 68 m², DG 58,5 m²

Bauweise: Holzverbundkonstruktion, 35° Satteldach, 1,05 m Kniestock, Holzfassade, Sprossenfenster, dritter Giebel

Preise: (ab Oberkante Keller) für Malerarbeiten vorbereitet 145 122 Euro, Ausbauhaus ab 114 758 Euro, schlüsselfertig wie abgebildet 154 358 Euro (Stand 2003)

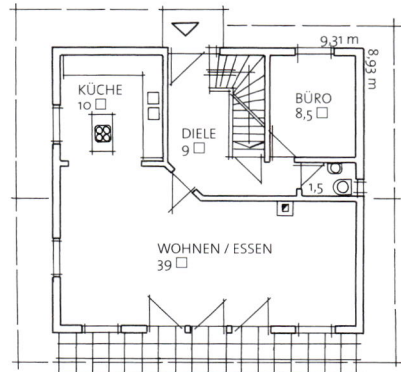
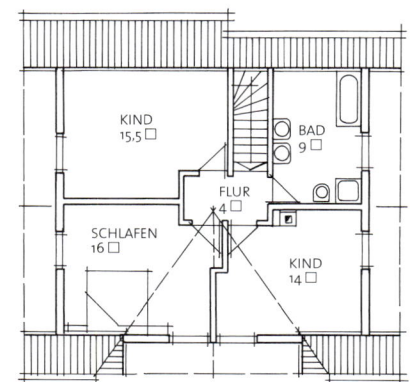

Verglaster Querbau: Sichtachse durchs Haus

Ein Entwurf, der vom Kontrast lebt zwischen der warmen, sandfarbenen Holzfassade und der kühlen Optik des verglasten Quereinschubs – eine Verschmelzung von Gefühl und Sachlichkeit. Das Glashaus ist verantwortlich für die Belichtung von Wohnbereich und Diele im Parterre sowie von der Galerie unterm Dach. Auf beiden Ebenen entsteht so eine Sichtachse durchs ganze Haus.

Auffallend: Das schräg gewölbte Dach des Glasbaus und der Rundbalkon. Insgesamt ein zeitloses Haus mit vorgehängter Fassade in Blockbau-Optik.

FAKTEN

Hersteller: Invito, 36381 Schlüchtern
Tel. 0 66 61 / 9 82 85, www.invito.de

Entwurf: Invito 170

Wohnflächen: EG 89 m², DG 76,5 m²

Bauweise: Holzverbundkonstruktion, 40° Satteldach, 0,90 m Kniestock, hinterlüftete Holzfassade, Blockprofil, verglaste Querhäuser, Stahlbalkon,

Preise: (ab Oberkante Keller) schlüsselfertig wie abgebildet 228 200 Euro, schlüsselfertig ab 187 700 Euro, Ausbauhaus ab 155 400 Euro
(Stand 2003)

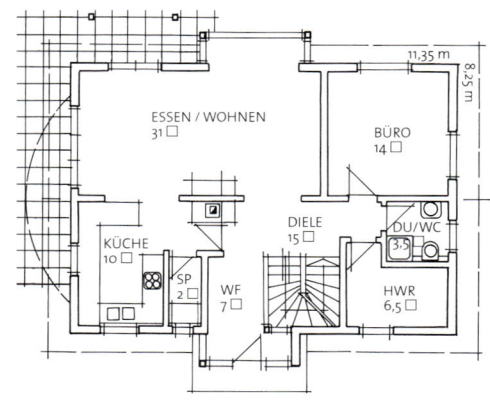

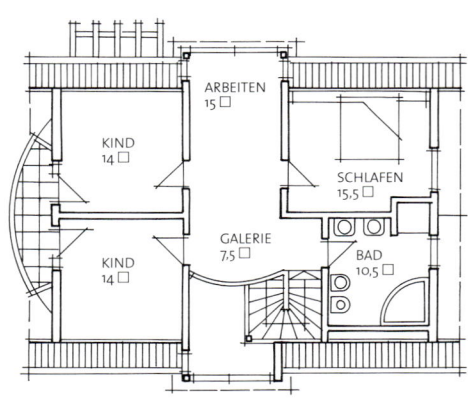

Erkennungsmerkmal Friesengiebel

An seinem Friesengiebel ist er ganz leicht zu erkennen: der Entwurf „Kompakt 510" von Kampa, der mit seinem spitzen, hohen Dach, der Klinkerfassade im Parterre, der Holzverschalung im Dachgeschoss und den Sprossenfenstern eine markante, nordische Ausstrahlung hat. Das Häuschen mit gut 120 m² Wohnfläche ist hier für die Ein-Kind-Familie konzipiert, also mit Elternschlaf-, einem Kinderzimmer und dem Bad unterm Dach. Dass die Räume ansprechend groß sind, liegt daran, dass auf ein zweites Kinderzimmer verzichtet werden konnte. Im Erdgeschoss ist etwa die halbe Fläche alleine dem Wohnen vorbehalten, Küche und Hauswirtschaftsraum liegen in der anderen Hälfte links und rechts der Diele. Die beiden schrägen Wand-Elemente lockern das ansonsten rechtwinklige Raumkonzept auf. Bei dem Bauplatzsparer (10,56 x 9,31 m) wurde auch an hilfreiche Details gedacht – zum Beispiel mit dem zurückgesetzten Eingang, der so „automatisch" Wetterschutz bietet.

FAKTEN

Hersteller: Kampa-Haus
32429 Minden
Tel. 05 71 / 95 57-0
www.kampa-haus.de

Entwurf: Kompakt 510 a

Wohnflächen: EG 69,5 m², DG 52 m²

Bauweise: Holzverbundkonstruktion, 45° Pultdach, Klinker-/Holzfassade

Preise: (ab Oberkante Keller) bezugsfertig wie abgebildet 194 613 Euro, Ausbauhaus (inklusive Haustechnik) ab 168 158 Euro (Stand 2003)

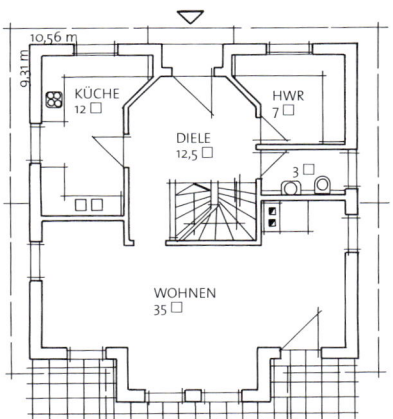

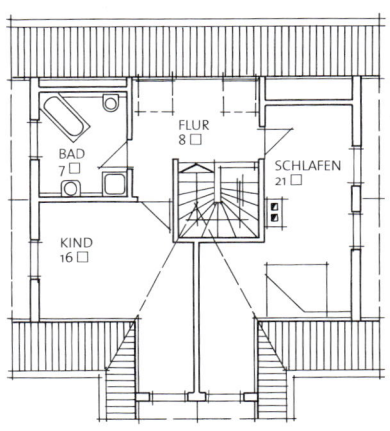

Lichtfluter ist auch architektonischer Gewinn

Der dritte Giebel als Lichtfluter: Unten vergrößert er den Wohnraum und holt viel Sonne ins Innere, oben kommt er einem Kinder- und dem Elternschlafzimmer zugute. Diese sind so viel heller und haben mehr Fläche mit voller Stehhöhe. Der an sich einfache Baukörper mit normalen Fenstern wird durch das Zwerchhaus auch in architektonischer Hinsicht aufgewertet. Mit seinem roten Dach, der gelben Putzfassade und den weißen Fensterrahmen passt er in nahezu jedes deutsche Baugebiet, ohne deshalb langweilig zu wirken.

Der Entwurf kommt mit einem relativ kleinen Grundstück aus und macht mit seinen fast quadratischen Maßen (9,0 x 9,5 m) ausgewogene Raumzuschnitte möglich: Im Erd- wie Dachgeschoss sind alle Zimmer vernünftig dimensioniert und praktisch angeordnet.

FAKTEN

Hersteller: Keitel Haus
74585 Rot am See
Tel. 0 79 58 / 98 05-0
www.keitel-haus.de

Entwurf: Birkenhain

Wohnflächen: EG 72,5 m², DG 54,5 m²

Bauweise: Holzverbundkonstruktion, 38° Satteldach, 0,70 m Kniestock, Putzfassade

Preise: (ab Oberkante Keller) schlüsselfertig wie abgebildet 196 600 Euro, schlüsselfertig ab 188 450 Euro, Ausbauhaus ab 117 680 Euro, Keller 31 660 Euro (Stand 2003)

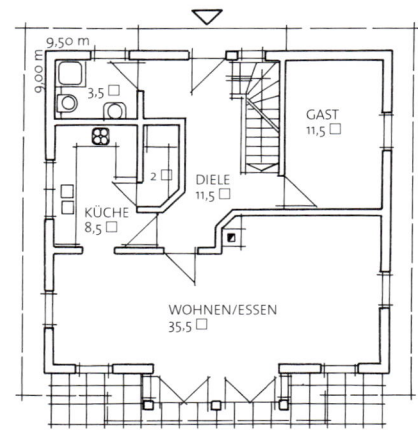
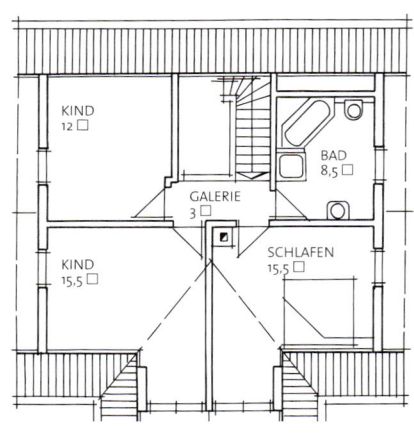

Nur für Eigenleister: Typenhaus mit Küche

So wird konsequent gespart: Das quadratische „Ruck-Zuck 140" ist nicht nur durch seinen geringen Bauplatzbedarf attraktiv, es ist auch günstig durch seine Typisierung: Lediglich eine Spiegelung des Grundrisses ist möglich, keine weitere Planungsänderung. Das Konzept ist pragmatisch und offen, oben sogar mit Galerie!

Gespart werden muss außerdem durch Eigenleistung, das Haus wird nur in „Ausbaustufe II" angeboten: von außen fertig mit installierter Technik, Geschosstreppe und Küche(!) innen. Der Bauherr tapeziert und verlegt Teppichböden sowie Fliesen. Wer mit spitzem Bleistift rechnet, denkt auch kaum über Extras nach – entsprechend knapp ist die Palette: Nur Eingangsüberdachung, Pergola und Balkon gibt's gegen Aufpreis. Die Optik: schmuckes Stadthäuschen mit erstaunlich viel Glas zum Sonne tanken.

FAKTEN

Hersteller: Elk
91338 Stöckach
Tel. 0 91 26 / 50 19
www.elk.co.at

Entwurf: Ruck-Zuck 140

Wohnflächen: EG 67 m², DG 59,5 m²

Bauweise: Holzverbundkonstruktion, 25° Zeltdach, Putzfassade

Preise: (ab Oberkante Keller) wie abgebildet in Ausbaustufe II (Technik, Geschosstreppe, Küche installiert) 112 710 Euro (Stand 2003)

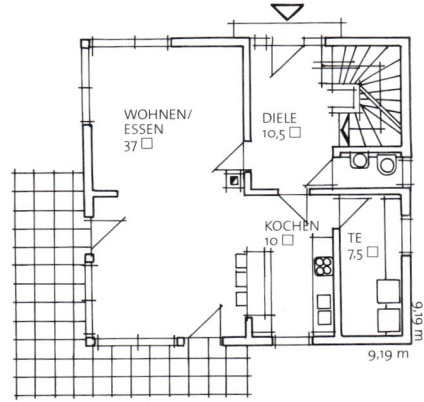

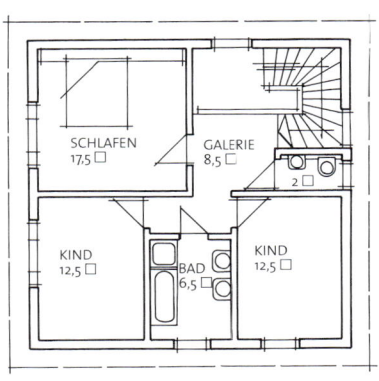

Hier findet jeder die passende Ausbaustufe

Welche Ausbaustufen, Konditionen und Service-Leistungen bieten die wichtigsten Ausbauhaus-Firmen?
Die Antworten gibt unsere Tabelle (Stand 2005)!

Was ist in der niedrigsten Ausbaustufe enthalten?

Anbieter	Albert	Allkauf	Apollo	Baufritz	Bau mein Haus	Bien-Zenker	Büdenbender	Creaktiv	Elementar	Elk	Exnorm	Fingerhaus	Fingerhut	Finnla	Fullwood	Griffner	Gussek
Lieferbereich	D	D	D	D, A, CH, L	D	D	R[1]	D	D	D, A, CH	D, A, CH	D, A, CH	D, A	R[2]	EU	D	R[1]
Sind alle Entwürfe als Ausbauhaus erhältlich?	●	●	●	●	●	●	●	●	●	●	●	●	●	●	●	●	●
Gibt es definierte Ausbaustufen? Wie viele?	x	–	3	x	x	3	4	5	3	2	4	3	8	3	–	3	4
Freie Vereinbarung, was man selbst macht?	●	–	●	●	●	●	●	●	●	●	●	●	●	●	●	●	●
Haushülle komplett und abschließbar	●	●	●	●	●	●	●	●	●	●	●	●	●	●	●	●	●
Außenwände innen geschlossen	●	–	●	●	●	●	–	●	●	●	●	●	●	●	–	●	●
Auch nichttragende Innenwände stehen	●	●	EG	●	●	●	●	●	●	●	●	●	●	●	●	●	●
Alle Wände zumindest einseitig beplankt	●	–	●	●	●	●	●	●	●	●	●	●	●	●	–	●	●
Alle Wände geschlossen	–	–	–	●	●	●	●	●	●	●	●	●	●	●	–	●	–
Alle Wände Spachtelarbeiten ausgeführt	–	–	–	●	●	●	●	●	●	●	●	●	●	●	–	●	–
Geschosstreppe montiert	–	●	●	●	●	●	●	●	●	●	●	●	●	●	●	●	–
Estrich eingebracht	–	–	●	●	●	●	●	●	●	●	●	●	●	●	●	●	–
Sanitär-Installation fertig (ohne Objekte)	–	–	●	●	●	●	●	●	●	●	●	●	●	●	●	●	–
Elektroinstallation ausgeführt	–	–	●	●	●	●	●	●	●	●	●	●	●	●	●	●	–
Heizung installiert	–	–	●	●	●	●	●	●	●	●	●	●	●	●	●	●	–
Leerrohre für Elektro-Nachinstallation	–	–	–	●	●	●	●	●	●	●	●	●	●	●	–	●	–
Leerrohre für Solaranlage	–	–	–	●	●	●	●	●	●	●	●	●	●	●	–	●	–
Abnahme der Technik	–	–	–	●	●	●	●	●	●	●	●	●	●	●	–	●	–
Werden Ausbaupakete angeboten?	●	●	●	●	●	●	●	●	●	●	●	●	●	●	●	●	●
Und kostenlos an die Baustelle geliefert?	●	●	●	●	●	●	●	●	●	●	●	●	●	●	●	–	–
Gibt es eine schriftliche Ausbauanleitung?	●	●	●	●	●	●	●	●	●	●	●	●	●	●	●	●	●
Gibt es Ausbau-Videos?	–	●	●	●	●	●	●	●	●	●	●	●	●	●	–	●	–
Werden Schulungen angeboten?	–	●	●	●	●	●	●	●	●	●	●	●	●	●	–	●	–
Ist am Wochenende ein Bauleiter erreichbar?	●	●	●	●	●	●	●	●	●	●	●	●	●	●	–	●	●
Kostenlose Baustellenbesuche? Wie viele?	x	●[1]	x	–	3		x	3	2-3	–	3	x	x	3		●[1]	–
Angebot Eigenleistungsausfall-Versicherung?	●	–	–	●	●	●	●	●	●	●	●	●	●	●	–	●	–
Wie viel der Kaufsumme ist fällig … vor Beginn der Montage (in %)	8	x[1]	2000 €	10	5	5	8	5	–	3500 €	10	5	5	15	10	10	5
… nach Baufortschritt (in %)	87	x[1]	20	80	90	–	85	25	–	–	84	65	45	82	45	85	75
… bei der Haus-Übergabe (in %)	5	x[1]	Rest	10	5	95	7	70	100	Rest	6	30	50	3	45	5	20

Die Angaben beziehen sich auf die jeweils niedrigste Ausbaustufe! Das heißt, der Ausbauhaus-Interessent erfährt, welche Leistungen und Wahlmöglichkeiten er in jedem Fall von seiner Hausfirma zu erwarten hat. So zum Beispiel, ob er sich an vorgegebene Ausbaustufen halten muss oder – passend zu seinem Know-how und Zeitbudget – einen maßgeschneiderten Eigenleistungs-Umfang aushandeln kann.

Detailliert informieren können sich potenzielle Selbermacher auch darüber, welche Leistungen im Preis enthalten sind, ob und zu welchen Konditionen die Hausfirma die passenden Ausbaupakete auf die Baustelle liefert, ob es Schulungen und Baubetreuung gibt und – nicht zu vergessen – in welchen Raten der Kaufpreis für die Ausbauhäuser fällig wird.

Haacke	Haas	Hanlo	Hanse	Hebel	Honka	Kampa	Kastell	KD	Keitel	Libella	Lux	Massa	Okal	Praktik	Pro Haus	Regnauer	Rems-Murr	Rensch	Schwabenhaus	Schwörer	Twin	Weiss
D	D, A, CH, I	D	EU	D	EU	EU	D	R¹, F	R³	R⁴	D, CH, A, CZ	D	D	D	D	D, A, CH	D, A, CH, F	R⁵	D, L	R⁶	D, A, CH, F	R⁷
●	●	●	●	●²	●	●	●	●	●	●	●	●	●	●	●	●	●	●	●	●	●	●
x	4	4	2	x	3	4	1	7	–	3	3	5	4	3	4	2	x	4	3	x	6	–
●	●	●	●	●	●	●	●	●	–	●	●	●	●	●	●	●	●	–	●	●	●	●
●	●	●	–	●	●	–	●	●	●	●	●	●	●	●	●	●	●	●	●	●	●	–
●	●	●	●	●	●	●	●	●	●	●	●	●	●	●	●	●	●	EG	●	●	EG	●
●	●	●	●	●	●	●	●	●	●	●	●	●	●	●	●	●	●	●	●	●	●	●
–	●	–	–	–	–	●	–	●	–	–	–	–	–	–	–	–	–	–	–	–	●	–
●	●	●	–	●	●	●	●	●	●	●	●	●	●	●	●	●	●	●	●	●	●	●
●	●	●	–	●	●	●	●	●	●	●	●	●	●	●	●	●	●	●	●	●	●	●
●	●	●	●	●	●	●	●	●	●	●	●	●	●	●	●	●	●	●	●	●	●	●
●	●	●	●	●	●	●	●	●	●	●	●	●	●	●	●	●	●	●	●	●	●	●
●	●	●	●	●	●	●	●	●	●	●	●	●	●	●	●	●	●	●	●	●	●	●
●	●	●	●	●	●	●	●	●	●	●	●	●	●	●	●	●	●	●	●	●	●	●
●	●	●	–	●	●	●	●	●	●	●	●	●	●	●	●	●	●	●	●	●	●	●
●	●	●	●	●	●	●	●	●	●	●	●	●	●	●	●	●	●	●	●	●	●	●
●	●	●	–	●	●	●	●	●	●	●	●	●	●	●	–	●	●	●	●	●	●	●
4	–	3	2-5	●¹	●¹	–	●¹	6	x	8	x	x	3-10	●¹	●¹	–	3	x	3	–	x	x
●	●	●	–	●	●	●	●	●	●	●	●	●	●	●	●	●	●	●	●	●	●	●
5	5000 €	5	–	5	x¹	x¹	8	5	5	7	–	–	5	4000 €	–	5	x¹	10	7	10	x¹	15
–	Rest	90	–	90	x¹	x¹	87	95	–	90	90	–	90	50	90	–	x¹	85	88	–	x¹	–
95	5	5	100	5	x¹	x¹	5	–	95	3	10	100	5	Rest	10	95	x¹	5	5	90	x¹	85

Bohle auf Bohle zum Haus

Anfangs wollten Daniela und Volker Caspers einfach ein ge-
brauchtes Haus kaufen und rasch einziehen. Doch dann kam
alles ganz anders: Mangels Angebot beschlossen sie, neu zu
bauen und landeten schließlich bei einem Massivholzhaus in
Bausatz-Version. Die folgenden drei Kapitel dokumentieren,
wie die tatkräftige Bauherrschaft ihr Traumhaus mit maximaler Eigenleistung verwirklicht hat.

Wie kommt ein Ehepaar ohne handwerkliche Erfahrung auf
die Idee, ein Bausatzhaus aus Blockbohlen zu bauen? Und
vor allem: Welche Erfahrungen haben sie dabei gemacht?
Zwei spannende Fragen, die Daniela und Volker Caspers
gerne beantworten. Doch ihre Geschichte muss einfach
ganz von vorn erzählt werden …

Als die junge Familie mit Tochter Meera und Sohn Jaron
endlich ihre eigenen vier Wände haben wollte, gab es erstmal große Ernüchterung. Denn Caspers suchten nach einem
gebrauchten Haus zum Kaufen, fanden aber einfach nichts,
das nur annähernd „gepasst" hätte. So reifte allmählich ihr
Entschluss, stattdessen neu zu bauen. Ihr Glück war jetzt,
dass Bekannte von ihnen einen Bauplatz zu verkaufen hatten, und so war dieser erste Schritt zum Eigenheim fast
reine Formsache. Das noch ungewöhnlichere dabei: Die
Bauplatzverkäufer hatten im Haus direkt daneben auch
eine leere Mietwohnung, in die die Bauaspiranten einziehen
konnten. Wohnen mit Blick auf die eigene Baustelle. Das
war fortan das Ziel, und vom Start an war für die beiden klar:
„Wir möchten ein Holzhaus." Denn wie die meisten Menschen hierzulande hatten sie bis dato immer nur in Stein-
häusern gelebt und feststellen müssen, dass das der Familie
„gesundheitlich nicht so gut bekam".

Das Massivholz macht den Unterschied
Im Gegensatz dazu standen ihre positiven Erlebnisse bei Besuchen von Freunden in einem Massivholzhaus, wo sie ein
„super Wohngefühl" und das „angenehme Raumklima"
durch die natürlichen Holzoberflächen besonders zu schätzen
gelernt hatten. Doch mit welchem Haushersteller sollten
sie bauen? Sie machten sich auf die Suche und verglichen
viele Angebote einer ganzen Reihe von Massivholzhaus-
und auch Fertighausfirmen. „So sind wir letztlich bei Stommel-Haus gelandet", berichtet Techniker Volker Caspers und
nennt auch gleich seine wesentlichen Argumente. Das Fa-
milienunternehmen aus dem nahen Neunkirchen-Seelscheid
genieße einen sehr guten Ruf, die Häuser hätten „das beste
Preis-Leistungs-Verhältnis" geboten und außerdem habe sie
die Qualität der doppelten Blockbohlenwand „voll überzeugt"
(siehe Kasten Seite 103). Die massiven Blockbohlen aus besonders robuster Polarkiefer werden bei Stommel aus der
Mitte des Stammes gesägt, wobei das harte Kernholz immer
nach außen zeigt.

Weil es zudem technisch getrocknet wird, kann auf jegliche
Imprägnierung verzichtet werden, und auch alle Holzoberflächen im Innenbereich bleiben chemiefrei. Der bauökolo-
gisch einwandfreie Naturbaustoff reguliert nicht nur die
Luftfeuchtigkeit im Haus sondern hat laut Firmenunterlagen
sogar „die Fähigkeit, verbrauchte Luft, Gerüche oder Tabak-
rauch zu absorbieren." Mit einer speziellen Konstruktions-
weise verhindert der Hersteller negative Auswirkungen der

Das „Richtmeisterhaus"

Ein Massivholzhaus als Bausatz, selbst Bohle für Bohle aufbauen, den Dachstuhl errichten und dann den Innenausbau in Eigenregie erledigen: Welcher Baulaie kann sich so etwas zutrauen?

„Eigentlich alle, die keine zwei linken Hände haben," versichert Stommel-Geschäftsführer Franz Stommel. Er blickt auf 32 Jahre Hausbau-Erfahrung zurück und weiß: „Mit gründlicher Planung sowie einer termingenauen, zuverlässigen Abwicklung ist so ein Projekt reibungslos zu meistern".

Dabei bekommt die Bauherrschaft natürlich auch handfeste Unterstützung: Zunächst werden die Blockbohlen und andere Teile im Werk mit computergesteuerten Maschinen exakt passgenau vorgefertigt und nummeriert. Entsprechend dem vorgeplanten Montageablauf sorgfältig verpackt, kommen die Materialpakete dann per Lkw zur Baustelle, wo man sie mit Hilfe des Krans ablädt und auf der Bodenplatte verteilt. Hier vor Ort weist ein so genannter Richtmeister der Firma – deshalb auch der Name „Richtmeisterhaus" – die vier bis fünf Eigenleister ein und leitet dann auch tatkräftig die Hausmontage.

Dafür wird er üblicherweise für 10 bis 15 Aufbautage „gebucht". Den Spareffekt durch Eigenleistung beziffert unsere Bauherrschaft allein beim Aufbau auf runde 20 000 Euro. Laut Firmenchef Stommel liegen gegenüber einem schlüsselfertigen Haus insgesamt bis zu 40 Prozent Kostenreduktion drin!

natürlichen Setzung von Holzwänden, das Dachgeschoss besteht aus eben diesem Grund aus Holzverbundelementen wie sie im Fertigbau üblich sind.

Frei geplant vom Architekten
Großen Wert legte die Bauherrschaft auch darauf, dass sie ihr Haus von einem Freien Architekten ganz individuell planen lassen konnten. Das heißt, erklärt Daniela Caspers, er brachte ihre schon recht konkreten Vorstellungen fachmännisch zu Papier. Dass es bei der Architekten-Planung bis hin zum gewünschten runden Bullaugenfenster „keinerlei Einschränkungen" gab, freut die Bauherrin besonders. Nach einigen Änderungen der ersten Entwürfe stand dann der Bauantrag, und nachdem man bezüglich reduziertem Grenzabstand auch noch eine Sondergenehmigung der Behörde in der Tasche hatte, konnte es mit dem eigentlichen Hausbau losgehen.

Termingerecht vom Baggern bis zur Decke
Dafür brauchte es zunächst einen Unternehmer für die Erdarbeiten und den Kellerbau. Bei der Auftragsvergabe hatten die Eheleute leichtes Spiel, weil sie von der Hausbaufirma einen zuverlässigen Kellerbauer empfohlen bekamen, der seinerseits wiederum einen Betrieb für den Aushub der Baugrube an der Hand hatte.

So lief laut Bauherr alles reibungslos. Angefangen beim Abschieben des Mutterbodens über das Betonieren der Fundamente und das Mauern der Kellerwände bis hin zum Erstellen der Decke seien die vorher vereinbarten Termine jeweils genau eingehalten worden. Auch an der Bauqualität gab es laut Caspers nichts auszusetzen. Bestätigt wurde diese Einschätzung der Bauherrschaft durch den Stommel-Bauleiter, der wie

üblich die Kellerdecke begutachtete, beziehungsweise in diesem Fall ohne Beanstandungen „abnahm", wie es im Fachjargon heißt.

Spaß und Sparen mit dem Bausatzhaus
Während die beiden Bauleute beim Kellerbau nur spärlich selbst Hand anlegten, wollten sie beim Haus dann kräftig mit anpacken. „Bausatz-" oder „Richtmeisterhaus" heißt im Massivholzbau das Konzept für maximale Eigenleistungen (siehe Kasten oben). Das haben die beiden von Anfang an so geplant. „Einerseits wegen des Spareffekts und andererseits wollten wir uns durch die eigene Arbeit noch mehr mit dem Eigenheim identifizieren können," begründet der Bauherr die Entscheidung. Das hat offenbar geklappt. „Wir sind mit dem Haus gewachsen", drückt Caspers seine Empfindung aus und Ehefrau Daniela ergänzt: Man habe sogar „großen Spaß" beim Aufbauen gehabt und „jede Ecke hat ihre eigene, besondere Geschichte…"

Echte massive Argumente

„Die doppelte Blockbohlenwand von Stommel hat uns voll überzeugt", sagt Bauherr Volker Caspers. Ihr Markenzeichen sind die 92 mm starken Massivholzbohlen mit Dämmung. Die bekannten Eigenschaften: Gesundes Raumklima dank durchgängiger Dampfdiffusionsoffenheit und Feuchtigkeitsregulierung innen, dazu Dichtigkeit sowie hoher Wärme- und Schallschutz.

Von der Mietwohnung mit Blick aufs zukünftige Grundstück war's ein weiter und spannender Weg bis zum eigenen Haus der Baufamilie Caspers. Aufwändige Erdarbeiten in steiler Hanglage, Entwässerungsrohre verlegen, Fundamente und Bodenplatte betonieren sowie den Keller hoch mauern: All diese schweren Arbeiten ließ sie komplett von Profis erledigen. Beim Hausbau packten sie dann selbst mit an.

Wenn die durchnummerierten Materialpakete abgeladen sind, kann's schon losgehen: Der Richtmeister verlegt mit dem Bauherrn die erste Bohlenlage für das Massivholzhaus.

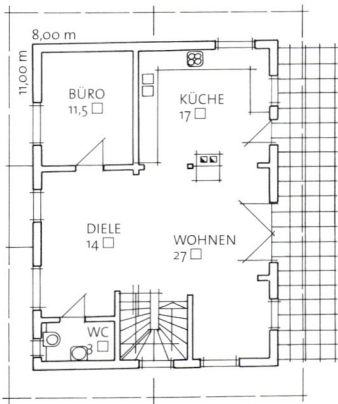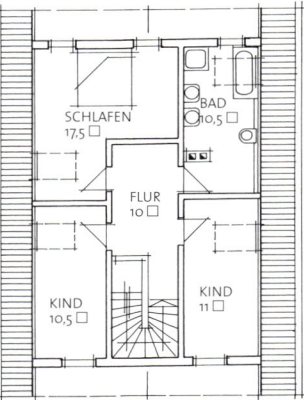

FAKTEN

Hersteller: Stommel
53819 Neunkirchen
Tel. 0 22 47 / 9 17 20
www.stommel-haus.de

Entwurf: Freie Planung „Birke",
38° Satteldach,

Wohnflächen: EG 72,5 m², DG 59,5 m²

Technik: Zweischalige Blockbauweise mit Innendämmung

Der Eingang mit großer Diele befindet sich im Untergeschoss. Von hier aus gelangt man ins Parterre mit offenem Wohnkonzept und Arbeitszimmer (links). Schlaf-, Kinderzimmer und Bad liegen unterm Dach (rechts).

Leichter als gedacht

Bauplatz gekauft, Hausanbieter gefunden, Eigenheim geplant, Keller gebaut, Liefertermin für den Hausbausatz vereinbart: Bisher hatte die Baufamilie Caspers ihr „Projekt Massivholzhaus" reibungslos über die Bühne gebracht. Doch jetzt kam der entscheidende Schritt – der Aufbau des Stommel-Richtmeisterhauses in Eigenleistung.

Natürlich macht man sich als Bauherr so seine Gedanken, wenn man solch eine große Aufgabe vor sich hat. Schließlich ist man ja Baulaie und war beim Aufbau eines Massivholzhauses Bohle für Bohle mit eigener Hände Arbeit noch nie dabei. So waren auch Daniela und Volker Caspers – beide ohne handwerkliche Berufsausbildung – im Vorfeld der Hausmontage schon etwas angespannt, und sie hatten durchaus gemischte Gefühle. „Wir waren uns bewusst, dass das unser bisher größtes Projekt im Leben ist", erinnert sich der Bauherr. Doch er war sich „sicher, dass es funktioniert", und mit Blick auf die Bausatzmontage sogar „irgendwie auch voller Vorfreude".

Ein Wenig Skepsis bei dem Laientrupp
Etwas skeptischer war zu diesem Zeitpunkt die Ehefrau. „Ich hatte schon etwas Angst, dass wir es nicht packen, oder dass wir vielleicht unsere Helfer überfordern könnten." „Unsere Helfer", das waren in erster Linie der Vater des Bauherrn, drei Freunde sowie eine Freundin der Bauherrin, die sporadisch mithalf. Die Qualifikationen der angehenden Bauarbeiter: ein gelernter Schreiner, zwei Bürotätige sowie der Senior des Laienteams mit gutem handwerklichem Geschick. Der Bauherr übrigens ist im Hauptberuf als Techniker mit der Wartung von Elektromaschinen beschäftigt. Das ist zwar nicht gerade eine Bauarbeit, doch sie schult im Umgang mit Werkzeugen. Sie alle wussten also nicht so genau, was da auf sie zukommen sollte und harrten einfach der Dinge.

Frühmorgens rollt der Tieflader an
An einem frühen Morgen war es dann so weit: Der erste Tieflader fuhr auf der Baustelle vor. Er war voll beladen mit den im Werk vorgefertigten Blockbohlen, mit Dämm- und sonstigen Baumaterialien; von Stommel-Leuten alles fein säuberlich verpackt und gut verschnürt, sodass der Kranarm die einzelnen Pakete sogleich optimal auf der betonierten Kellerdecke verteilen konnte. Gespannt lauschten Bauherr-

schaft und Helfer dann ihrem Stommel-Richtmeister Klaus Seynsche. Dieser wird für die Montage eines „Richtmeisterhauses", wie so ein Bausatzhaus offiziell heißt, tageweise „gebucht". Üblich sind zehn bis 15 Arbeitstage, Caspers wollten den Fachmann zwölf Tage als Betreuer vor Ort haben. Seynsche erklärte den Laien, wie die Ausführungspläne zu lesen sind, er erläuterte ihnen den genauen Ablauf des Aufbaus und er gab auch Hinweise, worauf dabei besonders zu achten ist.

Bohlen verteilen und Spurhölzer legen
Nach Verteilung der Bohlen verlegte der Fachmann gemäß Plan die erste Lage, genannt „Spurhölzer", eigenhändig. „Wenn diese richtig liegen, kann eigentlich nichts mehr schief gehen", versichert er. Also konnten Caspers und seine Mannschaft jetzt ebenfalls anpacken. Für die Bauherrin stellte sich dabei schnell heraus, dass sich „die anfänglichen Sorgen in keinster Weise bestätigen" sollten. Ganz im Gegenteil. „Der Rohbau ging viel, viel leichter, als ich erwartet habe!", pflichtet der Ehemann bei und fügt hinzu: „Ich war richtig erstaunt, wie viel Spaß das allen machte."

„Wie kleine Jungs beim Baumhausbau"
Wenn Daniela Caspers im Nachhinein an die ersten Aufbautage denkt, kann sie sich ein leichtes Schmunzeln nicht verkneifen. Beim Aufsetzen der Blockbohlen, beim Richten des Dachstuhls, bei allem Hämmern und Schrauben kam offenbar das Kind im Manne raus. „Wie die kleinen Jungs beim Bau eines Baumhauses", lacht die Bauherrin. Doch es gab, wie sich denken lässt, auch andere Momente. Denn Baustelle ist eben Baustelle und „genauso leicht wie Legobauen" geht es trotz manchem Werbeslogan in der Baubranche dann doch nicht. „Hausbau ist keine Furnierarbeit", erklärt dazu der Firmenchef Franz Stommel, der auf 32 Jahre Massivholzhaus- und Baubetreuungs-Erfahrung zurückblickt. Für Volker Caspers bedeutete das konkret, dass er häufig ungewohnt zu-

In acht Tagen meisterten die Eheleute Caspers nebst Helfern ihren Rohbau inklusive Dacheindeckung. Bei sorgfältiger Projektvorbereitung und fachkundiger Anleitung durch einen erfahrenen Richtmeister auch für Baulaien kein Hexenwerk.

packen musste. Denn ein elf Meter langes, massives Blockholz ist nicht gerade ein Pappenstiel! Wenn man so ein Teil stemmen muss oder die schweren Dachsparren zu verlegen hat, ist das schon eine Kraftanstrengung, die einem Büromenschen anfangs ziemlich in die Knochen gehen kann. „Es braucht auch ein wenig Zeit, bis man sich ans Balancieren auf den Wänden gewöhnt hat", berichtet der Bauherr. Doch danach habe selbst „das Herumturnen auf dem Dach echt Spaß gemacht".

Aufbaupläne sind genau einzuhalten

Alles die reine Freude? Kein einziges Problem beim Verarbeiten von insgesamt 2500 laufenden Metern Bohlen? Nicht ganz. Zwei, drei Mal habe man sich beim Wandaufbau in der Reihenfolge der wandweise durchnummerierten Blockbohlen vertan, erzählt Caspers. Die „Irrläufer" mussten sie wieder ausbauen, denn die sorgfältig ausgearbeiteten Aufbaupläne sind für ein hundertprozentiges Ergebnis ganz genau einzuhalten. Dennoch hat die Bauherrschaft Caspers nebst Helfern den eigenen Zeitplan sogar noch unterboten. Erd- und Dachgeschoss waren schon nach fünf Arbeitstagen errichtet, am Samstag war dann auch bereits der Dachstuhl drauf.

Richtfest mit Grill und Nachbarschaft

Jetzt war Zeit für ein ordentliches Richtfest. Nach alter Väter Sitte verlas Zimmermann Seynsche in luftiger Höhe den Richtspruch, während sich unten Bauleute und Nachbarn zu einem stimmungsvollen Grillabend einfanden. Zwei weitere Arbeitstage später war der Rohbau geschafft. Sobald das Dach gedeckt, sowie Fenster und Türen eingebaut waren, konnte der Firmenprofi nach acht Tagen die Baustelle verlassen. Dadurch wurde das Baubudget um vier nicht zu bezahlende Richtmeistertage entlastet. Seynsche hatte das Montageteam permanent angeleitet und immer dort, wo der Fachmann gefragt war, tatkräftig mitgearbeitet. Kompliment des Bau-

herrn: „Die Betreuung war sehr, sehr gut." Und sein Gesamtfazit zum Thema Richtmeistermontage? „Wer schon mal einen Ikeaschrank nach Zeichnung aufgebaut hat, kommt klar", bringt Volker Caspers seine Erfahrungen auf den Punkt.

1

Auftakt: Das Team verteilt die durchnummerierten Blockbohlen entsprechend des Aufbauplans auf der Bodenplatte.

2

Stommel-Richtmeister Klaus Seynsche erklärt bei der Einweisung den Ablauf der Arbeiten.

3

Aufbauarbeit: Mit Hammer und Schlagholz fügt Bauherrin Daniela Caspers die Bohlen mit dreifacher Nut- und Feder fugenlos ineinander.

4

Innenwand (einschalig) trifft Außenwand (doppelte Blockbohlen): eine sichere Schwalbenschwanz"-Verbindung.

5

Lage um Lage werden die im Werk passgenau vorgefertigten Wandbohlen einfach aufeinander gesetzt.

6

Während des Aufbaus erledigt man auch gleich die im Plan eingezeichneten Ausfräsungen für Elektroschalter und Steckdosen und …

7

… verlegt anschließend die Kabel im Hohlraum (einschalige Wände mit Kabelkanälen).

8

Zehn Zentimeter dicke Dämmmatten kommen lose in die Wand.

9

Und schon wächst das Haus mit vereinten Kräften weiter empor.

10

Selbst runde Fenster wurden so exakt vorgefertigt, dass auf der Baustelle keine Sägearbeiten auszuführen waren.

11

Am zweiten Tag hievt der Autokran die Deckenbalken-Pakete aufs fertige Erdgeschoss.

12

Zwei Mann setzen die nummerierten Balken an den vorgegebenen Positionen in die maschinellen Einfräsungen der Außenwände ein.

13

Danach befestigt man jeden einzelnen Deckenbalken mit langen Schrauben auf der inneren Wandscheibe.

14

Die Profilbretter der Erdgeschossdecke werden sehr sorgsam verlegt, weil sie von unten her sichtbar bleiben.

15

Am Ende steckt man mehrere Gewindestangen senkrecht durch die Wandbohlen, um die Wände dauerhaft vertikal zusammenzuziehen.

16

Dachgeschoss: Richtbalken steifen die Bohlenwand aus und werden von innen beplankt.

17

Innenwände als vorgefertigter Rahmenbau in Bohlenoptik...

18

...werden mittels Autokran millimetergenau ins Haus eingesetzt.

19

Wenn die Innenwand steht, wird der senkrecht stehende Richtbalken endgültig an die Giebelwand geschraubt.

20

Dann verschraubt man noch den mit Gipsfaserplatten beplankten Giebel mit der Wand.

21

Die just in time gelieferten Dachsparren werden am Boden richtig zusammensortiert.

22

Handarbeit beim Aufrichten des Dachstuhls: Der Richtmeister sagt, wie´s geht und packt selbst kräftig mit an.

23

Hier wird ein so genannter „Wechsel" für ein Dachflächenfenster in die angeschraubten Balkenschuhe eingesetzt.

24

Fachmann Seynsche nagelt im Bereich des Dachüberstandes die Traufschalung bündig mit den Sparrenköpfen auf...

25

...und verlegt im Anschluss eine winddichte und dampfdiffusionsoffene Dachfolie.

26

Optimal: Konterlattung und Dachlatten auf der Unterspannbahn...

27

...für die Dacheindeckung mit dem Stommel-Aufzug.

28

Noch ein paar Dachsteine und der Rohbau ist fertig!

Jetzt wird gewohnt!

Schrauben statt Freibad, Streichen statt Kino. Ein Vierteljahr lang fanden Daniela und Volker Caspers ihre „Freizeitbeschäftigung" auf dem Bau. Sie haben ihr Massivholzhaus in Eigenregie ausgebaut – und sind jetzt stolz und richtig happy: „Rundherum ein tolles Wohngefühl!"

Ob im Haus oder am Lieblingsplatz auf der Gartenseite davor: Familie Caspers fühlt sich pudelwohl. Schon beim ersten „hallo" spürt man, die Leute sind mit sich und der Welt zufrieden. Sie haben viel geschafft und dürfen zurecht stolz auf ihre Leistung sein. Von Mitte Mai, als ihr Bausatzhaus wind- und wetterfest errichtet war, bis Mitte August brachten sie den kompletten Innenausbau in Eigenregie über die Bühne. Selbstredend gab es in diesen zwölf Wochen kaum Freizeit. Der Bauherr hat nicht nur seinen Jahresurlaub in den Hausbau investiert, sondern zusätzlich viele Feierabende und Wochenenden.

Bauabwicklungsplan hilft dem Laien

Doch wenn´s gut läuft, kann man solch eine Aktion leicht verkraften. Sehr geholfen hat der Bauherrschaft dabei ein so genannter Bauabwicklungsplan, den Stommel-Haus seinen Kunden stets an die Hand gibt. So weiß der Bau-Laie immer, in welcher Reihenfolge man die einzelnen Aufgaben am besten in Angriff nimmt und wie viel Zeit dafür jeweils einzuplanen ist. Falls man Arbeiten an Handwerker vergeben möchte, bietet der Plan hilfreiche Vorgaben für die „Ausschreibung" beziehungsweise zum Prüfen der eingehenden Angebote. Bei der Elektroinstallation war das nicht nötig. „Die übernahm ein Bekannter", berichtet der Bauherr. Auch die Sanitärinstallation sowie den Einbau der Heizung wollte er nicht im Alleingang machen.

Das muss auch nicht sein. Denn so ein Stommel-Richtmeisterhaus kann man ganz unterschiedlich ausbauen. Entweder – gegebenenfalls unterstützt von fachkundigen Bekannten und Verwandten – ganz in Eigenleistung. Oder aber man vergibt Arbeiten an Fachleute vor Ort; das Gewerk Sanitär und den Estricheinbau zum Beispiel erledigten hier Handwerksbetriebe, die der Haushersteller seiner Bauherrschaft auf Grund guter Erfahrungen empfohlen hatte. Die dritte Möglichkeit

lautet „betreute Eigenleistung". Nach diesem Prinzip baute Volker Caspers die Heizung Hand in Hand mit dem Haustechnik-Profi ein. Dafür bietet der Betrieb eine Rundumbetreuung mit Schulungstag, praktischen Einweisungen auf der Baustelle und Montageunterstützung. Letzte Sicherheit bekommt die Bauherrschaft durch Einzelprüfungen und Abnahmen nach Baufortschritt sowie die jeweilige Endabnahme der eingebauten Haustechnik durch den betreuenden Fachmann; was dem Bauherrn, das ist ganz wichtig, laut Anbieter „volle Gewährleistung durch die Fachfirma" garantiert. Wer möchte, kann sein Stommel-Haus auch bauabschnittsweise von einem unabhängigen TÜV-Bausachverständigen prüfen und abnehmen lassen.

Bei den so genannten Trockenbauarbeiten im Holzhaus, die als besonders eigenleistungsfreundlich gelten, machte es sich die Bauherrschaft so einfach wie möglich: Sie orderte die Materialien beispielsweise für Wandverkleidungen, Kehlbalkendecke und Kriechspeicher im Dachgeschoss sowie die Innentüren gleich mit dem Hausbausatz von Stommel. Das spart Zeit und Wege und man kauft garantiert nichts Falsches, nicht zu viel und nicht zu wenig ein.

Alles eine Frage der Organisation

Nicht zuletzt dank Bauabwicklungsplan und Materialpaketen gab es beim Innenausbau keine Pannen. Dennoch braucht man, insbesondere wenn immer wieder auch fremde Handwerker und private Helfer auf der Baustelle sind, „schon etwas Organisationstalent", weiß Daniela Caspers inzwischen. Das bezieht sich auf die Bauarbeiten und auf das ganze Drumherum. Die Bauherrin hat nämlich nicht nur die Baustelle mit am Laufen gehalten, sondern quasi nebenher den ganzen Haushalt „geschmissen"; das heißt, unter anderem auch die Bauleute bekocht und die Kinder versorgt. Doch die harten Wochen im Hausbau-Finish sind fast schon vergessen. Zu-

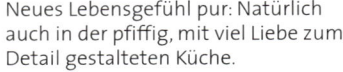

Neues Lebensgefühl pur: Natürlich auch in der pfiffig, mit viel Liebe zum Detail gestalteten Küche.

frieden blinzeln die Eheleute jetzt vor dem Haus in die Nachmittagssonne und denken darüber nach, wie es außen weitergehen soll. Auf dem Wunschzettel stehen unter anderem noch eine Remise am Haus und eine schöne Terrasse statt des gestampften Schotterbodens. „Beides natürlich aus Holz", betont der Hausherr. Apropos Holz: Wie sind nun die Wohnerfahrungen im Massivholzhaus? Kracht es im Gebälk, gibt es Probleme durch Setzung? Antwort: Klar höre man Geräusche, aber angenehme; „Holz lebt eben!"

Die oft zitierten negativen Auswirkungen durch Setzungs- und Schwundprozesse des Holzes gibt es im Stommel-Haus nicht. Weil das Holz technisch getrocknet wird und dank besonderer konstruktiver Lösungen: Die Deckenbalken liegen auf der inneren Schale der doppelten Blockbohlenwand und können sich mit dieser problemlos setzen – also unabhängig von der äußeren Schale, auf der das Dach ruht. Spezielle „Rutschleisten" ergänzen die durchdachten Lösungen, sodass

an Fassaden, Fenstern, Türen, Dach und Decken keine Problemzonen entstehen. Im Haus ist es jetzt trotz Sommerhitze bemerkenswert kühl. Ebenfalls ein Ergebnis der doppelten Blockbohlenwände mit Kerndämmung, die den guten sommerlichen Wärmeschutz bringen und selbst im strengsten Winter für Behaglichkeit sorgen.

Holzoberflächen als „Naturklimaanlage"

Den Rest macht die sprichwörtlich gute Holzhausatmosphäre. Als „Naturklimaanlage" bezeichnet Stommel seine Polarkiefer-Massivholzwände, die nach Firmenangaben Raumluftfeuchtigkeit und Temperatur „optimal regulieren" und durch ihre aromatischen Holzinhaltsstoffe nicht nur Gerüche in der Raumluft neutralisieren sondern sogar antibakteriell wirken. Ganz praktisch bringt die Hausherrin ihre Erfahrung so auf den Punkt: „Es ist einfach rundherum ein tolles Wohngefühl". Was will man mehr?

Jetzt ist das Haus auch innen fertig – hochwertig ausgebaut und gemütlich eingerichtet. Das finden nicht nur Mutter Daniela Caspers und Sohn Jaron, die ganze Familie fühlt sich hier pudelwohl.

Arbeitsteilung beim Innenausbau: Die Sanitärinstallation führte ein erfahrener Handwerker aus.

2

Dann packte der Bauherr selbst an. Im Bild zunächst die Dämmung der Wände...

3

...dann erfolgt die Beplankung mit Gipskartonplatten. Auch das geht gut alleine.

4

Die setzungsfreien Holzständerwände im Dachgeschoss kann man tapezieren oder mit Brettern „in Bohlenoptik" ansprechend verkleiden.

5

Auch das Fliesenlegen im Badezimmer nahm Volker Caspers selbst in die Hand.

6

„Mit links" bringt der Selbstausbauer die Sockelleisten an. Aufwändiges Dübeln ist im Holzhaus überflüssig!

7

Die sichtbaren Holzoberflächen lassen sich zum Beispiel mit Bienenwachs veredeln oder auch farbig lasieren.

8

Elektro leicht gemacht: Statt aufwändiger Stemm- und Spachtelarbeiten nagelt man an den Holzwänden einfach.

9

Selbst der Einbau der Innentüren stellt für den Heimwerker kein wirkliches Problem dar.

10

Die Türblätter einhängen – und schon ist der Innenausbau in Eigenleistung erledigt.

Interview: „Wir würden es wieder machen"

Wir haben das Projekt „Bausatzhaus" der Familie Caspers bis zum Einzug begleitet. Welche persönlichen Erfahrungen hat die junge Bauherrschaft gemacht? Welche Informationen können sie anderen angehenden Eigenleistern am Bau mit auf den Weg geben? Wir haben nochmals nachgefragt.

Autor: Die wichtigste Frage gleich zu Beginn: Sie haben den Hausbau mit maximaler Eigenleistung ja ohne große einschlägige Vorkenntnisse in Angriff genommen; würden Sie es wieder machen?

Daniela Caspers: Ja, auf jeden Fall.

Autor: Welche Voraussetzungen braucht man dafür?

Volker Caspers: Etwas handwerkliches Geschick, Bereitschaft sich Verständnis für die Sache anzueignen und gute Freunde, auf die man sich verlassen kann.

Autor: Braucht man baulich qualifizierte Helfer?

Daniela Caspers: Nein, eigentlich nicht.

Autor: Wie beurteilen Sie die Unterstützung durch die Firma Stommel-Haus?

Volker Caspers: Es gab Hilfestellung in jeglicher Art und alle unsere Fragen wurden beantwortet.

Autor: War die Leistung des Bauleiters in Ordnung?

Volker Caspers: Ja. Er hat uns gut beraten und darüber hinaus viele wertvolle Tipps gegeben.

Autor: Gibt es Aufgaben beim Innenausbau, die man besser dem Fachmann überlassen sollte?

Volker Caspers: Bei der Haustechnik muss man zwischen möglichem Spareffekt und dem Gewährleistungsanspruch abwägen. Wir gingen hierbei lieber auf Nummer sicher. Auch der Estrich macht nur Sinn mit Helfern vom Fach.

Autor: Welche Aufgaben fielen Ihnen leichter, welche schwerer als vorher gedacht?

Daniela Caspers: Den ganzen Rohbau fand ich leichter. Das Regie führen beim Innenausbau war, obwohl wir es gut hinbekommen haben, anstrengender.

Volker Caspers: Die Verkleidung der Wände zog sich länger hin, als ich erwartet habe.

Autor: Was war für Sie beide beim gesamten Bauvorhaben das Schwierigste?

Volker Caspers: Der Dachaufbau war von der körperlichen Belastung her nicht ohne.

Daniela Caspers: Der Hausbau und der Haushalt parallel, das war viel.

Autor: Was würden Sie beim nächsten Mal genauso, was vielleicht eher anders machen?

Volker Caspers: Wir haben das Haus während der Planungsphase um fast einen Meter verkleinert, das war ein Fehler. Ansonsten würden wir nichts anders machen.

Autor: Zum Schluss: Was werden Sie eigentlich tun, wenn Sie ganz fertig sind?

Daniela Caspers: Das Leben genießen, ganz einfach!

„Wir sind auf der Zielgeraden"

Ein Häuschen von Grund auf selber bauen, das wagte ein junges Paar und sparte damit viel Geld. In diesem und dem folgenden Kapitel wird über die Leistungen der Bausatz-Firma, über den „betreuten Selbstbau" eines familiären Bau-Teams und über einige ganz persönliche Erfahrungen berichtet.

Das Wohnen erscheint mir hier noch nicht so real, „aber wir sind auf der Zielgeraden". So beschreibt Nicole Pollok spontan ihr Gefühl. Zusammen mit ihrem Freund Michael Mayer ist sie das Wagnis „Selbstbau" eingegangen und hat – Stein auf Stein – ein Haus der schwäbischen Firma Kastell Massivhaus in Eigenleistung erstellt. Wir sitzen an einem kleinen Campingtisch auf Klappstühlen in dem Raum, der einmal das Wohnzimmer werden soll und trinken Mineralwasser aus der Flasche – im Leben auf der Baustelle geht's eben provisorisch zu. Fenster und Türen sind zwar schon drin und auch die Installation aller Versorgungsleitungen ist abgeschlossen. Aber in den rohen Wänden mit offenen Schlitzen und auf nacktem Betonboden will sich Gemütlichkeit noch nicht so recht einstellen: „Zielgerade" umschreibt den Abschnitt des Ausbaus also recht gut.

Ein eigenes Haus als Lebenstraum
Als Ziel nimmt sich das junge Paar den Einzug spätestens an Weihnachten vor. Eigentlich sollte er schon ein Jahr früher über die Bühne gehen. Aber das Projekt hat länger gedauert als gedacht, „weil sich vieles erst während dem Bau ergibt", weiß Nicole Pollok jetzt. So zum Beispiel die Unterkellerung der Garage, die zuerst nicht geplant war (siehe Grundriss).

Glücklicherweise haben die jungen Bauleute keinen Druck, denn sie wohnen übergangsweise bei ihren Eltern in einer abgeschlossenen Wohnung. Zuvor hatte jeder seine eigene „Bude" im Landkreis. Aber warum eigentlich ein Haus bauen, wenn man in einer schönen Wohnung lebt? Die schlichte, aber überzeugende Antwort der 27jährigen Flugbegleiterin: „Ein Haus war schon immer mein Traum, wahrscheinlich weil ich in einem freistehenden Einfamilienhaus aufgewachsen bin und weil ich damit eine räumliche Option auf eine eigene Familie mit Kindern habe". Die Raumaufteilung haben die beiden deshalb jetzt schon entsprechend vorgeplant. Dass

sie als Crewchefin im Flieger in der ganzen Welt herumkommt, widerspricht der bodenständigen Entscheidung für ein Haus ihrer Meinung nach überhaupt nicht. Im Gegenteil: „Ich habe mir erstmal alles angeschaut und weiß jetzt, dass es hier am schönsten ist", freut sich Nicole Pollok.

Vater Hubert gibt auf dem Bau den Ton an
Der fünf Jahre ältere Freund Michael war zunächst nicht so fixiert auf ein Haus, er ist in einer Wohnung groß geworden. Zufall oder Prägung? Egal, die beiden haben sich jetzt auf ihr gemeinsames Projekt eingeschworen, bei dem sie die treibende Kraft ist: Nicole organisiert, telefoniert, macht Termine, vergleicht Angebote und Preise und spart dabei „viel Geld". Zum Beispiel hat sie die Fenster aus dem Kastell-Angebot herausgenommen und anderswo billiger eingekauft. Für die Hausbaufirma übrigens kein Problem. Manchmal hat Nicole Pollok vier Tage in der Woche Zeit, um zu verhandeln, wenn es ihr Flugplan zulässt.

Auf der Baustelle macht sie „eher typische Helferarbeiten", die schweren Jobs – bohren, Steine setzen und Dachziegel verlegen – verrichten Vater Hubert und Freund Michael Mayer: Er hatte als gelernter Industriemechaniker und heute als Industrie-Kaufmann „keine Berührungsängste mit dem Selbstbau". Den Ton auf der Baustelle gibt aber ohne Zweifel der 51jährige Senior Pollok an – im Hauptberuf Konstrukteur. Er bringt die Erfahrung von zwei selbst gebauten Häusern in Deutschland (Wohnhaus in Ziegelbauweise) und Spanien (Ferienhaus) mit. „Ohne meinen Vater im Rücken hätten wir zu zweit nicht angefangen" gesteht Nicole. Deshalb war er auch von Anfang an aktiv bei den Planungen dabei.

Gut informiert für Kastell entschieden
Die Entscheidung speziell für ein Kastell-Haus, das aus Liaplan-Steinen (Leichtbeton-Elemente) im Mörtelbett zusammen-

FAKTEN

Hersteller: Kastell, 72519 Veringenstadt
Tel. 0 800 / 66 77 111, www.kastell.de

Entwurf: Selbstbauhaus Pollok/Mayer

Wohnflächen: EG 75 m², DG 73 m²

Bauweise: Massivbau mit 36,5 cm Liaplan-Steinen (Leichtbeton), 30° Satteldach mit 149 cm Kniestock, dritter Giebel

Firmen-Leistung: Bausatz (Wände, Fenster, Dachstuhl, Materialpakete), Planung, Baustellenbetreuung, Bezahlung nach Baufortschritt

gesetzt wird, hat sich das Trio nicht einfach gemacht. Zunächst war klar, dass ein Haus nicht das Ende des Lebens bedeuten darf, will sagen, Hobbies, Urlaub, Auto und Freizeitaktivitäten sollen nicht gestrichen werden. Also war erste Priorität: Es muss günstig sein. Die erste Ernüchterung: Schon einfache Reihenhäuser vom Bauträger in der Gegend erschienen den Bauwilligen viel zu teuer. Und auch Objekte im Bestand entsprachen überhaupt nicht den Vorstellungen der Vielfliegerin und ihres Partners. Nächster Schritt: Besuch der Musterhausausstellung in Fellbach. Aber auch hier waren die Drei „erschrocken über die Preise". Klar dabei war allerdings, dass Vater Hubert von vornherein eher zum massiven Haus tendierte hatte.

Also überlegten sie konventionell zu bauen und dabei möglichst viel selbst zu machen. Von drei Angeboten blieb letztlich die Firma Kastell übrig, auf die sie durch Mund-zu-Mund-Propaganda aufmerksam geworden waren. Ihr Bank-Berater, der zufällig selbst ein Kastell-Haus gebaut hatte, überzeugte durch seine Begeisterung. Und später hatte sich denn auch

Die Eigenleistung im Detail

In Eigenleistung erbracht:
- Bauantrag-Mitwirkung
- Baustrom/Bauwasser
- Streifenfundamente
- Entwässerungsleitungen
- Bodenplatte einschalen
- Bodenplatte gießen
- Betonfertigteilkeller von Schwörer ausgießen
- Perimeterdämmung
- Drainage
- Mauerarbeiten
- Rollladenkästen/Stürze
- Sanitärrohinstallation
- Elektrorohinstallation
- Heizungsanlage im Keller aufstellen
- Dacheindeckung

Noch zu erbringen:
- Fußbodenbeläge (Fliesen, Holz, Teppich)
- Wandbeläge (Tapeten, Farbe, Fliesen)
- Sanitärobjekte,
- Innentüren,
- Fenstersimse

Fremd vergeben wurde:
- Aushub
- Betonfertigteilkeller von Schwörer
- Fenster
- Gips/Putz-Arbeiten
- Estrich
- Haustüre
- Dachstuhl

1

Auf dem Schwörer-Betonfertigteil-Keller entsteht das Erdgeschoss aus Liaplan-Steinen.

2

Senior Hubert Pollok (links) und Michael Mayer passen die Stürze für Fenster und Türen ein.

3

Hubert Pollok bringt die Liaplan-Steine mit dem Gummihammer auf gleiches Niveau.

4

Stolz auf den fertiggestellten ersten Stock: Hubert Pollok, Michael Mayer, Nicole Pollok.

5

Bauleiter Josef Dossenberger plant das Verlegen der Zwischendecke Schritt für Schritt vor.

6

Durchgänge für Leerrohre werden vor dem Betonverguss der Deckenelemente gebohrt.

7

Die Rundeisen und Eisenmatten müssen streng nach Vorgabe in Position gebracht werden.

8

Wenn das Eisen über die ganze Fläche verteilt ist, kann die „Sahnehaube" kommen …

9

… Beton wird auf die Zwischendecke gepumpt, verteilt und schließlich glattgezogen.

10

Von unten bleiben die Deckenteile bis nach Austrocknung des Betons abgestützt.

11

Maßarbeit: Der Fertigteil-Schornstein wird versetzt.

12

Beim Dachstuhlaufbau geht's nicht ohne professionelle Zimmerleute, …

13

… aber unter fachmännischer Anleitung kann natürlich auch der Bauherr mitarbeiten!

14

Mit vereinten Kräften von Baufamilie und Helfern wird am Ende das Dach eingedeckt.

15

Dann muss Zeit für Richtspruch und -feier sein, um wieder Kraft zu tanken …

16

… für den Innenausbau: Schlitze und Bohrungen für die Elektroinstallation sind dran.

17

E-Leitungen kommen im Sicherungskasten zusammen.

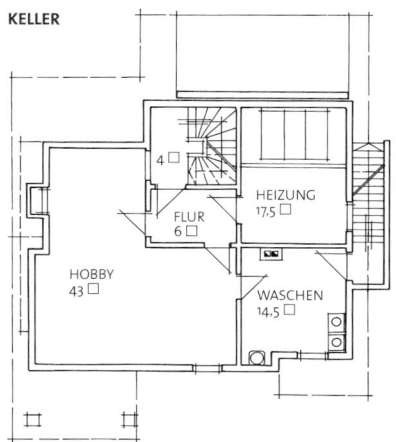

KELLER

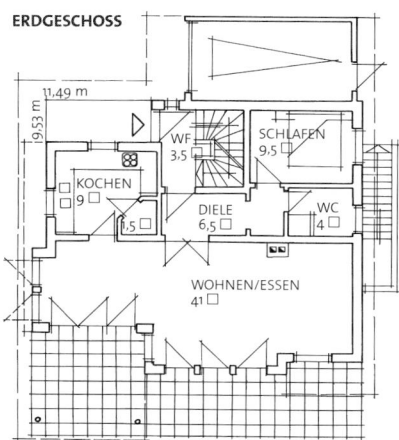

ERDGESCHOSS

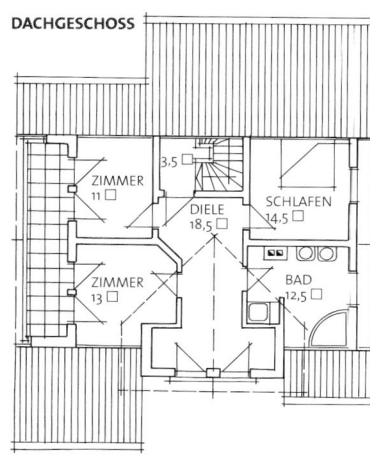

DACHGESCHOSS

der „sehr gute Eindruck" von der Firma bestätigt: „Durchdachte Unterlagen und normale Leute beim Info-Tag", sind sich Nicole und Michael einig – die Kastell-Berater konzentrierten sich auf das Wesentliche, schlugen nicht unnötig Schaum, das Produkt stand im Vordergrund und das Gesamtangebot mit Betreuung auf der Baustelle stimmte. Die Entscheidung fiel, „weil es eine solide, alteingesessene Firma ist und nicht zuletzt wegen dem guten Image des Mutterunternehmens Schwörer-Haus", verrät Bauherrin Nicole Pollok.

Im Wesentlichen hat alles geklappt

„Während der Planungsphase hatten die Kastell-Architekten dann kaum etwas zu tun, sie mussten nur meine Pläne nachzeichnen", erzählt der Vater, der als Konstrukteur stolz auf seine professionell entworfenen Grundrisse ist. Auch beim Bauablauf lief später im Großen und Ganzen alles rund. Und wenn einmal ein paar Steine gefehlt haben, kam der Bauleiter persönlich vorbei und hat sie in seinem Auto „just in time" geliefert. Überhaupt war auf Bauleiter Josef Dossenberger Verlass. Routinemäßig war er zweimal pro Monat vor Ort und auch für Besuche außer der Reihe offen. „Aber wir haben ihn höchstens einmal in vier Wochen zusätzlich gebraucht", rechnet Nicole Pollok nach. Ansonsten reichte das Telefon. „Er gab uns viele wertvolle Tipps, die uns die Arbeit erleichterten", ergänzt Michael Mayer. Mit Vater Hubert diskutierte der erfahrene Bauleiter – seit 23 Jahren bei Kastell – häufig über die Vorgehensweise. „Es gab häufig zwei Lösungsansätze, die von mir und die von Herrn Pollok. Aber wir haben uns immer geeinigt", berichtet Dossenberger.

In 3 000 Stunden 65 000 Euro gespart

Dossenberger nahm das Bauvorhaben Schritt für Schritt ab (Bodenplatte, Zwischendecken und so weiter), bevor dann die Endabnahme nach Rohbau-Fertigstellung erfolgte. Das war auch der Zeitpunkt der Schlussabrechnung. Im Preis inbe-

griffen ist übrigens die Betreuung durch den Bauleiter auch über die Endabnahme hinaus, obwohl die Kastell-Leistung eigentlich schon abgeschlossen ist. Für die Bauherren auch ein starkes Argument gerade für diese Firma. Wenn das Haus an Weihnachten zum Einzug bereit stehen wird, werden Nicole Pollok, Vater Hubert und Michael Mayer rund 3 000 Arbeitsstunden absolviert und damit etwa 65 000 Euro durch Eigenleistung gespart haben (Auflistung der einzelnen Arbeiten siehe Kasten Seite 113). Und nicht nur das. Hubert Pollok ist überzeugt, dass seine Arbeits-Qualität besser ist als vom Handwerker, „denn nur was man selbst macht, wird auch so wie man es sich vorstellt"! Die exakten Fugen zwischen den Steinen lassen erahnen, was der Vater meint...

Welche Erfahrungen können die Bauleute schon heute an künftige Selbstbauer weitergeben? „Man muss sich über den Aufwand bewusst sein, entsprechendes Know-how im Bau-Team haben, auch Zeit zum Organisieren einplanen und man braucht gute Freunde, die bei der Stange bleiben", resümiert die 27jährige, die jede freie Minute auf der Baustelle verbracht hat. Und dass es nicht immer nur Hochgefühle beim Bauen gibt, muss auch klar sein: „Nach der ersten Euphorie, als das Bauvorhaben genehmigt wurde, gab es Durststrecken die viel Kraft gekostet haben", gibt Nicole Pollok zu. Während der Selbstbauphase neben dem Berufsleben sind natürlich keine Freizeitaktivitäten zum Auftanken möglich, „das zehrt", sagt die Chef-Stewardess. Deshalb wird sie, sobald das Haus fertig ist, „als erstes wieder joggen"! Vater Hubert dagegen kann gar nicht genug bekommen vom Bauen und Tüfteln: „Irgendwann baue ich allein ein Haus ganz ohne Hilfe. Hoffentlich erlebe ich's noch", lacht der 51jährige. Und Freund Michael Mayer freut sich über den Einzugstermin noch vorm Winter, denn „am Grundstück gibt's keinen Gehweg zum Schneeschippen".

Teamwork auch beim Umzug: Michael Mayer, Hubert und Nicole Pollok. Eingerichtet haben die jungen Hausbesitzer nur zu zweit!

„Jetzt ist die Sache überschaubar"

Nicole Pollok und Michael Mayer sind in ihren vier Wänden angelangt und tun endlich das, was Ziel der ganzen Unternehmung war: Wohnen. "Ein unbeschreibliches Gefühl!"

Wo wir beim ersten Redaktionsbesuch noch auf Klappstühlen saßen und Mineralwasser aus der Flasche tranken, stand diesmal ein echter Tisch mit Stühlen, die Bauherrin servierte Kaffee und plauderte entspannt drauflos: „Jetzt ist die Sache überschaubar". Es fehlen nur noch Details wie Vorhänge, Kleinmöbel und Accessoires … . Bereut haben die Bauleute ihr Vorhaben zu keiner Zeit. Sie sind glücklich übers neue Domizil und auch die Arbeit hat ihnen alles in allem Spaß gemacht, so das klare Resümee. Aber noch einmal machen wollen sie's nicht, denn immerhin: „Zwei Jahre sind weg", sagt die junge Crewchefin. Jahre, in denen sie auf Freizeit, Sport und Kultur verzichtet hat – jede freie Minute floss in den Bau.

Vom Innenausbau bis zum Einzug
Federführend bei der kleinen Baufamilie war von Anfang an der 51-jährige Vater Hubert Pollok. Als Konstrukteur hat er schon Bauerfahrung von diversen eigenen Bauprojekten mitgebracht. So leitete er auch beim Ausbau das Mayer/Pollok-Team an. Die zunächst anstehenden Arbeiten: Wände vergipsen, Bodendämmung mit Heizschlangen für die Fußbodenheizung verlegen und den Estrich einbringen.

Von diesen Arbeiten haben die Selbermacher aber nur die Dämmung und die Heizung übernommen. Den Rest erledigten Fachleute aus der Region. Begeistert war Nicole Pollok vor allem vom Estrich-Service: An nur einem Tag flossen alle

drei Haus-Ebenen (Keller, Erdgeschoss, Dachgeschoss) mit der zähen Estrichmasse voll. Im Parterre als Grundlage für einen Fliesenboden, unterm Dach für einen Korkbelag.

Kleinere Pannen gehören einfach dazu
Bei der Geschosstreppe musste ein kleiner Mehraufwand verkraftet werden. Als Betonfertigteiltreppe in exakten Maßen bestellt, wurde sie angeliefert und auch eingebaut – vorgesehen für einen Belag mit Granit wie gewünscht. In letzter Sekunde hatten sich die Hausbesitzer jedoch neu entschieden und einen Fliesenbelag ausgewählt. Dieser verlangte – weil dünner – einen viel dickeren Aufbau. Also musste die Treppe mit einem zusätzlichen Estrich versehen werden, um die Tritte auf Höhe zu bringen. Mehraufwand gab's auch bei einem der Fenster im Wohnzimmer. Als die Fenstersimse montiert werden sollten, fiel auf, dass der Rahmen schief eingesetzt worden war. Also: Fenster noch einmal raus und wieder neu einsetzen und erst dann den Sims einbauen.

Bauleiter war bis zum Ende Ansprechpartner
Die Pannen sind für die jetzt erfahrene Selbstbauherrin jedoch „Kleinigkeiten" gewesen. Und zudem konnte sie solche Dinge auch nach Ablauf der eigentlichen Kastell-Leistungen mit Bauleiter Josef Dossenberger jederzeit besprechen. Und das ist einer der Punkte, die Nicole Pollok nachhaltig von der Firma überzeugen: Der Service über die Rohbauzeit hinaus, „der Bauleiter blieb eben bis zum Schluss Bauleiter", freut sie sich. Auch bis zum Schluss dabei geblieben ist Vater Hubert Pollok. Er ließ es sich nicht nehmen, zum Beispiel das Bad selbst zu fliesen. Vom Handwerker bekam er dafür ein dickes Lob nach dem Motto „so viel Zeit haben wir nicht, um die Fugen so genau und schön hinzukriegen!" Dagegen war das

Ausbauarbeiten: Michael Mayer verlegt die Heizschlangen für die Fußbodenheizung (1) und montiert auch die Heizkörper selbst (2), Hubert Pollok fliest das Bad (3), Nicole Pollok fugt aus (4) und wagt sich dann im Wohnzimmer selbst ans Fliesenlegen (5). Schließlich bauen die beiden Selbermacher die Türrahmen ein (6/7/8). Jetzt standen nur noch die Finish-Arbeiten an: Tapezieren und Streichen!

Tapezieren und Streichen der Wände natürlich ein Klacks und selbstredend auch tadellos erledigt worden. So richtig in seinem Bauelement war das dreiköpfige Team nochmals bei der Küche, den Badobjekten (also Wanne, Dusche, Becken und WC) sowie den Innentüren und der Haustüre. Arbeiten, die Geschick und Präzision erfordern. „Im Ergebnis hat sich unsere Eigenleistung immer gelohnt", sagt Nicole Pollok, denn „nur was man selbst macht, wird auch so wie man es sich vorstellt", rezitiert sie ihres Vaters Arbeitsmotto!

Urlaub musste und muss immer drin sein

Die Flugbegleiterin und ihr Freund Michael Mayer freuen sich jetzt auf einen richtigen Urlaub im Sommer. „Das muss immer drin sein", sagt die weit Gereiste. Ein Prinzip, das sie auch während der heißen Phase durchgehalten haben: Eine Woche Spanien in der Estrich-Trockenzeit haben sich die beiden da spontan gegönnt.

Den aktuellen Überblick über die finanzielle Situation – wie viel Geld steht zur Verfügung, was müssen wir demnächst bezahlen – gab dem Organisationstalent Nicole Pollok immer ihre selbst erstellte Excel-Tabelle. So hatte sie das Budget immer im Griff und alle relevanten Daten griffbereit. Nach dem Einzug weist die digitale Kasse übrigens ziemlich exakt den Stand aus, der auch kalkuliert war. Etwa 3 000 Arbeitsstunden hat das familiäre Team investiert – Gegenwert etwa 65 000 Euro!

FAKTEN

Hersteller: Kastell,
72519 Veringenstadt
Tel. 0 800 / 66 77 111, www.kastell.de

Entwurf: Selbstbauhaus Pollok/Mayer

Wohnflächen: EG 75 m², DG 73 m²

Bauweise: Massivbau mit 36,5 cm Liaplan-Steinen (Leichtbeton), 30° Satteldach, 149 cm Kniestock, dritter Giebel

Firmen-Leistung: Bausatz (Wände, Fenster, Dachstuhl, Materialpakete), Planung, Baustellenbetreuung, Bezahlung nach Baufortschritt

Hart erarbeitet: Piccolo nach 3000 Stunden Eigenleistung!

Für Kinder gut – für alle gut

Was macht Ihr neues Fertighaus kinder- und familienfreundlich? Hier gibt's Antworten: von wertvollen Tipps zur gemeinsamen Haus- und Gartenplanung über die Ausstattung bis
hin zu bedenkenswerten Punkten bei der Einrichtung.

Ein Familiennachmittag unter der Woche kann so aussehen:
Während die Mutter in der Küche arbeiten möchte, fetzen sich
im Obergeschoss zwei Geschwister, statt ihre Hausaufgaben
zu machen. Vom Garten her ertönt gleichzeitig lautes Weh-
klagen, und man sieht leider nicht, was dem dritten Sprössling
passiert ist. Als dann der Papa von der Arbeit kommt, stapft
er über lehmverschmierte Schuhabstreifer und stolpert in der
Diele über Schuhe und Co. – das ist wirklich keine gute Voraussetzung für einen entspannten Familienabend.

Oder der Nachmittag verläuft so: Die älteren Kinder sitzen auf
der gemütlichen Eckbank am Esstisch und erledigen ihre
Schularbeiten. Ihr jüngerer Bruder spielt in Sichtweite
zunächst auf dem warmen Korkboden im Wohnzimmer
und geht dann durch die Küche in den Garten, wo ihn die
Mutter jederzeit im Blick hat. Von ihrer Wohnküche aus
kann sie ihn beobachten, die Hausaufgaben betreuen und
gleichzeitig das Eine oder Andere erledigen. Anschließend
wird dann zusammen gekocht, und wenn der Vater heim-
kommt sind Schuhe, Schulranzen, Tennisschläger und Kla-
motten in dem großen Dielenschrank verstaut. Der stress-
freie Familien-Feierabend kann positiv beginnen. Dafür, dass
das Zusammenleben in der Familie dauerhaft funktioniert,
kann man bereits bei der Hausplanung einiges tun. Dazu

ein Gedanke vorneweg: Wer als Familie bauen möchte, sollte
auch als Familie planen! Das heißt, sobald die Kinder ein gewisses Alter erreicht haben, sollten sie auch Vorschläge machen und mit entscheiden dürfen. Ganz wichtig ist dabei,
dass man die Vorstellungen und Argumente der Kinder wirklich ernst nimmt – auch wenn einem das als Erwachsener im
Einzelfall vielleicht etwas schwer fällt. Damit das Haus über
die Jahre mit den Kindern „mitwachsen" kann, ist eine vari-
able Grundrissplanung angesagt. Natürlich kann das Haus
nicht in der Größe wachsen. Doch erlaubt eine Grundrissgestaltung beispielsweise mit möglichst vielen, annähernd
gleich großen Zimmern, immer mal wieder eine Umnut-
zung; einzelne Räume können dann wechselweise etwa als
Gästezimmer, Arbeitszimmer, Schlafzimmer und Kinderzimmer genutzt werden.

„Jugend-Reich" und „Schmutzschleuse"

Ein abgeschlossenes Treppenhaus ermöglicht später ein eigenes Jugend-Reich im Obergeschoss, wofür das Elternschlafzimmer dann ins Erdgeschoss verlegt wird. Von Anfang an
macht sich ein Gartenausgang in der Küche gut; für einen
kurzen Weg zur Biotonne ebenso wie für die Beaufsichtigung
der Kinder im Garten. Außerdem können die dann auch mal
mit Gummistiefeln in die – gefliese(!) – Küche marschieren.
Als eine Art „Schmutzschleuse" kann alternativ ein äußerer
Kellerabgang dienen, oder man sieht vor oder neben der
Haustür einen wettergeschützten Bereich für „Dreckstiefel"
und ähnliches vor. Im Blickpunkt einer kinderfreundlichen
Planung stehen natürlich die Kinderzimmer. Regel Nummer
eins: Kinderzimmer sollten nach Süd/Süd-West orientiert
sein. Am hellsten ist es in den Zimmern, wenn sie von zwei

Bauen, basteln, spielen und toben: In einem wirklich kindgerechten Kinderzimmer sollte all das möglich sein.

Die im Garten spielenden Kinder sollte man immer im Auge behalten können. Auf einer Holzterrasse, die sich schnell erwärmt, kann man schon im Frühjahr sitzen.

Seiten Licht bekommen und bodentiefe, sicherheitsverglaste Fenster oder beispielsweise auch Querlichtbänder haben. Als Grundfläche empfehlen sich mindestens zwölf, besser 15 bis 20 Quadratmeter. Wer an ein großes Schlafzimmer auf Kosten der Kinderzimmerfläche denkt, sollte mal überlegen, wie viel und wie vielfältig ein Kinderzimmer Tag und Nacht genutzt wird! Übrigens können auch großzügige Flure ebenso wie eine Galerie oder Maisonette mit als Spiel-Raum geplant werden. Die vertikale Raumteilung im Haus schafft Rückzugsbereiche beziehungsweise die nötige Distanz für die Zeit, die nach einem Zwist vergehen muss, bis man wieder die Friedenspfeife miteinander raucht. Für mehrere Kinder sollten die einzelnen Kinderzimmer möglichst gleich groß geplant werden. Das vermeidet Streit und schafft auch für die Zukunft Flexibilität.

Das Kinderzimmer muss sich wandeln

Über die richtige Einrichtung und Gestaltung von Kinderzimmern kann sich ein erfahrener Architekt oder Innenarchitekt stundenlang auslassen. Schließlich haben Kinder besondere Bedürfnisse hinsichtlich ihrer Wohnumwelt. Und diese ändern sich alle paar Jahre gewaltig. Somit wechseln auch die Anforderungen ans Kinderzimmer. In den ersten beiden Lebensjahren des Kindes muss es vornehmlich der geschützte Raum mit Nähe und Kontakt zu den Eltern sein.

Es geht darum, Lärm und Unruhe fern zu halten, die Phantasie anzuregen und Platz zum Krabbeln zu schaffen. Die Spielfläche sollte im Vorschulalter wachsen, das Kind möchte jetzt zunehmend auch für sich alleine spielen. Deshalb gilt bis dahin: Die Sicherheit muss groß geschrieben werden!

Das Kinderzimmer entwickelt sich dann zum Arbeitsplatz und Besucherraum für Kinder bis ungefähr dreizehn Jahre. Danach wird es zur eigenen Bude für den Jugendlichen.

Freiraum für die Jugend verhindert Familienstress

Wenn aus Kinderzimmern Jugendzimmer werden, kann ein sturmfreier Zugang – durch eine Windfangtür vom Wohnbereich im Erdgeschoss getrennt – nicht schaden. Das hält das Zusammenleben stressfreier und schafft den Heranwachsenden Freiraum im Haus – für eine, wie es Fachleute ausdrücken, gelungene Sozialisation in der Gruppe. So bietet sich die Chance, im heimischen Umfeld die eigene Identität und soziale Sicherheit zu finden und zu entwickeln. Das Zimmer selbst sollte in die Bereiche Arbeit, Wohnen und Schlafen untergliedert werden können – mit Raumteilern in Form von Regalen oder mit verschiedenen Ebenen. Ein fahrbarer Schreibtisch auf Rollen und andere Ideen können zusätzliche Möglichkeiten schaffen. Neben der Möblierung beginnt eine kind- beziehungsweise jugendgerechte Ausstattung bereits bei der Wahl von wohngesunden Baustoffen. Sicherheit gibt bei der Materialwahl eine Vielzahl von Zertifikaten und Labels. Ansonsten ist bei Einrichtung und Ausstattung zu bedenken: Alles sollte für die Kinder, abhängig jeweils von ihrem Alter, so weit es geht ohne fremde Hilfe benutz- und bewohnbar sein. Das mindert den Familienstress und fördert die Selbstständigkeit sowie das wachsende Verantwortungsgefühl der Kleinen.

Gerade auch im Badezimmer kann man in dieser Hinsicht viel tun – oder eben falsch machen. Wünschenswert ist ein separates Kinderbad. Die Kür sind spezielle WC- oder Wasch-

Viel Tageslicht durch große Fenster und ein angenehmer, wohnge-
sunder Korkboden: Hier fühlt sich der Nachwuchs wohl!

Ein kindgerecht eingerichtetes Familien-Badezimmer gibt Sicherheit
und fördert die Selbstständigkeit des Nachwuchses.

tisch-Lösungen in kindgerechter Form. Beispiel: Ein Waschbecken mit „vorgezogenen" Armaturen, die dem Kind
Sicherheit geben. Das kindgerechte Haus ist mit entsprechenden Schranktüren, Schubladen sowie Herdplatten ausgestattet, hat eine geeignete Treppe, bietet geschützte
Steckdosen und natürlich den so genannten „FI-Schutzschal-
ter". Allgemein sind unnötige Stufen und Stolperfallen, rut-
schige Bodenbeläge, spitze Ecken und scharfe Kanten zu
vermeiden. Alles Themen für die Planungsphase. Auch beim
Einrichten geben kleine Vorsichtsmaßnahmen große Sicherheit. So sollten Schränke und große Regale an der Wand befestigt werden.

Intelligente Planung macht´s nicht viel teurer

Fazit: Ein kinderfreundlich geplantes und ausgestattetes Haus
muss nicht zwangsläufig wesentlich teurer sein. Oft bringen
kostenneutrale, intelligente Lösungen beste Resultate. Außerdem tragen Investitionen zum Schutz und zur Förderung
der Kinder selbstredend auch zur Schonung der Nerven aller
Hausbewohner bei. Und genau das ist eben auch ein großer
Wert an sich!

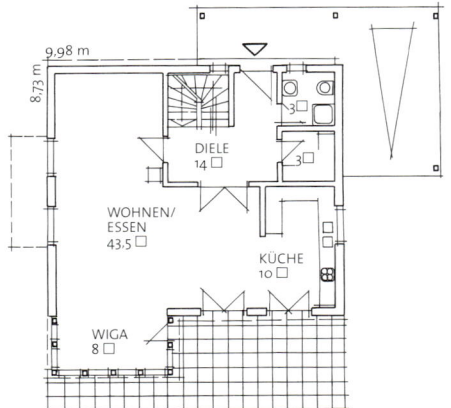

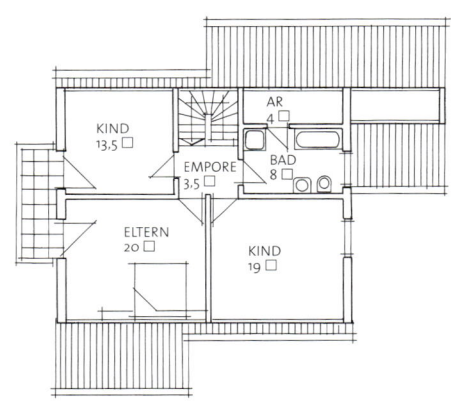

Ein im Erdgeschoss (links) abgeschlossenes Treppenhaus
ermöglicht später ein eigenes
„Jugend-Reich" im Dachgeschoss
(rechts). Das neue Elternschlafzimmer könnte dann mit einer
Zwischenwand vom Wohnbe-
reich abgetrennt werden.
Ähnlich große Zimmer unterm
Dach erlauben problemlos Um-
nutzungen – wechselweise etwa
als Gäste-, Arbeits-, Schlaf- und
Kinderzimmer.

Ein echter Clou fürs edle Gefährt: von vorne Garage, von hinten Garten.

Schick fürs Auto

Rechteck-„Betonkasten" oder Flachdach auf vier Pfosten? Wie langweilig! Eine moderne Garage ist „1A" gestaltet und hat Pfiff. Auch der Carport wird zum schicken Hingucker – und wie das gut beheizte Auto-Haus als Hobbyraum, lässt sich der überdachte Stellplatz als Gartenlaube nutzen.

Laternenparker wissen wie das ist, wenn man sich am frühen Wintermorgen beim Eiskratzen fast die Finger abfriert, wie man bei strömendem Regen die Einkäufe aus dem Auto lädt und bei sommerlicher Hitze in seinen „Glutofen" steigen muss. Kurzum: Eine Garage oder zumindest ein Carport gehören heutzutage zum neuen Eigenheim wie die Reifen zum Gefährt.

Dabei geht es nicht alleine darum, sein Automobil und sich vor Wind und Wetter zu schützen. Vielmehr sollte das private Parkhaus nicht wie ein Fremdkörper dastehen, sondern Teil einer harmonischen Gesamtarchitektur sein. Deshalb empfiehlt es sich, Wohn- und Auto-Haus von Anfang an zusammen als Einheit zu planen. Für Fertighaus-Bauherren heißt das, gleich mit dem Bauberater beziehungsweise mit dem Architekten eine Lösung zu suchen, die optimal zu den eigenen Ansprüchen, zum Grundstück und zum Haus passt. Bei diesem Vorgehen ist auch gewährleistet, dass der hierzulande genehmigungspflichtige Klein- oder Anbau fürs Auto wie geplant gebaut werden darf. Die baulichen Möglichkeiten sind nahezu unbegrenzt: Einfach- oder Mehrfach-Carport, Einzel- oder Doppelgarage, eine Kombination aus beidem, falls gewünscht mit Geräte- oder sonstigem Anbauraum.

Top-Hausdesign kopiert in klein
Machbar sind Sattel-, Pult- und (begrünte) Flachdächer sowie verputzte oder holzverschalte Wände in allen möglichen Strukturen und Farben. Garagen können entweder massiv gemauert, aus Betonfertigteilen erstellt oder in Form von filigranen Holz- und Metallkonstruktionen errichtet werden. So lässt sich jedes kleinere Carport- oder Garagenbauwerk in Form und Design dem Hauptgebäude angleichen, selbst Fertiggaragen kann man heute recht frei und damit ebenfalls passend zu höchst anspruchsvoller Einfamilienhausarchitektur gestalten.

Eine leicht zu realisierende Unterstellfläche bildet ein so genanntes abgeschlepptes Satteldach, das also einfach über den Baukörper hinaus verlängert wird. So ergibt sich meist auch gleich ein überdachter Eingangsbereich. Schließt man nun die Rück- und Seitenfläche, entsteht automatisch ein dreiseitig geschlossener Carport, der sich mittels Tor vorn zur fertigen Garage ergänzen lässt. So oder so ist der Raum für das Auto gefällig in den Gesamtbaukörper integriert.

Fertighaus-Garage in Holzbauweise
Bei dieser Lösung hat man zudem den Vorteil, dass Haus und Carport oder Garage homogen in bewährter Holzbauweise errichtet werden. Die Garagenwände kann man innen offen lassen, was bei den üblichen Holzständerwänden prima Stau- und Regalflächen bringt.

Alternativ lässt man sie dämmen und komplett beplanken, so dass die Garage gut beheizt werden kann. Neben dem obligatorischen Strom- auch einen Heizungs- und Wasseran-

Trend aus den 70ern neu entdeckt: Die Garage unterm Haus. Der witterungsgeschützte und kürzeste Weg zum Automobil (links). Oder die angebaute Garage auf Kellerebene, die auf Wohnebene eine riesige Terrasse auf ihrem Flachdach bildet (rechts).

Optimale Lösung bei der Fertighaus-Planung: Haus und Garage aus einem architektonischen Guss. Über der Garage gibt's sogar noch hochwertigen Wohnraum!

schluss legen zu lassen, erhöht den Komfort ganz beträchtlich. Denn so kann die Garage ganzjährig auch als Arbeits- und Hobbyraum genutzt werden. Empfehlenswert sind dafür natürlich entsprechend große Fenster. Bei individuell geplanten Fertighäusern kann man in dem Garagentrakt sogar einwandfreie Wohnräume mit einplanen. Beispielsweise indem ein Geschoss über der Garagendecke vielleicht als abgeschlossenes Arbeits-, Jugend- oder Gästezimmer vorgesehen wird.

Nett macht sich auch eine separate Garage mit Carport ganz im Stil des Hauses. Dachneigung, Putz und Holzverschalung stellen hierbei die optische Einheit der in ihrer Kubatur so unterschiedlichen Gebäude her. Tageslicht durch Fenster sowie eine Heizung sind im zeitgemäßen Auto-Haus längst nicht alles. Neben, am oder unterm Fertighaus platziert und angenehmerweise durch eine Tür direkt verbunden, wird die Garage oft tipptopp ausgestattet; das heißt mit hochwertigen Türen und Wohnfenstern, Gardinen, Wand- und Bodenbelägen und so weiter versehen.

Hightech-Ausstattung mit Komfortgewinn
Auch die speziellen Garagenhersteller bieten Top-Einrichtung, etwa mit praktischen Regalsystemen und anderem mehr. Dazu kommt die technische Ausstattung. Anbieter Zapf zum Beispiel hat eigens ein Belüftungssystem für Beton-Fertiggaragen entwickelt. Das Ganze funktioniert folgendermaßen: Ein hinten in der Garage montierter Lüfter saugt Frischluft von außen an, leitet diese durch verstellbare Düsen am Auto entlang und trocknet es auf diese Weise nach Regenfahrten zügig ab. Für die Entlüftung gibt es besondere luftdurchlässige Garagentore mit Mikrolochung oder offenen Lamellen. So wird die Karosserie laut Hersteller „vor Nässe und Kondenswasser geschützt, der Innenraum und das Inventar auch". Insbesondere wenn die Garage nicht nur als Aufbe-

wahrungsort fürs Auto genutzt wird ein echter Komfortgewinn. Dabei soll der Stromverbrauch im üblichen Betrieb den einer 60-Watt-Glühbirne nicht übersteigen.

Apropos Strom: Elektrische Torantriebe zählen heute fast schon zum Standard, bei (zu) kurzer Zufahrt sind sie Pflicht. Bei neueren Autos lässt sich der Handsender für die Fernbedienung an vorgegebenen Stellen einsetzen.

Carport preiswert, schön und multifunktional
Die oft deutlich preiswertere Alternative zur Garage ist der überdachte Stellplatz, genannt Carport. Zwar gibt es für besondere Ausführungen auch vier- und fünfstellige Preise, doch einfache Konstruktionen kann man bereits für rund 1000 Euro bekommen; ein Selbstbausatz aus dem Baumarkt ist schon ab etwa 300 Euro zu haben. In jedem Fall ist dabei die Lüftung inklusive und umsonst, allerdings bleibt das Auto nicht immer trocken und frostfrei.

Bei manchen Modellen lassen sich zwischen dem Ständerwerk unterschiedliche Wandelemente einfügen, einzelne Produkte kann man sogar Schritt für Schritt zu einer geschlossenen Garage komplettieren. Ansonsten kann der Fahrer das Auto auch ganz einfach mal draußen stehen lassen, um den Carport als pflanzenberankte Laube zu genießen.

Partnerlook: Wohn- und Auto-Haus blau-weiß von (rechts) sowie Tür und Tor im selben Design von Hörmann (links).

Garagen-Technik und Design anno 2005: Belüftungssystem zum Autotrocknen (Grafik oben) plus Alu-Lamellentor für eine attraktive Illumination mit Vorplatzbeleuchtung.

Zweimal Satteldach als Wetterschutz von oben: So ein Doppel-Carport lässt sich auch nachträglich problemlos „anbauen".

Blickpunkt Carport: Kein Fremdkörper am Haus, sondern ein schöner Übergang vom Bauwerk zur Natur.

Mit Stil: so anspruchsvoll gestaltet, stiehlt der Carport dem Automobil fast die Schau; die Wandverkleidung ist hier individuell auswählbar.

Moderne Schornsteine werden heute generell vorgefertigt und weisen außerdem einen Installationsschacht für später auf.

Nur Schornstein ist zu wenig

Die Zeiten, in denen von Schornsteinverzicht die Rede war, sind passé. Der Grund: Der Schornstein von heute hat neue Aufgaben übernommen und entwickelt sich immer mehr zum unverzichtbaren Hightech-Bauteil!

Benötigt man in Zeiten von Wärmepumpe, Pelletsheizung, Brennwert, Wandtherme und so fort überhaupt noch einen Schornstein? Reicht eventuell ein einfaches Abgasrohr aus (an der Außenwand oder über Dach) oder kann man sogar ganz darauf verzichten? Eine Frage, die sich viele Bauinteressenten stellen, denn der Aufwand für den Schornstein ist beträchtlich. Auch wenn nicht gemauert und wie im Fertigbau üblich, ein Fertigteilschornstein eingebaut wird, der aus zwei oder drei Segmenten besteht und mittels Kran innerhalb weniger Stunden montiert ist.

Neue Aufgaben für den Schornstein
Fakt ist: Ein Schornstein muss heute mehr können als nur Abgase zu transportieren. Seine Aufgaben:
- Abgasführung für die Zentralheizung,
- Abgasführung für Kachelofen, Kaminofen usw.,
- Installationsschacht,
- Zuluftführung.

Ob Öl- oder Gaszentralheizung, benötigt wird auf jeden Fall ein Schornstein. Ein Zug ist somit der Mindesteinstieg. Je nach Heizsystem kann es auch ein Abgasrohr in Edelstahl sein, zum Beispiel in Zusammenhang mit einer Brennwertanlage oder einer Holzpelletsheizung. Hier ergibt sich sogar ein Zusatznutzen, wenn das Edelstahlrohr gestalterische Aufgaben

übernimmt. Beispielsweise als Gliederungselement an der Fassade. Ein Punkt, der neuerdings viel Beachtung findet, speziell bei modernen Holzkonstruktionen.

Zwei Wärmeerzeuger, zwei Züge
Ist ein zweiter Wärmeerzeuger geplant (Kachel-/Kaminofen), so wird auch ein zweiter Schornsteinzug benötigt. Mehraufwand steht somit an. Und wer es sich leisten kann, der setzt sogar auf drei Züge: Für Heizung, Kaminofen und als Reserve ein Installationsschacht für alle Fälle! Auch bei elektrischer Heizwärmepumpe geht's manchmal nicht ohne Schornstein, denn diese Wärmeerzeuger werden oft mit einem zweiten Heizsystem kombiniert, um (bei tiefen Außentemperaturen) die Spitzen beim Wärmebedarf abzudecken. Das sind mehr oder weniger bekannte Erkenntnisse in Zusammenhang mit dem Schornstein. Weniger bekannt ist, dass der Schornstein sich in den letzten Jahren zum bewährten Hightech-Bauteil entwickelt hat das mehr kann als nur Abgase sicher ins Freie zu leiten.

Abgase nach aussen, Zuluft nach innen
Bei modernen Schornsteinen geht es nicht nur um Abgase, sondern auch um die benötigte Zuluft. Diese wird üblicherweise über den Aufstellraum bezogen, manchmal auch über einen separaten Ansaug von außen. Die neue Technik heißt LAS-Schornstein. Gemeint ist: Solche Luft-Abgas-Systeme leiten nicht nur die Abgase nach außen, sondern die benötigte Verbrennungszuluft wird von außen am Abgasrohr vorbeigeführt und vorgewärmt. Hier findet somit ein Wärmetauscher-Effekt statt, der sich bei der Energiebilanz positiv auswirkt. Es handelt sich um getrennte Luft- und Abgasschächte, die also raumluftunabhängig arbeiten.

Ob Schornstein oder Lüftungsanlage – die Montage erfolgt dank Vorfertigung per Kran in einem Stück und Arbeitsgang. Hier wird gerade ein Lüftungssystem eingebaut.

Kompakte Öfen mit Schornstein gibt's in unterschiedlichen Design-Varianten für den Außenmantel. Lieferbar sind außerdem teilweise auch Ecklösungen.

Die neue Rolle als Installationsschacht

Eine ganz neue Rolle kommt dem Schornstein als Installationsschacht zu. Er bietet die Option auf spätere Nachrüstmöglichkeiten. Ob Photovoltaik, Solartechnik oder Lüftung, der Reserveschacht ermöglicht eine haustechnische Ergänzung ohne technische Probleme und hohe Mehrkosten. Der spätere Einstieg in diese Technik ist bei entsprechender Förderung somit jederzeit möglich, ohne dass Wände geöffnet werden müssen.

Damit sind die technischen Möglichkeiten eines modernen Schornsteins noch längst nicht ausgeschöpft. Machbar sind natürlich Kombinationen der drei eingangs erwähnten Punkte. Das Ergebnis ist ein multifunktionaler Schornstein, der vor allem im Luftbereich neue Aufgaben übernehmen kann. Das bedeutet nicht nur Verbrennungsluft für den Wärmeerzeuger, sondern im Extremfall eine lufttechnische Verzahnung mit der Haustechnik, der Küchenabzugshaube und so weiter. In welche Richtung eine solche Entwicklung gehen kann, zeigt die Unitherm-Anlage der Firma Plewa (siehe Grafik Seite 126).

Ofenunit mit allem Drum und Dran

In Zusammenarbeit mit der Ofenfirma Olsberg hat Plewa eine geschlossene Unit für feste Brennstoffe entwickelt, die aus einem kompakten Kaminofen mit Schornstein besteht. Der Ofen arbeitet raumluftunabhängig, da die Zuluft über den Schornstein angesaugt und vorgewärmt wird. Der Brennraum ist luftdicht abgeschlossen, zwei Konvektionsaustritte sind zur Raumerwärmung vorgesehen. Ein separater Zuluftkanal wird somit nicht benötigt. Verriegelungen mit Küchenabzugshauben und der eventuell vorhandenen Lüftungsanlage entfallen. Der Ofen verfügt über eine selbstschließende

Tür und über eine integrierte Scheibenspülung. Optional kann eine praktische Entaschung über einen Kellerschacht vorgenommen werden. Wichtig zu wissen: Unitherm ist Blower-door-dicht, Voraussetzung für den Betrieb in Passiv- und Niedrigenergiehäusern. Verschiedene Design-Varianten sind möglich, eine Aufstellung wird angeboten, der Kaminkopf kann unterschiedlich ausgeführt werden. Die Marschrichtung ist also klar: Gefragt sind Kompakt-Einheiten mit allem Drum und Dran, wobei der Schornstein mehrere Funktionen übernehmen sollte!

Lufthoheit bei den Bundesländern

Die Bauvorschriften für Abgas- und Feuerungsanlagen sind sehr komplex, da es je nach Bundesland zu erheblichen Abweichungen in den Vorgaben kommt. Mancherorts muss bereits vor Baubeginn die entsprechende Behörde schriftlich informiert werden, bei anderen reicht's mit dem Rohbau. Bauherren sei daher empfohlen, sich frühzeitig über die Vorgaben vor Ort beim Bezirksschornsteinfegermeister, Bauamt oder der Hausbaufirma zu informieren. Das erspart Enttäuschungen, sollte später beispielsweise der Betrieb eines Kaminofens nicht genehmigt werden.

Fazit: Der Schornstein alter Prägung ist out. Mit den neuen Aufgaben wird der Schornstein stärker denn je aufgewertet und künftig als wichtiges Bauteil der Haustechnik gelten, denn noch hat er sein innovatives Potenzial nicht voll ausgeschöpft. Für Bauherren bedeutet dies: Es lohnt sich, sämtliche Optionen offen zu halten!

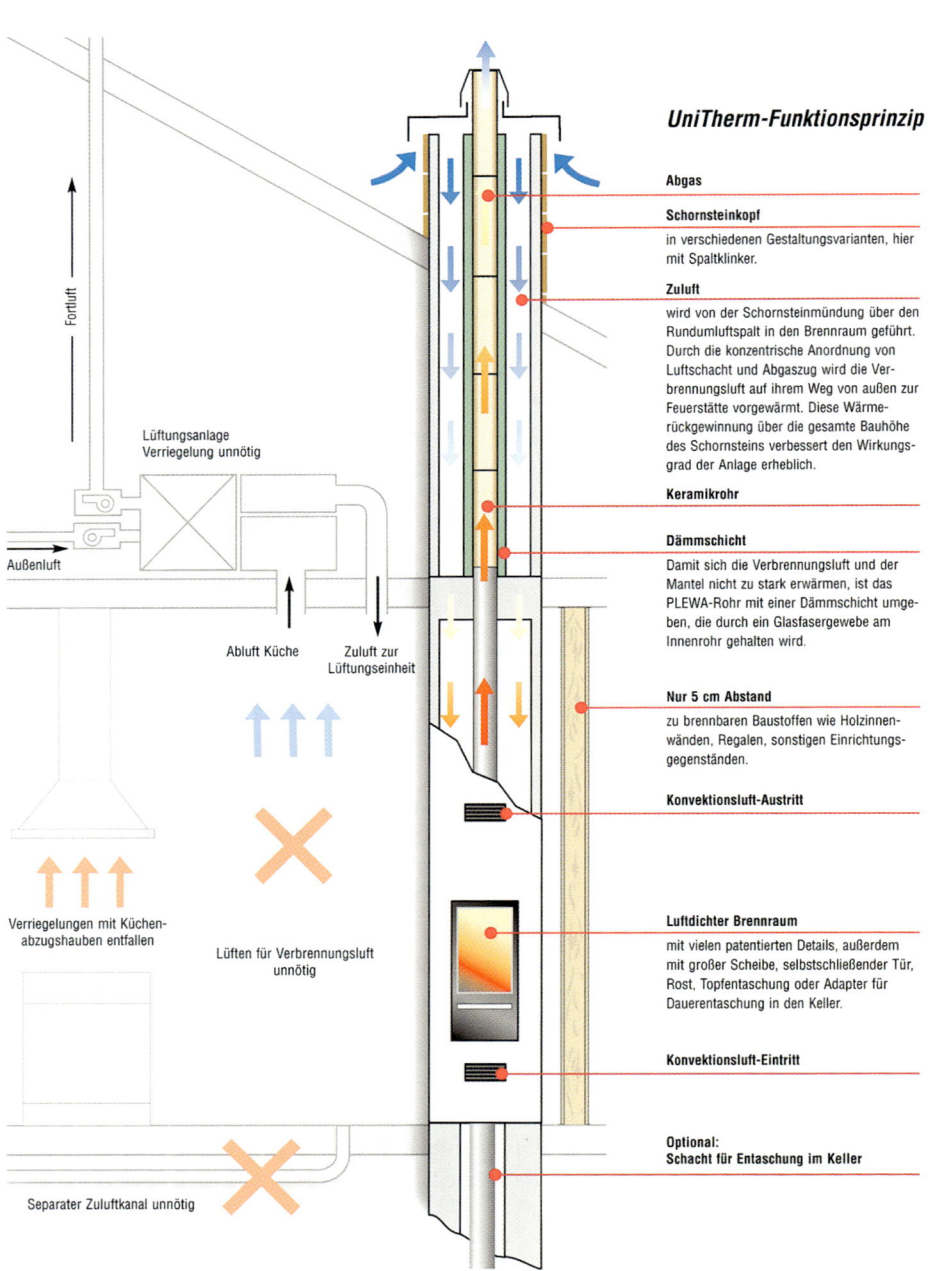

UniTherm-Funktionsprinzip

Abgas

Schornsteinkopf

in verschiedenen Gestaltungsvarianten, hier mit Spaltklinker.

Zuluft

wird von der Schornsteinmündung über den Rundumluftspalt in den Brennraum geführt. Durch die konzentrische Anordnung von Luftschacht und Abgaszug wird die Verbrennungsluft auf ihrem Weg von außen zur Feuerstätte vorgewärmt. Diese Wärmerückgewinnung über die gesamte Bauhöhe des Schornsteins verbessert den Wirkungsgrad der Anlage erheblich.

Keramikrohr

Dämmschicht

Damit sich die Verbrennungsluft und der Mantel nicht zu stark erwärmen, ist das PLEWA-Rohr mit einer Dämmschicht umgeben, die durch ein Glasfasergewebe am Innenrohr gehalten wird.

Nur 5 cm Abstand

zu brennbaren Baustoffen wie Holzinnenwänden, Regalen, sonstigen Einrichtungsgegenständen.

Konvektionsluft-Austritt

Luftdichter Brennraum

mit vielen patentierten Details, außerdem mit großer Scheibe, selbstschließender Tür, Rost, Topfentaschung oder Adapter für Dauerentaschung in den Keller.

Konvektionsluft-Eintritt

Optional:
Schacht für Entaschung im Keller

Fortluft

Lüftungsanlage Verriegelung unnötig

Außenluft

Abluft Küche

Zuluft zur Lüftungseinheit

Verriegelungen mit Küchenabzugshauben entfallen

Lüften für Verbrennungsluft unnötig

Separater Zuluftkanal unnötig

Weitere Infos

Es gibt viele Argumente, die für den Schornstein beim Haus sprechen, u.a. den späteren Wiederverkaufswert des Hauses.

Wer mehr hierzu erfahren will:
Initiative Pro Schornstein, 84478 Waldkraiburg, Tel. 0 86 38 / 88 02 30, www.proschornstein.de

Berichtet wird auf der Homepage u.a. über Fördermöglichkeiten. Vorgestellt werden Detailplaner, Vergleich 1-/2- und 3-zügiger Schornstein usw.

Funktionsprinzip der Unitherm-Anlage (Plewa): Ofen und Schornstein sind aus einem Guss, der Betrieb der Feuerstätte erfolgt raumluftunabhängig, da die Zuluft über den Schornstein geführt wird. Die Anlage ist kombinierbar mit anderen Systemen.

Der Einlieger im Keller bietet sich vor allem am Hang an. Mit einem eigenen Eingang und dem guten Schallschutz der Betondecke lässt sich eine solche Zweitwohnung problemlos vermieten.

Oben, unten oder im Keller?

Für Mieter, Kinder, Großeltern – mit der zweiten Wohnung im Haus hält man sich viele Nutzungsmöglichkeiten offen.

Eine zweite, kleinere Wohnung im Haus – Einliegerwohnung oder auch einfach „Einlieger" genannt – hat unbestreitbare Vorteile. Sie stärkt die Familienbande, denn sowohl der herangewachsene Sprössling als auch die Großeltern können hier mit der Familie unter einem Dach wohnen, wobei es für alle trotzdem ein Stück Unabhängigkeit voneinander gibt. Auch fürs Alter hat man vorgesorgt – später kann der Filius oder die Tochter mit der neugegründeten Familie in die größere Hauptwohnung ziehen, während sich das älter gewordene Baupaar in der kompakteren „Zweiten" oftmals wohler fühlt. Denn hier befindet sich in der Regel alles auf einer Ebene; darüber hinaus macht die kleinere Wohnung auch weniger Arbeit als das Haus.

Eine Einliegerwohnung lässt sich aber auch vermieten. Besonders in den Anfangsjahren – wenn die hohe finanzielle Belastung die Familie besonders hart trifft – kann das eine Überlegung wert sein. Denn so kann man sich ein größeres Haus leisten und hält sich die Selbstnutzung in späteren Jahren (mit den oben angesprochenen Möglichkeiten) offen. Und auch der Fiskus hilft: Für Vermieter gibt's handfeste Steuervorteile (siehe Kasten 128).

Nebenräume sind keine Nebensache
Damit all dies aber auch in der Praxis funktioniert, muss man ein paar Planungsgrundsätze beachten. In puncto Raumaufteilung gelten für den Einlieger die gleichen Anforderungen wie für die Hauptwohnung auch: nämlich kurze Wege, aus-

reichend große Räume und Vermeidung von Engstellen. Bei den kompakteren Ein- bis Zwei-Zimmer-Einliegern in der Größe zwischen 30 und 60 m² setzt man sinnvollerweise auf das offene Wohnen, dann sind die oben genannten Bedingungen relativ einfach zu erfüllen. Das bedeutet: ein gemeinsamer Wohn-, Ess- und Kochbereich, ein Bad und ein Schlafzimmer. Oft ist auch eine Diele entbehrlich. Wenn Nebenräume fehlen, müssen der Einliegerwohnung allerdings Abstellmöglichkeiten im Gemeinschaftsbereich (etwa im Keller) zugeordnet werden.

Die übliche Einliegerwohnung – das zeigen auch die meisten standardisierten Entwürfe und Beispielhäuser im Fertigbau – befindet sich auf einer Ebene. Selten sieht man Vorschläge, bei denen sich jede Wohnung über zwei Geschosse erstreckt und einen eigenen Eingang besitzt (ein solches Eigenheim ist kein Doppelhaus, wenn die Wohnungen teilweise übereinander liegen, weil dann eine durchgängige Trennwand fehlt!). Daneben gibt es noch exotische Einlieger-Versionen, etwa in einem Anbau liegende „Maisonette"-Wohnungen mit einem Schlafzimmer im oberen Stockwerk. Für den üblichen Einlieger auf einer Ebene bieten sich im eineinhalbgeschossigen Haus drei Orte an: Im Keller, im Parterre oder direkt unterm Dach. Alle Varianten haben ihre Vorteile, stellen aber auch ihre ganz bestimmten Anforderungen an den Planer.

Gute Lösung: Ein zweiter Eingang
Mit der Kellerlösung kann man eine ausgeprägte räumliche Trennung von Einlieger und Haus verwirklichen – besonders wenn die Zweitwohnung einen eigenen Eingang besitzt. Allerdings ist nicht jedes Untergeschoss zu Wohnzwecken tauglich.

Steuern sparen mit der Zweiten

Wer vermietet, wird über eine Steuerersparnis gefördert. Voraussetzung: Haupt- und Zweitwohnung ermöglichen die Führung eines eigenen Haushalts (mindestens Kochgelegenheit, Dusche, WC) und sind abschließbar (von den Gemeinschaftsräumen).

In der Praxis heißt das: zwei Hauseingänge oder gemeinsamer Windfang/-Treppenhaus mit Wohnungstüren ("Zweifamilienhaus"). Für beide Einheiten schließt man einen eigenen Darlehensvertrag ab, der jeweils die Kosten für die Wohnung und einen Teil der gemeinschaftlichen Baukosten deckt (anteilig nach Wohn-/Nutzflächen). Während man für das selbstgenutzte Eigentum möglichst viel Eigenkapital einsetzt, die Eigenheimzulage (soweit noch möglich) mitnimmt und fleißig tilgt, darf man sich mit dem Zurückzahlen des anderen Kredits Zeit lassen.

Grund: Die Zinsen kann man als "negative Einkünfte" mit den Mieteinnahmen verrechnen, also von der Steuer absetzen; genauso wie die "Abnutzung" der Zweitwohnung!

Eine schöne und praktische Grundriss-Lösung für kompakte Einliegerwohnungen: Der gemeinsame Wohn-, Ess- und Kochbereich.

Nötig ist eine ausreichende Geschosshöhe (2,50 m), eine verbesserte Wärmedämmung und eine ausreichende Belichtung durch Fenster-Lichtschächte reichen in keinem Fall aus. Daher bietet sich diese Variante vor allem bei Hanglage an. Dann kann man der Einliegerwohnung sogar eine eigene Terrasse spendieren. Und da eine Kellerdecke aus Beton auch den Schall relativ gut dämmt, eignet sich ein Einlieger "ganz unten" besonders gut zur Vermietung. Ganz billig ist diese Lösung allerdings nicht – Mehrkosten von 20 000 bis 30 000 Euro (zusätzlich zum Nutzkellerpreis) kommen leicht zusammen. Einliegerwohnungen im Parterre findet man relativ selten. Denn ein Haus der Mittelklasse bietet meist nicht genug Grundfläche, um das Erdgeschoss sinnvoll zwischen zwei Wohnungen aufzuteilen. So beansprucht schon ein Minimalgrundriss für die Hauptwohnung mit Diele, WC, Küche und kompaktem Ess-/Wohnraum etwa 40 m² bis 50 m² Platz – ein Gäste- oder Arbeitszimmer und ein Hauswirtschaftsraum müssten dann oben untergebracht werden. Möglich ist die Erdgeschoss-Lösung daher erst ab einer Grundfläche von 120 m², was natürlich auch einen entsprechend großen Bauplatz erfordert. Dann bietet sie aber den Vorteil, dass recht einfach die Abgeschlossenheit beider Wohneinheiten (zwei separate Hauseingänge oder gemeinsamer Windfang mit Wohnungstüren) zu verwirklichen ist. Außerdem eignet sich die Parterre-Lösung gut für Senioren, die mit dem Treppensteigen Probleme haben. Zu achten ist in jedem Fall auf einen ausreichenden Schallschutz, und zwar sowohl bei der Trennwand als auch bei der Geschossdecke.

Sehr wichtig ist dies auch bei der Lösung "Einlieger unterm Dach" – hier geht's hauptsächlich um den Trittschall. Eine Standard-Holzbalkendecke genügt nicht, daher haben die Fertighaushersteller entsprechende Konstruktions-Optionen im Programm (federnde Zusatzbauteile, Einbringung von Masse durch Schüttungen).

Zwei abschließbare Wohnungstüren

Die Zweitwohnung im Dachgeschoss wird in der Regel durch ein gemeinschaftliches Treppenhaus erschlossen – denn Außentreppen sind relativ aufwendig. Wird der Einlieger vermietet, ist auf die Abgeschlossenheit beider Wohnungen zu achten, sonst gibt's keine Steuervorteile. Im Allgemeinen heißt das: Ein Windfang wird gemeinschaftlich genutzt, von hier führt die Treppe nach oben. Wichtig: Beide Wohnungen besitzen eine abschließbare Tür! In einem solchen Eigenheim nimmt die obere Wohneinheit meist das ganze Dachgeschoss ein. Manchmal gilt die Einliegerwohnung sogar als die schönere – zumal man sie durch einen Balkon noch um einiges aufwerten kann.

Diese häufig anzutreffende Variante hat noch einen anderen Vorteil. So ist es problemlos möglich, erst unten einzuziehen und oben später in Eigenleistung auszubauen. Umgekehrt kann man die Sache auch sehen: Wer sich für ein Eigenheim mit zum Ausbau vorbereitetem Dachgeschoss interessiert, sollte darauf achten, dass dort später auch ein flexibel nutzbarer Einlieger entstehen kann. Mit einem zusätzlichen Trittschallschutz in der Geschossdecke und der oben beschriebenen Eingangssituation hält man sich alle Möglichkeiten, also auch eine Vermietung, offen.

UNTERGESCHOSS

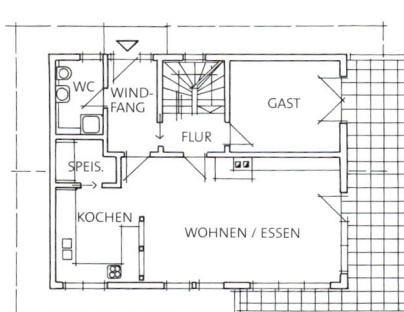

ERDGESCHOSS

DACHGESCHOSS

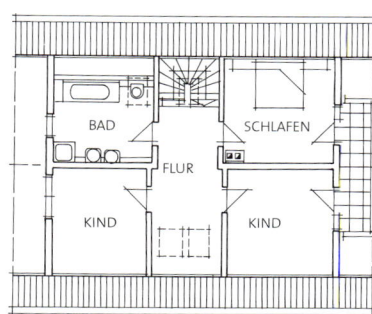

Im Untergeschoss: Der Einlieger (beige) besitzt einen separaten Hauseingang und – dank Hanglage des Grundstücks – eine schöne Terrasse. Gehört ebenfalls dazu: der kleine Abstellraum oben rechts.

ERDGESCHOSS

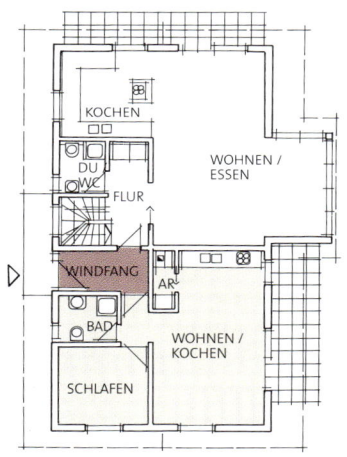

DACHGESCHOSS

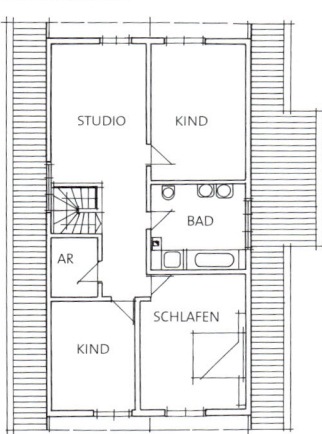

Im Parterre: Ohne Treppen ist die Zweitwohnung (hell getönt) besonders seniorenfreundlich. Gemeinschaftlich genutzt wird hier der Windfang (dunkel getönt).

ERDGESCHOSS

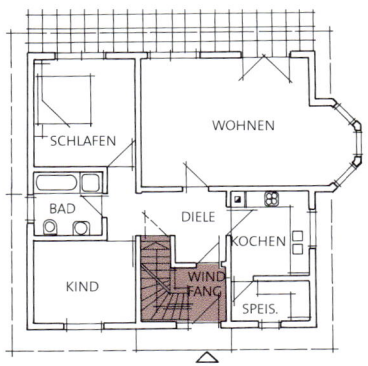

DACHGESCHOSS

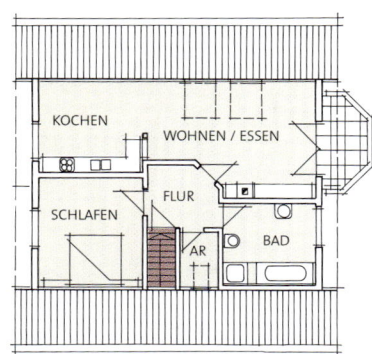

Direkt unterm Dach: Der Einlieger hat viel Platz (hell getönt, rechts). Wichtig bei Vermietung: Erd- und Dachgeschoss sind separate Einheiten (geschlossenes Treppenhaus, dunkel getönt).

Die Diele als Visitenkarte

Die Diele ist wichtigster Dreh- und Angelpunkt und damit die Visitenkarte für das Haus. Auf welche Punkte geachtet werden muss, sollen zwölf Beispiele (siehe Seiten 131/132) veranschaulichen.

Viele Funktionen überlagern sich in der Diele: Ankommen, Einkäufe abstellen, Kleider ablegen, Schuhe verstauen, Schirm zum Trocknen aufklappen und vieles mehr. Sind diese Funktionen vom Architekten nicht gut geplant, wird aus der schönen Visitenkarte eine große Problemzone im Haus.

Mit einem Blick auf den Grundriss lässt sich sofort feststellen, ob genügend Platz für alle Eventualitäten vorgesehen ist und ob die Diele aus allen Nähten platzt, wenn überraschend mehr als ein Besucher kommt. Auch sollte man nicht gleich mit der Türe ins Haus fallen, das heißt: Wenn schon kein Windfang geplant ist, sollte die räumliche Anordnung der Diele so geschickt gelöst sein, dass beim Öffnen der Haustüre kein Durchzug entsteht.

Gut: Treppe findet Platz in Wandtasche
Hilfreich für eine vernünftige Planung ist es, wenn die Geschosstreppe und die Garderobe jeweils in einer so genannten Wandtasche verschwinden und damit mehr Bewegungsspielraum im Eingangsbereich ermöglicht wird. Keine Selbstverständlichkeit, denn leider ist noch sehr häufig diese Situation anzutreffen: Man öffnet die Haustüre und steht sofort neben der Treppe und nirgends ist Platz, um etwas abzustellen. Typischer Fall von zu wenig Raum – mit fünf oder sechs Quadratmetern kann man eben nur einen Windfang, aber keine Diele

planen. Andererseits gibt es auch Häuser, bei denen trotz 25 Quadratmeter großer Diele letztendlich fast nur die Windfangfunktionen abgedeckt sind, weil man nirgends einen Schrank oder eine Kommode vernünftig aufstellen kann. Also: Die Größe der Diele ist nicht allein entscheidend, auch die Funktionalität muss gewährleistet sein.

Richtige Lösung: von Haus zu Haus anders
Die Dimension der Diele ist also in einem vernünftigen Verhältnis zur Wohnfläche zu planen – eventuell im Zusammenhang mit der Garage. Wenn hier ein überdachter Bereich mit einem Abstellraum angeordnet werden kann, ist für alle Belange der Familie gesorgt: Es können Spiel- und Sportgeräte versorgt werden, es gibt Platz für den Kinderwagen und alle sonstigen alltagsrelevanten Gerätschaften. Die einzig richtige Lösung sieht freilich von Haus zu Haus verschieden aus. Deswegen sollen unsere Grundrissbeispiele Einblick in vernünftige und weniger vernünftige Lösungen verschaffen. So bekommen Sie schnell ein Gefühl für die Planung in Ihrem Haus.

Fazit: „Hauptsache Platz" reicht für eine funktionale Diele nicht aus. Vielmehr braucht es eine durchdachte Gesamtlösung fürs Haus, um auch ein schönes Entree ins Haus zu schaffen.

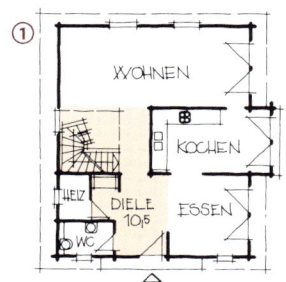

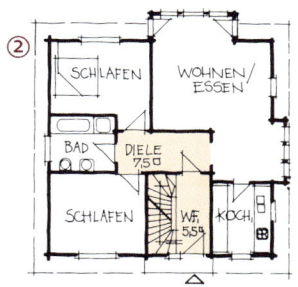

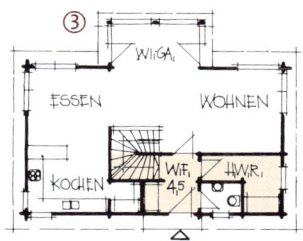

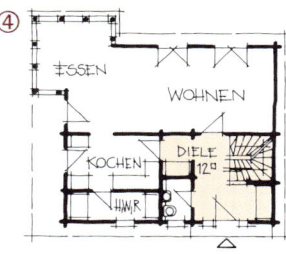

1 Klein & mutig

Hier fällt man wahrlich mit der Tür ins Haus und ist gleich mitten im Geschehen. Vom Essbereich sieht man wunderbar die Heizungs- und WC-Türe was sicher nicht die Gemütlichkeit im Haus steigert. Wohn- und Nebenraumfunktionen sind inakzeptabel vermischt. Der einzig gute Nebeneffekt: Die 10,5 m² der Diele vergrößern optisch den Essbereich. Dass man erst das ganze Haus durchqueren muss, um in die Küche und auf die Treppe zu kommen, ist ein weiterer Nachteil.

Vorschlag: Windfangvorbau mit direktem Zugang zum WC bauen.

2 Klein & schlecht

So sieht die noch häufig anzutreffende Standard-Lösung für Windfang und Diele aus. Der dargestellte Windfang ist hier auch Diele, dafür aber zu schmal, weil Auf- und Abgang der Treppe jeglichen Bewegungsspielraum unterdrücken. Es gibt nicht einmal mehr Platz für einen Garderobenschrank. Wenn man die nachfolgende Diele (Schlafzimmerflur) dazurechnet, sind es insgesamt 13 m², die hier verplant wurden. Viel Platzverschwendung, um drei Räume und eine Treppe zu erschließen.

Vorschlag: Eingangsvorbau, dem ein Gäste-WC und eine vernünftige Garderobe zugeordnet ist.

3 Klein & im Ansatz besser

Dieser Grundriss mit seinem 4,5 m² großen Windfang ist etwas besser organisiert als Lösung Nr. 2. Hier erschließen sich ein Gäste-WC, die Kellertreppe und die Garderobe in einer Wandnische. Und für den Fall der Fälle kann der ausgewiesene Hauswirtschaftsraum auch mal als Deponie für Spiel- und Sportgerät dienen. Ganz geschickt ist der Treppenaufgang zum Dachgeschoss offen in das Wohngeschoss integriert, während der Kellerabgang sich abgetrennt im Windfang befindet.

Vorschlag: Die Eingangsdiele könnte natürlich auf Kosten des Hauswirtschaftsraums offener gelöst werden, indem man das Gäste-WC ganz rechts in das Hauseck schiebt und sich so aus dem kleinen Windfang eine richtige Diele mit ordentlicher Garderobe ergibt.

4 Klein & gut

Hier ist anstelle eines Windfangs eine richtige Diele anzutreffen. Garderobe und Gäste-WC, Treppe und Abstellschrank sind so angeordnet, dass keine drangvolle Enge, sondern vernünftig viel Raum geschaffen wird, um bequem in die Küche oder das Wohnzimmer zu gelangen.

Lobenswert: Mit 12 m² Nutzfläche wurde ein angemessen vernünftiger Eingangsbereich geschaffen.

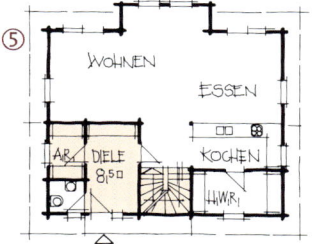

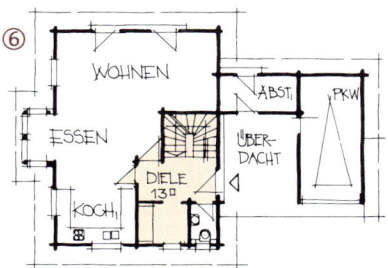

5 Klein & sehr gut

Die hier vorgefundene Diele hat 8,5 m² und man sieht, dass man problemlos Platz hat, um in die Küche und den Wohnbereich zu gelangen. Das liegt an der klaren Grundrissanordnung von WC und Abstellraum, an der geschickt angeordneten Garderobennische und an der Ausgliederung der Geschosstreppe in den Wohnbereich. Die Platzierung der Geschosstreppe neben Küche und Hauswirtschaftsraum hat große Vorteile, weil man einen sehr direkten Zugang zum Keller hat. Es muss auch kein Nachteil sein, dass die geschickt in einer Wandnische untergebrachte Treppe eine direkte Verbindung zum Schlafbereich des Hauses bietet und so Wohn- und Schlafgeschoss familiär – mit Hörkontakt zu den kleinen Kindern – verbindet.

Lobenswert: Der kleine, der Diele zugeordnete Abstellraum, in dem man schnell auch mal etwas „verschwinden lassen" kann, wenn beispielsweise Besuch kommt.

6 Klein & sehr gut

Der dem Haus zugeordnete Garagenanbau ergibt einen schönen überdachten Eingangsbereich, der auch als Carport für Fahr- und Spielzeuge der Kinder dienen kann.

Lobenswert: Wieder der kleine Abstellraum, in dem man Sport-, Spiel- oder Gartengerät verschlossen unterstellen kann. Die Eingangsdiele mit 13 m² ist deswegen großzügig, weil Treppe, Garderobe und WC nicht „im Weg" liegen, sondern links und rechts in einer Wandtasche verschwinden. Der breite Durchgang ist so in keiner Weise gestört.

Etwas verwirrend: Die nebeneinander liegenden Zugänge zum Koch-Essbereich beziehungsweise Wohnbereich. Hier wäre eine einzige Türe völlig ausreichend und klarer!

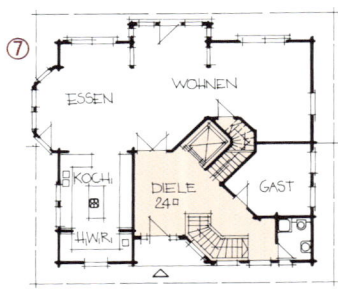

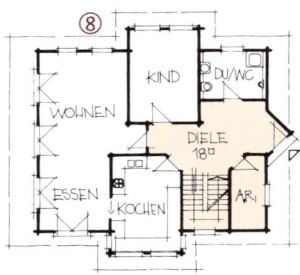

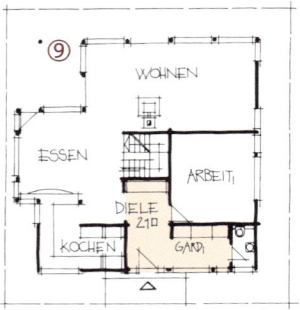

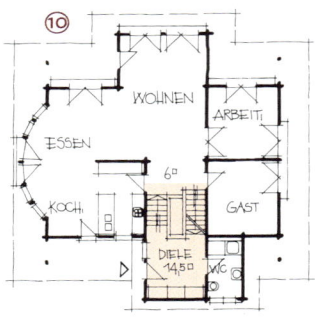

7 Groß & schlecht

Dieses Haus besitzt eine 24-m²-Diele, die Treppe ist nach unten und oben getrennt, zentral gibt's einen Aufzug! Auf den ersten Blick ist die Diele eindrucksvoll. Beim näheren Hinsehen entdeckt man, dass hier ein Abstellraum und eine wirkliche Garderobe fehlen. Die einzige Wand, die lang genug ist, um einen Garderobenschrank aufzustellen, ist links neben der Türe. Wird er jedoch hier aufgebaut, ist der Zugang zum Wohn-Essbereich beeinträchtigt. Was wirklich fehlt, ist ein dem Haus entsprechender Abstellraum, in dem man Schuhe und die tägliche Garderobe – auch für die Kinder – unterbringen kann. Außerdem gibt's keinen direkten Zugang von der Diele zur Küche und der Abgang zum Keller ist zu weit von der Küche entfernt.

Dieses Beispiel zeigt: Auch 24 m² Diele können verplant werden!

8 Groß & im Ansatz gut

Beispiel für eine etwas größere Diele: Die Anordnung der Treppe und des Gäste-WC mit Dusche ist gut gelöst, auch die Raumgeometrie ist interessant. Der direkte Zugang zur Küche ist funktional. Die Lage der Treppe zur Küche ist als hervorragend zu bezeichnen. Was fehlt ist eigentlich nur eine vernünftige Stellfläche für die Garderobe. Die einzige Möglichkeit einen kleinen Schrank aufzustellen, gibt es links neben der WC-Tür. Da dieser Platz dafür aber zu klein ist, muss auf den Abstellraum ausgewichen werden. Ohne Tür ist dann genug Platz für Kleider, Schuhe und Co.

Wermutstropfen: Der Abstellraum im Erdgeschoss entfällt ersatzlos und muss in diesem Fall in den Keller verlegt werden.

9 Groß & gut

Ein großes Haus mit einer großen Diele: Zwar wurde hier ohne Türabschluss zum Ess-Wohnbereich geplant, aber die räumliche Staffelung ist so geschickt, dass eine Windfangtür fast überflüssig ist. Zwei Wandnischen bieten reichlich Platz für je eine offene und eine geschlossene Garderobe (Wandschrank). Die zweiläufige Geschosstreppe ist ins Wohngeschehen verlagert und dort durch den Einbau in eine Wandnische geschickt „aus dem Verkehr gezogen".

Lobenswert: Viel Platz und Bewegungsspielraum in der Diele.

10 Groß & gut

Eine ungewöhnliche Treppenerschließung: Von der Eingangsdiele führt eine halbgeschossige Treppe zum Koch-Ess-Wohnbereich und eine halbgeschossige Treppe ins Untergeschoss. Diese interessante, sogenannte Split-Level-Lösung führt hier offen, aber doch getrennt ins Haus, weil die Dielenebene auf der Mitte zwischen Erdgeschoss und Keller liegt. Dieses originelle, attraktive Konzept macht eine Windfangtür überflüssig. Die Diele selbst ist klar gegliedert, hat reichlich Platz und eine schöne große Wandnische für eine Garderobe plus WC mit Gäste-Dusche.

Lobenswert: Eine außergewöhnliche Konzeption, die zu einer räumlich interessanten Eingangssituation der Diele führt.

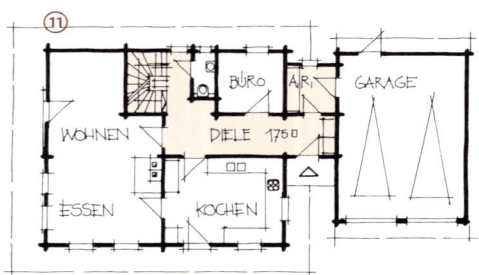

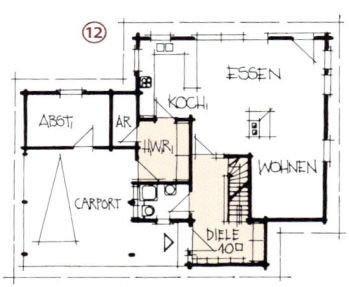

11 Groß mit Garage: Ideal für die Familie

Insgesamt ist dieser Grundriss für eine Familie ideal. Trockenen Fußes gelangt man hier von der Garage über den Abstellraum und die Diele in den Wohnbereich. Nicht ideal ist das der Treppe gegenüberliegende, eingequetschte WC, das den Raum um das Treppenhaus sehr beengt. Auch fehlt der Diele wirklich geeignete Stellfläche für die Garderobe, obwohl sie 17,5 m² groß ist. Höchstens die kleine Wandnische neben der Hauseingangstür bietet Platz für ein Garderobenschränkchen.

Vorschlag: Besser wäre es, das WC neben der Treppe wegzunehmen und zwischen Abstellraum und Büro einzubinden. Dann wäre gegenüber der Treppe Raum für eine große Garderobe, die mehr Platz vor der Treppe ließe.

12 Groß mit Carport: Zweiter Zugang

Haus mit integriertem Carport: Ganz sinnvoll ist der dem Carport zugeordnete Abstellraum sowie der schön überdachte Eingang vor der Diele des Hauses. Die Diele selbst ist etwas klein geraten, bietet jedoch ausreichend Platz für eine Garderobe und ein Gäste-WC mit Dusche. Treppenauf- und -abgang sind leider beengt. Dafür hat das Haus einen besonderen Clou: Es besitzt einen zweiten Zugang über den Hauswirtschaftsraum zur Küche. Das ist für kleine Kinder sehr praktisch – sie können sich bei schlechtem Wetter erst einmal die Füße richtig abtreten, bevor sie in die „heiligen Hallen" des Hauses kommen. Insgesamt eine sehr pfiffige Lösung.

Vorschlag: Der Hauptdiele mit dem Treppenhaus würden ein paar Quadratmeter mehr sicherlich gut tun!

Auch auf kleiner Fläche lässt sich eine vernünftige Küche planen – mit allen wichtigen Funktionen!

Kleines Einmaleins der Küche

Wer neu baut, hat mehr oder weniger freie Hand bei der Küchenplanung: offen oder abgeschlossen, groß oder klein, Einbaumöbel oder Solitäre. Einige Basics müssen jedoch in jedem Fall beachtet werden.

Die grundlegende Frage bei der Planung ist: Soll die Küche ein abgeschlossener Raum werden um Geräusche und Gerüche zu isolieren? Oder soll sie zum Wohnbereich hin geöffnet sein für größtmögliche Kommunikation auch während dem Kochen? Fest steht, dass sich die Küche vom einstigen „Nur-Arbeitsplatz" der Hausfrau zum sozialen Treffpunkt der Familie entwickelt hat. Es gilt daher so oder so ein gerütteltes Maß an zusätzlichen Anforderungen zu erfüllen – bezüglich Größe und Funktionalität!

Im Trend: Die offene Wohnküche
Die offene Wohnküche liegt derzeit im Trend. Zwei Faktoren haben dazu vor allem beigetragen. Zum einen können moderne Küchenmöbel inzwischen durchaus mit normalen Wohnzimmermöbeln mithalten. Zum anderen hat sich der Geräuschpegel der Küchenarbeit deutlich reduziert: Geschirrspüler arbeiten fast unhörbar, Dunstabzüge sind erheblich leiser (und leistungsfähiger) geworden und für Türen und Auszüge gibt es wirkungsvolle Dämpfungssysteme.

Wird die Küche also zum Wohnzimmer hin geöffnet, sollte man Möbel und Farben in beiden Bereichen konsequent aufeinander abstimmen. Aber trotz Öffnung kann auch bei solchen Raumkonzepten eine optische Abtrennung zwischen

Küche und Wohnbereich sinnvoll sein, um die Bereiche funktional zu gliedern. Empfehlenswert ist dann zum Beispiel eine frei im Raum stehende oder an eine Schrankreihe angebundene Insellösung. Eine Unterschrankzeile hat eine ähnliche Wirkung und bietet zudem beidseitig zugänglichen Stauraum. Regale, Glasschränke oder halbhohe, farbig lackierte Wandflächen haben ebenfalls dekorativen Trennungscharakter.

Die geschlossene Wohnküche
Auch eine geschlossene Wohnküche stellt andere Anforderungen an die Raumgestaltung als eine ausschließlich als Arbeitsplatz genutzte Einbauküche. Wichtig ist dabei vor allem: Der Grundriss muss groß genug sein für einen richtigen Esstisch. Denn dieser ist die Basis für alle Aktivitäten, die heutzutage in der Küche stattfinden: Essen und Unterhaltung, Spielen und Schularbeiten machen, Gäste bewirten oder auf die Schnelle frühstücken und Zeitung lesen. Der Platzbedarf für eine frei stehende Essgruppe kann mit dem Maßband auf dem Boden ermittelt werden: Tischbreite pro Person 65 Zentimeter, Tiefe 40 Zentimeter.

Soll die Küche auch das so genannte „gute" Porzellan aufnehmen, wird zusätzlicher Stauraum benötigt. Das gilt ebenfalls, wenn die Küche für verschiedene Hausarbeitsgeräte Platz bieten soll wie zum Beispiel Bügelbrett, Staubsauger, Besen oder Putzeimer.

Bessere Teamarbeit an der Kochinsel
Erfahrene Küchenprofis wissen es schon lange: eine Kochinsel oder ein frei stehendes „Vorbereitungszentrum" in der Raummitte hat viele Vorteile für den Arbeitsablauf. Denn so können

Eine geschlossene Wohnküche braucht genügend Platz für einen richtigen Esstisch als Basis für alle Aktivitäten, die heutzutage in der Küche stattfinden – von Essen bis Hausaufgaben machen!

Die runde Theke aus Glasbausteinen mit hohen Hockern macht die Küche zur Bar. Eine hübsche Idee für die offene Planung!

mehrere Menschen gleichzeitig nebeneinander oder gegenüberstehend arbeiten und kommen sich dabei nicht in die Quere. Natürlich ist das auch die Lösung mit dem größten Platzbedarf und damit automatisch eine teure Variante. Wer's freilich einrichten kann, steht als Koch im Zentrum des Geschehens.

Nicht ganz so viel Platz wie eine Insel benötigt eine Halbinsel. Sie kann mit einer Seite an den Schränken oder an der Wand anstoßen. Eine solche Lösung bietet sich vor allem dann an, wenn ein fließender Übergang von der Küche zum Wohn- oder Essbereich geschaffen werden soll (siehe offene Küche).

Wichtig: Genügend Steckdosen planen

An was leider oft zu spät gedacht wird, sind die Steckdosen. Pauschal kann man sagen, dass ihre Zahl in der Regel zu niedrig angesetzt wird. Auch wenn man im Vorfeld alle Elektrogeräte zusammenzählt und entsprechend plant, hat man schon nach kurzer Zeit zu wenig Anschlussmöglichkeiten. Der Grund: Die Ansprüche neigen zum Steigen und damit auch der Bedarf an ständig verfügbaren Elektrogeräten. Professionelle Küchenplaner geben als Richtlinie inzwischen eine Doppelsteckdose pro laufendem Meter vor!

Und zum Schluss geht's ums Design …

Wer alle formalen Punkte abgehakt hat, kann sich schließlich dem Design zuwenden: Ländlich, klassisch, modern oder avantgardistisch? Für alle Stilrichtungen gibt's mit Folie bezogene Möbel bis hin zu Hochglanzlack- und Echtholzfronten. Aber das ist nun wirklich nur eine Frage des Geschmacks oder des Geldbeutels …

1
Mit einem abgesenkten Kochbereich können Sie Ihren Rücken besser schonen.

2
Planungsregel: Rund zehn Zentimeter Höhendifferenz zwischen Arbeitsplatte und Ellenbogen.

3
Mit einem erhöhten Spülbereich kann Verspannungen nachhaltig vorgebeugt werden.

Die passende Anordnung für jeden Grundriss

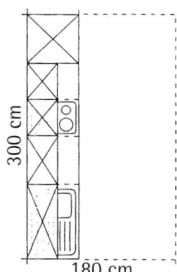

® Einzeilige Küchen ...
finden sich in der Hauptsache in kleineren Wohnungen oder Apartments mit nur einer Stellwand. Zwar müssen hier alle Funktionen auf kleinstem Raum zusammengefasst werden, trotzdem gibt es auch so genügend Mittel, eine langweilige Aneinanderreihung aufzulockern.

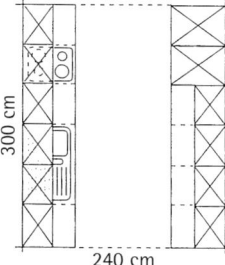

® Zweizeilige Küchen ...
sind meistens dann die Lösung, wenn sich auf den beiden kurzen Seiten eines Raumes jeweils Zimmertüren, Terrassenausgänge oder Fenster befinden. Die Lösung heißt dann: einfach rechts und links der Wand entlang. So kann der Raum optimal genutzt werden.

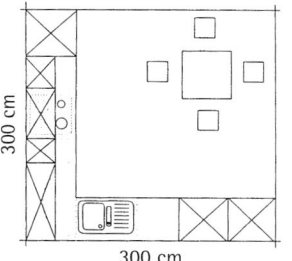

® Küchen in L-Form ...
sorgen für kurze Wege. Sie sind eine der beliebtesten Arten der Küchengestaltung, weil sie viele Varianten möglich machen. Im Inneren des Winkels liegen die häufig genutzten Arbeitsbereiche. Meist lässt sich hier auch eine separate Essecke einplanen.

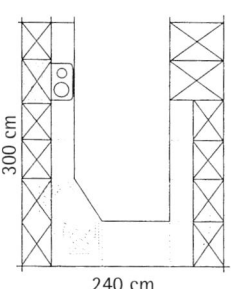

® Küchen in U-Form ...
brauchen vor allem Platz, um das nötige Maß an Bewegungsfreiheit zu bieten. Sie sind deshalb auch nur für den Fall zu empfehlen, dass sich der Architekt bei der Grundrissplanung großzügig gezeigt hat. Dann aber sind sie eine wirklich repräsentative Küchenform.

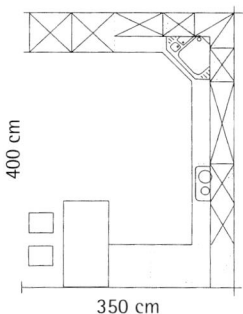

® Küchen in Halbinselform ...
bilden häufig die Lösung, wenn es um einen fließenden Übergang von der Küche zum Wohn- oder Essbereich geht. Die so genannte „Halbinsel" übernimmt dann oft die Funktion eines Raumteilers. Allerdings sollte der Durchgang zur Küche noch mindestens 1,20 Meter betragen.

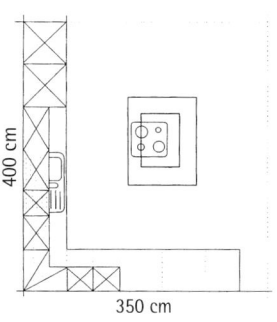

® Küchen mit Insellösung ...
funktionieren dort, wo mindestens eine Fläche von 15 Quadratmetern zur Verfügung steht. Dann können sie aber auch einen höchst exklusiven Eindruck verbreiten. Praktischer Nebeneffekt: ein Kochfeld oder ein Vorbereitungszentrum in der Raummitte erleichtern wesentlich den Arbeitsablauf.

Ergonomie ist angesagt

Die Küche wird gerne als größter Arbeitsplatz der Welt bezeichnet. Aber nicht immer ist sie gut ausgestattet. Viele Küchen haben zu niedrige Arbeitshöhen, der Backofen ist oft schlecht erreichbar unter der Kochmulde eingebaut und zur Spülmaschine muss man sich tief herunterbücken. Nachstehend werden deshalb die wichtigsten Fragen und Antworten rund um die Ergonomie in der modernen Küche geklärt.

Warum ist die richtige Arbeitshöhe bei der Küchenarbeit so wichtig?

Nach ergonomischen Untersuchungen führt schon eine Neigung des Rückens von 20 Grad aus der Senkrechten nach vorn, wenn sie über längere Zeit eingenommen wird, zu Verspannungen und zu Rückenschmerzen. Auf Dauer kann dies zu Schäden an Knochen und Muskeln führen.

Wie ermittelt man die richtige Arbeitshöhe?

Eine Faustregel: Die Höhendifferenz zwischen Arbeitsplatte und Ellenbogen sollte bei abgewinkeltem Arm rund zehn Zentimeter betragen. Die Küchenhersteller bieten heute einen großen Einstellungsspielraum, so dass für jede Person zwischen 135 und 200 Zentimetern Körpergröße eine optimale Arbeitshöhe machbar ist.

Soll die Arbeitshöhe durchgehend gleich bleiben oder in der Höhe abgestuft sein?

Ergonomisch am besten ist eine arbeitsplatzorientierte Höhe. Das bedeutet eine erhöhte Arbeitsfläche an der Spüle und am Vorbereitungszentrum. Das Kochfeld wird dagegen abgesenkt. Außerdem fordern Ergonomiewissenschaftler einen Sitzarbeitsplatz oder – noch besser – einen höhenverstellbaren Arbeitstisch.

Wo sollten die Küchengeräte eingebaut sein?

Alle Geräte, die häufig genutzt werden, sollten in einer bequemen Arbeitshöhe eingebaut werden. Beim Kühlschrank ist das längst eine Selbstverständlichkeit. Aber auch Backofen oder Mikrowelle werden zunehmend in Sicht- und Greifhöhe in einen Hochschrank integriert. Inzwischen sind die technischen Voraussetzungen geschaffen, auch den Geschirrspüler höher einzubauen.

Welche Schrankausstattung empfehlen die Ergonomieprofis?

Auszüge in Unterschränken sind für den Rücken erheblich schonender als Fachböden hinter Schranktüren. Vollauszüge bieten in jedem Fall den besten Einblick und den bequemsten Zugriff auf den gesamten Schrankinhalt.

Drei Sterne für Komfort

Was bedeutet „Wohnkomfort"? Angehende Bauherrschaften werden die Frage recht unterschiedlich beantworten. Und kaum jemand wird den Begriff wohl spontan mit „Elektroausstattung" in Zusammenhang bringen. Ein Fehler – wenn man mal genauer darüber nachdenkt.

Jedes Haus hat heute elektrischen Strom. Doch wie wird er im Haus verteilt? Und wie sichert man sich gegen die möglichen Risiken des spannungsreichen Segens der Neuzeit ab? Das sind für den Hausbau ausgesprochen wichtige Fragen, die häufig leider nicht die gebührende Beachtung finden. Auch bei der so genannten Bemusterung eines Fertighauses stehen oft die Form und die Farbe der Lichtschalter und Steckdosen viel zu sehr im Vordergrund. Denn das insgesamt wesentlich Wichtigere in Sachen Elektroinstallation sind zunächst die Dinge hinter den Dingen. Das heißt, die Zahl der Leitungen und Stromkreise im Haus, die Platzierung der Schalter und Steckdosen in den einzelnen Räumen ...!

Wie für nahezu alles, gibt es hierzulande auch dafür eine (Deutsche Industrie)Norm: die DIN 18015-2. Diese gibt eine Mindestausstattung für Wohnhäuser vor. Allerdings ist die DIN nicht mehr taufrisch, so dass man heute mit dem früher als ausreichend angesehenen Standard wohl kaum mehr auskommen wird, oder will.

DIN-Vorgabe reicht meist nicht aus

Laut DIN reichen zum Beispiel für ein 30-Quadratmeter-Wohnzimmer fünf Steckdosen aus. Doch wenn man kurz zusammenzählt, wird´s damit sicher eng. Denn da stehen heute 1. Fernseher, 2. Videorecorder, 3. HiFi-Anlage, 4. Telefon mit Ladeschale, und 5. vielleicht eine Stehlampe. Für jedes weitere Gerät braucht man also bereits ein schmuckes Verlängerungskabel (idealerweise mit Mehrfachsteckdosen), das dann ständig im Weg herumliegt – von der Optik ganz zu schweigen.

Es darf ruhig auch etwas mehr sein

Es darf bei der Elektroausstattung ruhig etwas mehr sein als man seinerzeit hatte. Darauf haben sich viele Fertighausfirmen eingestellt und bieten dementsprechend bereits im Standardangebot mehr als die DIN will. Sollte der Haushersteller in seiner Bau- und Leistungsbeschreibung vom elektrospartanischen Hausbewohner ausgehen, darf sich der Bauaspirant damit nicht zufrieden geben. Notfalls muss man „aufbemustern", wie es im Fertigbau-Jargon heißt; also gegen mehr oder weniger hohen Aufpreis eine höherwertige Ausstattung vereinbaren.

Hilfestellung kann dabei eine Planungsempfehlung der Hauptberatungsstelle für Elektrizitätsanwendung e.V. (HEA) in Frankfurt am Main geben. Die HEA hat drei verschiedene Ausstattungskategorien definiert und übersichtlich zusammengestellt (siehe Tabelle auf Seite 139). Die Kategorien tragen ähnlich wie bei der bekannten Hotelklassifizierung einen, zwei oder drei Sterne als Zeichen für den jeweiligen Ausstattungswert.

Von „schlicht" bis „gehoben"

Ein Stern steht für die schlichteste Ausstattung, die der DIN-Norm-gerechten Mindestanforderung entspricht. Zwei Sterne trägt eine Elektroinstallation, die heutigen Bedürfnissen weitgehend gerecht werden wird. Wer gehobene Ansprüche anmeldet, sollte installationsmäßig die Drei-Sterne-Variante wählen. Nur diese kann echten Komfort rund um alle elektrischen Gerätschaften im Haus bringen.

In der Tabelle geht es nicht nur um die Zahl von Leuchten und Steckdosen in einzelnen Räumen. Ebenso wichtig ist das Thema Stromkreise. Ein Stromkreis umfasst jeweils alle elektrischen Leitungen inklusive der angeschlossenen Lampen und Steckdosen, die im Schaltschrank oder Etagenverteiler zusammen über die gleiche Sicherung abgesichert sind. Wie leicht zu ersehen ist, gilt: Je mehr einzelne Stromkreise im Haus vorhanden sind, desto komfortabler und auch sicherer ist die installierte Elektroanlage natürlich insgesamt.

Ein neues Küchengerät zusätzlich? Kein Problem – allerdings nur, wenn man genügend Steckdosen hat!

Brenzlig wird´s in Schmalspur-Version

Falls der Hausanbieter mit den Sicherungen, die der Elektriker auch gerne einfach „Automaten" nennt, knausert, kann leicht in der halben Wohnung das Licht ausgehen, nur weil eine einzige Sicherung „geflogen" ist. Außerdem kann´s mit einer Schmalspur-Absicherung brenzlig werden, weil schneller eine Leitungsüberlastung droht. Zu den Hausstromkreisen kommen noch einzelne Geräte-Stromkreise für Verbraucher, die mehr als 2 000 Watt Strom „ziehen". Solche heimischen Elektro-Großverbraucher finden sich normalerweise in erster Linie in der Küche.

Allein der Küchenherd hat drei Sicherungen. Auch ein moderner Dampfgarer in der Dimension eines Herdes benötigt seine eigene Leitung. Darüber hinaus empfehlen sich Einzelstromkreise für den Geschirrspüler, für das Mikrowellengerät und, man höre und staune, auch für den elektrischen Wasserkocher. Denn auch dieses recht unscheinbare Kleingerät hat oft eine Leistungsaufnahme von satten 3 000 Watt!

Der Kühlschrank ist da zwar bescheidener, doch weil er nicht gleich abtauen sollte, wenn eine Sicherung draußen ist, kann auch für ihn eine separate Absicherung nicht schaden.

Küchensteckdosen gibt´s nie genug

Die Küche ist nicht nur bei den Zuleitungen der Spitzenreiter im Haus, sondern auch hinsichtlich der Zahl der Steckdosen. Mancher Berater im Bemusterungszentrum summiert akribisch die Küchengeräte und positioniert danach die Steckdosen. In der Praxis fehlt dann doch genau dort, wo die Geräte letztlich stehen, eine Steckmöglichkeit. Weil das oft so ist, sehen Küchenplaner mitunter einfach pro laufendem Meter Arbeitsplatte eine Steck- oder Doppelsteckdose vor. Darüber hinaus sind gesondert positionierte Steckdosen, beispielsweise für die Dunstabzugshaube (eventuell an der Decke!) und den Kühlschrank (vielleicht 1,90 über dem Boden an der Wand), nicht zu vergessen. Verblüfft sind viele angehende Bauherrschaften, wenn sie den Steckdosenbedarf fürs Homeoffice und die Kinderzimmer ermitteln. Es gilt generell die Empfehlung: lieber ein paar mehr einplanen…

Schutz vor E-Smog, Schlag und Blitz

So segensreich der elektrische Strom im Haus ist, so gefährlich kann er sein. Zur Sicherheit werden heute vorschriftsmäßig Fehlerstrom-Schutzschalter im Badezimmer eingebaut. Diese „FI-Schalter" verhindern einen tödlichen Stromschlag, indem sie bei Gefahr sofort den Stromkreis unterbrechen. Sie sind eigentlich fürs ganze Haus, insbesondere aber auch für Kinderzimmer, höchst sinnvoll.

Während Wissenschaftler und Baubiologen sich noch über mögliche Gesundheitsgefährdungen durch hausgemachten Elektrosmog streiten, ist für viele Menschen ein Netzfreischalter zumindest in den Schlafräumen bereits eine Selbstverständlichkeit. In einzelnen Hausangeboten ist er denn auch standardmäßig drin. Und dann sind da ja noch die (elektronischen) Hausgeräte selbst vor Blitzschlag zu schützen. Das gehört zwar nicht so ganz zur Elektro-Ausstattung, sollte aber mit bedacht werden…

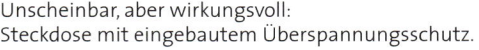

Unscheinbar, aber wirkungsvoll:
Steckdose mit eingebautem Überspannungsschutz.

Anforderungen für Ausstattungswert		★		★★		★★★	
		⊥¹⁾	✕	⊥¹⁾	✕	⊥¹⁾	✕
Schlaf-/Wohnraum²⁾ >12	≤ 12 m²	3	1	5	2	7	3
	≤ 20 m²	4	1	7	2	9	3
	> 20 m²	5	2	9	3	11	4
Kochnische		3	2	7	2	8	2
Küche²⁾		6	2	9	3	11	3
Hausarbeitsraum		4	1	7	2	9	3
Bad		3	2	4	3	5	3
WC		1	1	2	1	2	2
Flur/Diele Länge	≤ 2,5 m	1	1	1	2	1	3
	> 2,5 m	1	1	2	2	3	3
Freisitz (Balkon, Loggia, Terrasse) Breite	≤ 3 m	1	1	1	1	2	1
	> 3 m	1	1	2	1	3	2
Abstellraum		1	1	2	1	2	1
Zur Wohnung gehörender Keller-, Bodenraum		1	1	2	1	2	1
Hobbyraum		3	1	5	2	7	2
Beleuchtungs- & Steckdosenstromkreise³⁾		4		6		7	
Gerätestromkreise		⊡⊠⊙▣◍⁴⁾		⊡·▣◍ / ▣⊙E◍⁴⁾		⊡·▣◍◍ / ▣⊙EE◍⁴⁾	
Stromkreisverteiler⁵⁾		2-reihig		3-reihig		4-reihig	
Hörfunk- und Fernsehempfangssysteme		▷⊥⊥⁹⁾		▷⊥⊥⊥⊥		▷⊥⊥ / ▷⊥⊥⊥	
Telefonanlage		⊥		⊥⊥⊥⊥		⊥⊥⊥⊥⊥⊥	
Gebäudekommunikation		♅⌂⁶⁾ ▯⁶⁾		♅⌂ ▯⁷⁾		♅ ▯⁷⁾ / GMA⁸⁾	

Symbole nach DIN 40900

⊥ Schutzkontakt-Steckdose
✕ Leuchtenauslaß
⊡ Elektroherd, allgemein
▣ Backofen
⊠ Geschirrspülmaschine
⊙ Waschmaschine
⊘ Wäschetrockner
◍ Heißwassergerät

E Elektrogerät, allgemein
♅ Gong
⌂ Türöffner
▯ Gegen-Sprechstelle
⊥ Fernmeldesteckdose
GMA Gefahrenmeldeanlage
▷ Antennenverstärker
⊥ Antennensteckdose

Anmerkungen

1) Betten zugeordnete Steckdosen sind mindestens als Doppelsteckdosen vorzusehen. Neben Antennensteckdosen angeordnete Steckdosen sind mindestens als Dreifachsteckdosen vorzusehen. Die vorgenannten Mehrfachsteckdosen gelten nach der Tabelle als jeweils eine Steckdose.

2) In Räumen mit Eßecke ist die Anzahl der Auslässe und Steckdosen um jeweils 1 zu erhöhen.

3) Erhöht sich um jeweils 1, wenn Hausarbeitsraum vorhanden ist.

4) Wenn keine andere Heißwasserversorgung vorhanden ist.

5) Im Belastungsschwerpunkt der Wohnung.

6) Im Einfamilienhaus unter Berücksichtigung der örtlichen Erfordernisse.

7) Mit mehreren Wohnungssprechstellen.

8) Bei Ein- und Zweifamilienhäusern.

9) Bis 4 Räume 1 Antennensteckdose.

Grafik: HEA

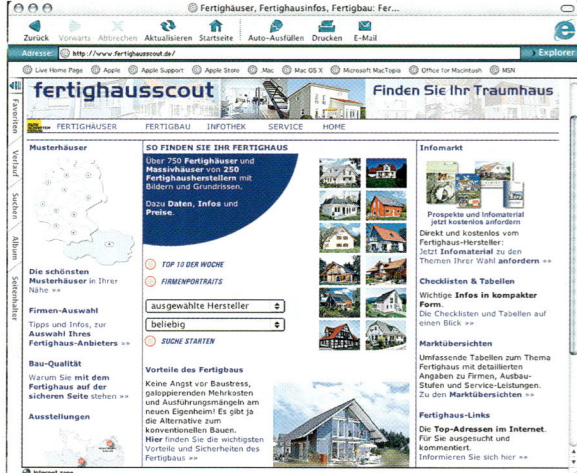

Übersichtlich strukturiert und voll mit Informationen: Das ist der neue Fertighausscout des Fachschriften-Verlags: www.fertighausscout.de!

„Navi" für Fertighäuser

750 Fertighaus-Modelle, 150 Hersteller, eine Plattform. Der „Fertighausscout" des Fachschriften-Verlags bündelt die wichtigsten Angebote der Branche im Internet – mit Bildern, Grundrissen, Preisen, Beschreibungen und viel Infomaterial rund ums Bauen!

Bereits die Startseite des neuen „Navigationssystems" für Fertighäuser (www.fertighausscout.de) bietet eine schnelle Suchfunktion an, bei der man über den Hersteller und verschiedene Preiskategorien nach einem passenden Objekt Ausschau halten kann. Mit der ausführlicheren „Haussuche" ist es dann möglich, das Ergebnis exakt auf die eigenen Bedürfnisse abzustimmen: Einfach die genauen Angaben zur gewünschten Bauweise, Dachform, Fassade und anderen Details eingeben – und fertig. Sofort erscheint eine Liste mit den entsprechenden Häusern (samt Bild, Hersteller, Wohnflächenangabe, Preis). Über alle Häuser, die den User näher interessieren, können weitere Informationen abgefragt werden. Neben einer ausführlichen Beschreibung und mehreren Außen- sowie Innenaufnahmen, gibt's Herstellerinfos, Prospektmaterial kann angefordert werden und gezeigte Häuser können in einer persönlichen Favoritenliste Vormerkung finden. „Meine Favoriten" liefert dann am Ende einer Surf-Tour eine Übersicht der ausgewählten Häuser.

Infothek mit praktischen Checklisten
Darüber hinaus liefert die Website alles Wissenswerte rund ums Fertighaus. So werden die Vorteile des Fertigbaus aufgezeigt, die einzelnen Bauweisen wie Holzverbund-, Skelett- oder Massivelementbau erklärt und der Ablauf einer Bemusterung

aufgezeigt. In der „Infothek" gibt es unter anderem praktische Checklisten und Tabellen. Diese helfen dabei, den richtigen Haus-Hersteller zu finden, im Förder-Dschungel zurechtzukommen oder sie geben Tipps für Selbstbauer. Die angebotenen Marktübersichten zum Thema Block- und Holzhäuser, Ausbauhäuser oder Selbstbau sparen wertvolle Zeit, da sie eine schnelle und umfassende Grundlagen-Information bieten. Per Download können Bauherren die Marktübersichten auf die eigene Festplatte laden und haben so innerhalb kürzester Zeit die relevanten Hersteller im Vergleich.

Offene Fragen? – Im Online-Forum stellen!
Sind nach so vielen Infos noch Fragen offen, können diese im Online-Forum an Fachleute gestellt werden. Eine Antwort innerhalb der nächsten 24 Stunden ist garantiert. Aktuelle Themen sind „Verträge & Abnahmen", „Mineralische Baustoffe" und „Umbauen & Modernisieren". Daneben findet im offenen Forum ohne Experten ein reger Erfahrungsaustausch unter Laien statt. Die Forumsteilnehmer helfen dabei, ein bestimmtes Produkt zu finden oder tauschen sich über ihre Erlebnisse beim Hauskauf aus. Know-how und Erkenntnisse von anderen können in so mancher Situation weiterhelfen. Fazit: Für alle, die mit dem Gedanken spielen, ein eigenes Heim zu bauen oder bereits in der Planungsphase sind, bietet der Fertighausscout viel Wissenswertes. Die Fakten sind übersichtlich strukturiert und der User findet schnell was er braucht. Nützliche Listen sowie Tipps erleichtern die Umsetzung des Projektes „Haus" und geben wichtige Ratschläge. Das alles steht rund um die Uhr im Internet für jeden Interessierten zur Verfügung. Ein Service, den sich niemand entgehen lassen sollte.

Buchempfehlungen zum Fertighausbau auf Seite 143 /144.

Herstelleranschriften

Agrob Buchtal Keramik, Deutsche Steinzeug Keramik GmbH, Servaisstr., 53347 Alfter-Witterschlick, Tel. 0228/391-0, Fax 0228/391-1366, www.agrob-buchtal.de

Albert Holzbau, Hohenackerstr. 23, 97705 Burkardroth, Tel. 09734/9119-0, Fax 09734/9119-22, www.albert-haus.de

Allkauf Haus GmbH & Co., Salzhemmendorferstr. 2, 31020 Salzhemmendorf, Tel. 05153/803-100, Fax 05153/803-431, www.allkauf-ausbauhaus.de, info@allkauf-haus.de

AMK, Arbeitsgemeinschaft Die Moderne Küche e.V., Postfach 240161, 68171 Mannheim, Tel. 0621/8506100, Fax 0621/8506101, www.amk.de, info@amk.de

Apollo Haus, Industriegebiet, 54595 Weinsheim, Tel. 0180/3040504, Fax 06551/603, www.apollo-haus.de, info@apollo-haus.de

Bau mein Haus Vertriebsgesellschaft mbH, Friedländer Weg 7, 17034 Neubrandenburg, Tel. 0395/4223364, Fax 0395/4223374, www.bau-mein-haus.de, info@bau-mein-haus.de

Paul Bauder GmbH & Co., Korntaler Landstraße 63, 70499 Stuttgart (Weilimdorf), Tel. 0711/8807-0, Fax 0711/8807-300, www.bauder.de

Baufritz GmbH & Co., Alpenstraße 25, 87746 Erkheim, Tel. 08336/900-0, Fax 08336/900-260, www.baufritz.com, info@baufritz.com

Bien-Zenker, Am Distelrasen 2, 36381 Schlüchtern, Tel. 0800/4222228, Fax 06061/75200, www.bien-zenker.de, info@bien-zenker.de

Büdenbender Hausbau GmbH, Vorm Eichhölzchen 10, 57250 Netphen-Hainchen, Tel. 02737/9854-0, Fax 02737/854-36, www.buedenbender-hausbau.de, info@buedenbender-hausbau.de

B.O.S.-Haus Vertriebsgesellschaft mbH, Am Distelrasen2, 36381 Schlüchtern, Tel. 06661/98-0, Fax 06661/98-209, www.bos-haus.de

Creaktiv-Haus Vertrieb GmbH, Lauchaer Höhe 27-29, 99880 Waltershausen, Tel. 03622/624-0, Fax 03622/624-100, www.creaktiv-haus.de

Elementar-Bau GmbH, Ludwig-Weber-Str. 18, 97789 Oberleichtersbach, Tel. 09741/808-116, Fax 09741/808-479, www.elementarbau.de, info@elementarbau.de

Elk Fertighaus AG, Gwänden 16, 91338 Stöckach, Tel. 09126/5019, Fax 09126/5609, www.elk-fertighaus.de

Elk Fertighaus AG, Industriestr. 1, 3943 Schrems, Österreich, Tel. 0043/2853/705, Fax 0043/2853/76855490, www.elk-fertighaus.de, office@elk.co.at

Fingerhaus GmbH, Auestraße 45, 35066 Frankenberg/Eder, Tel. 06451/504-0, Fax 06451/504-100, www.fingerhaus.de

Fingerhut Haus GmbH & Co. KG, Hauptstraße 46, 57520 Neunkhausen/Ww., Tel. 02661/9564-20, Fax 02661/9564-64, www.fingerhuthaus.de, info@fingerhuthaus.de

Finnla-Haus GmbH, Etzwiesenstr. 1-5, 72108 Rottenburg-Hailfingen, Tel. 07457/9820, Fax 07457/9383-20, www.finnla.de

Fullwood Wohnblockhaus, LK-Fertigbau, Oberste Höhe, 53797 Lohmar, Tel. 02206/95330, Fax 02206/953360, www.fullwood.de, info@fullwood.de

Glatthaar-Fertigkeller GmbH, Im Moos 17, 78713 Schramberg- Waldmössingen, Tel. 07402/92940, Fax 07402/929424, www.glatthaar.com, info@glatthaar.com

Griffnerhaus GmbH, Gewerbestraße 3, 9112 Griffen, Österreich, Tel. 0043/4233/22370, Fax 0043/4233/ 22375, www.griffnerhaus.com, info@grifffnerhaus.com

Griffnerhaus Deutschland GmbH, Auf dem Hahnenberg 19, 56128 Mülheim-Kärlich,Tel. 02630/9434-0, Fax 02630/9434-20,www.griffnerhaus.com, info@griffnerhaus.com

Gussek-Haus, Euregiostraße 7, 48527 Nordhorn, Tel. 05921/1740, Fax 05921/174-104, www.gussek.de, pfh@gussek.de

Haacke + Haacke KG, Am Ohlhorstberge 3, 29227 Celle, Tel. 01803/422253, Fax 05141/805-168, www.haacke-haus.de, info@haacke-haus.de

Haas Fertigbau GmbH, Industriestr. 8, 84326 Falkenberg, Tel. 08727/18-0, Fax 08727/18-38, www.haas-fertigbau.de, falkenberg@haas-fertigbau.de

Hanlo-Haus Vertriebsgesellschaft mbH, Friedländer Weg 5, 17034 Neubrandenburg, Tel. 0395/429260, Fax 0395/4292624, www.hanlo.de, hanlo@t-online.de

Hanse Haus GmbH, Buchstraße 1-3, 97789 Oberleichtersbach, Tel. 09741/808-0, Fax 09741/808-479, www.hanse-haus.de, info@hanse-haus.de

Hebel Haus GmbH & Co., Brentanostraße 2a, 63755 Alzenau/Unterfranken, Tel. 06023/940-914, Fax 06023/940-912, www.hebelhaus.de, info@hebelhaus.de

Henkel KG, Henkelstraße 67, 40191 Düsseldorf, Tel. 0211/797-0, Fax 0211/798-2515,www.henkel.de

Honka Blockhaus GmbH, Hohe Feldstr. 12, 49696 Molbergen, Tel. 04475/94900, Fax 04475/9470-12, www.honka.de, www.taloni.de, info@honka.de

Invito GmbH, Am Distelrasen 2, 36381 Schlüchtern, Tel. 06661/98285, Fax 06661/98289,www.invito.de, info@invito-haus.de

Isartaler Holzhaus GmbH & Co.KG, Münchner Str. 56, 83607 Holzkirchen, Tel. 08024/300-40, Fax 08024/300-441, www.isartaler.de, info@isartaler-holzhaus.de

Kampa-Haus GmbH, Uphauser Weg 78, 32429 Minden, Tel. 0571/95570, Fax 0571/9557410, www.kampa-haus.de, haus@kampa.de

Kastell GmbH, Gunzenhofstr.9, 72519 Veringenstadt, Tel. 07577/309-0, Fax 07577/309-23, www.kastell.de, info@kastell.de

KD-Haus GmbH, Auf der Aue 48, 40882 Ratingen, Tel. 02102/870887, Fax 02102/843050, www.kd-haus.de, info@kd-haus.de

Keitel Haus GmbH, Reubacher Straße 23, 74585 Rot am See-Brettheim, Tel. 07958/9805-0, Fax 07958/9805-25, www.keitelhaus.de

Otto Knecht GmbH & Co. KG, Betonwerke-Fertigteilkeller, Ziegeleistraße 10, 72555 Metzingen, Tel. 07123/44-0, Fax 07123/944-119, www.knecht.de, betonwerke@knecht.de

Libella-Haus GmbH, Am Seehagen 5, 14793 Ziesar, Tel. 033830/6550 Info-Line 0180/5770759, Fax 033830/65510, www.libella.com, info@libella.com

Lux-Haus GmbH & Co.KG, Pleinfelder Straße 64, 91166 Georgensgmünd, Tel. 09172/692-0, Fax 09172/692-103, www.lux-haus.de

Massa-Ausbauhaus GmbH, Argenthaler Str. 7, 55469 Simmern, Tel. 06761/853-0, Fax 06761/853-215, www.massa-ausbauhaus.de

Meisterstück-Haus Verkaufs GmbH, Ohsener Straße 118, 31789 Hameln, Tel. 05151/95380, Fax 05151/3951,www.meisterstueck.de

Miele & Cie. GmbH&Co., Carl-Miele-Straße 29, 33332 Gütersloh, Tel. 05241/89-0, Fax 05241/89-2090, www.miele.de

Novex-Hausbau GmbH, Schwabstraße 37-45, 89555 Steinheim am Albuch, Tel. 07329/951-0, Fax 07329/951-599, www.exnorm.de

Okal Hausvertriebs GmbH, Salzhemmendorfer Straße 2, 31020 Salzhemmendorf, Tel. 05153/82-0, Fax 05153/82 280, www.okal.de, info@okal.de

Olsberg Hermann Everken GmbH, Hüttenstr. 38, 59939 Olsberg, Tel. 02962/805-0, Fax 02962/805-180, www.olsberg.com

Overmann GmbH & Co. KG, Lange Str. 15, 74889 Sinsheim, Tel. 07261/686900, Fax 07261/686969, www.overmann.de

Platz-Haus GmbH, Platzstraße 2-16, 88348 Bad Saulgau,Tel. 07581/201-0, Fax 07581/201123,www. platz.de, info@platz.de

Plewa-Werke GmbH, Merscheider Weg1, 54662 Speicher,Tel. 06562/63-0, Fax 06562/63-33,www.plewa.de, info@plewa.de

Praktik-Haus, Bausysteme GmbH & Co., Lechwiesenstr. 13, 86899 Landsberg, Tel. 0819/06-132, Fax 0819/106-215, www.praktikhaus.de, info@praktikhaus.de

Pro Haus GmbH & Co.KG, Jakobshöhe 17, 41066 Mönchengladbach, Tel. 02161/659300, Fax 02161/6593020, www.prohaus.com

Regnauer Hausbau GmbH & Co. KG, Pullacher Str. 11, 83358 Seebruck/Chiemsee, Tel. 08667/72-0, Fax 08667/72-265, www.regnauer.de, hausbau@regnauer.de

Rems-Murr-Holzhaus GmbH, Wiesenstraße 9, 71577 Großerlach, Tel. 07192/20244, Fax 07192/8540, www.rmh-online.de, service@rmh-online.de

Rensch-Haus GmbH, Mottener Straße 13, 36148 Kalbach/Uttrichshausen, Tel. 09742/91-0, Hotline: 0800/5248348, Fax 09742/91-174, www.rensch-haus.de, info@rensch-haus.de

Saint-Gobain Oberland AG, Solaris GmbH, Siemensstr. 1, 56422 Wirges, Tel. 02602/681-0, Fax 02602/681-425, www.solaris-glasstein.de

Schiedel GmbH & Co., Lerchenstr. 9, 80995 München,Tel. 089/354090, Fax 089/3515777,www.schiedel.de

Schwabenhaus GmbH + Co., Industriestraße 2, 36266 Heringen, Tel. 06624/930-0, Fax 06624/930-125, www.schwabenhaus.de, info@schwabenhaus.de

Schwörer Haus KG, Hans-Schwörer-Straße 8, 72531 Hohenstein-Oberstetten, Tel. 07387/16-0, Fax 07387/16-238, www.schwoerer.de, info@schwoerer.de

Sonnleitner Holzbauwerke GmbH & Co.KG, Afham 5, 94496 Ortenburg,Tel. 08542/9611-0, Fax 08542/9611-50,www.sonnleitner.de, info@sonnleitner.de

Streif GmbH, Industriegebiet, 54595 Weinsheim/Eifel,Tel. 06551/12-00, Fax 06551/12-220,www.streif.de

TwinHaus GmbH, Eschweg 6, 77866 Rheinau-Linx, Tel. 07853/83-482, Fax 07853/83-417, www.twinhaus.de

Weiss Fertighaus GmbH, Sturzbergstraße 40-42, 74420 Oberrot, Tel. 07977/97770, Fax 07977/9777-25, www.fertighaus-weiss.de

Zapf GmbH + Co., Nürnberger Str.38, 95440 Bayreuth,Tel. 0921/601-536, Fax 0921/601-677, www.zapf-gmbh.de, m.schmaelzle@zapf-gmbh.de

Zimmer-Meister-Haus, Stauffenbergstr. 20, 74523 Schwäbisch Hall, Tel. 0791/9494740, Fax 0791/94947422, www.zmh.com, info@zmh.com

Impressum

Redaktionelle Mitarbeit:
Paul Daleiden, Ilona Mayer, Dr. Joachim Mohr,
Susanne Neutzling, Birgit Peitsch, Norbert Weimper

Fotos:
Agrob Buchtal, Allkauf, AMK, Archiv Fachschriftenverlag,
Bauder, Baufritz, Bernhard Müller, Bien-Zenker, B.O.S., Creaktiv,
Dr. Joachim Mohr, Elk, Exnorm/Novex, Friedhelm Thomas,
Gira, Glatthaar, Gussek, Haacke, Haas, Hanse, Hebel, Henkel,
Invito, Isartaler, Kampa, Kastell, Keitel, Knecht, Libella, Lux,
Massa, Meisterstück, Miele, Okal, Olsberg, Overmann, Platz,
Plewa, Redaktion, Regnauer, Rensch, Saint-Gobain Oberland,
Schiedel, Schwabenhaus, Schwörer, Sonnleitner, Stefan Pfister,
Streif, Tehalit / Sharp Electronics / Bauknecht, Twin-Haus,
Weber, Weiss, Zapf, Zimmer-Meister-Haus,

Titelbild:
Regnauer Hausbau, Seebruck / Chiemsee

Gestaltung & Satz:
P.S. Petry & Schwamb, Agentur für Marketing und
Verlagsdienstleistungen, Freiburg / Br.

Bildrechte:
Archiv Fachschriften Verlag GmbH & Co. KG, Fellbach

Bibliographische Information der Deutschen Bibliothek:
Die Deutsche Bibliothek verzeichnet diese Publikation in
der Deutschen Nationalbibliographie; detaillierte bibliographische Daten zu diesem Werk sind im Internet unter
http://dnb.ddb.de abrufbar. Das Werk, einschließlich aller
seiner Teile, ist urheberrechtlich geschützt. Die Verwertung
der Texte und Bilder ist – auch auszugsweise – ohne Zu-
stimmung des Verlages unzulässig und strafbar. Das gilt
auch für Vervielfältigungen, Übersetzungen, Mikroverfil-
mung sowie für die Einspeicherung und Verarbeitung in
elektronischen Systemen (einschließlich Internet). Alle in
diesem Buch enthaltenen Ratschläge und Informationen
(z.B. Produktbeschreibungen, Preis- und Mengenangaben,
Berechnungen usw.) sind sorgfältig erwogen und geprüft.
Eine Garantie hierfür kann jedoch nicht übernommen
werden. Ausgeschlossen ist auch jegliche Haftung des
Verlages bzw. einzelner Autoren und Bearbeiter für Perso-
nen-, Sach- und Vermögensschäden.

Druck:
Druckhaus Beltz GmbH & Co. KG, Hemsbach

© 2005, Blottner Fachverlag GmbH & Co. KG,
D-65232 Taunusstein
E-mail: blottner@blottner.de / URL: www.blottner.de
ISBN 3-89367-637-6 / Printed in Germany

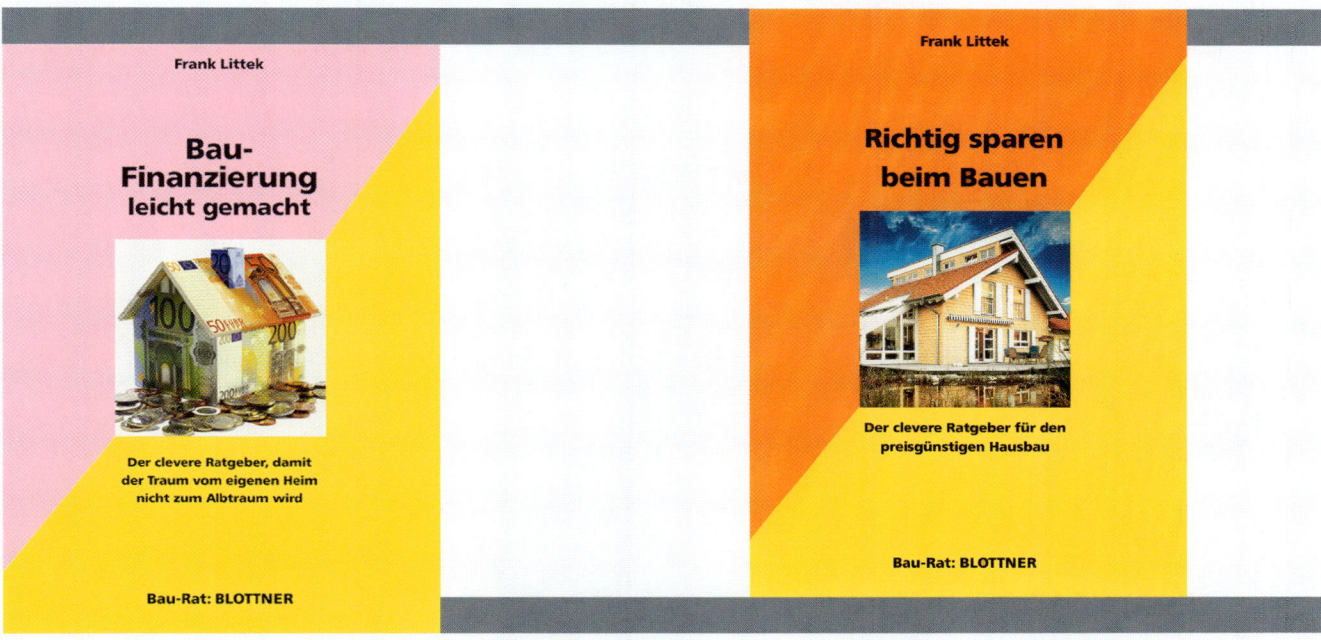